系统科学视角下的复杂网络理论与实践研究

张方风　王洪珏 ◎ 著

首都经济贸易大学出版社
Capital University of Economics and Business Press
·北 京·

图书在版编目（CIP）数据
系统科学视角下的复杂网络理论与实践研究 / 张方风，王洪珏著. -- 北京 : 首都经济贸易大学出版社，2024. 11. -- ISBN 978-7-5638-3773-1
Ⅰ. TP393.01
中国国家版本馆 CIP 数据核字第 2024CN0679 号

系统科学视角下的复杂网络理论与实践研究
XITONG KEXUE SHIJIAO XIA DE FUZA WANGLUO LILUN YU SHIJIAN YANJIU
张方风　王洪珏　著

责任编辑　胡　兰
封面设计　砚祥志远 · 激光照排　TEL: 010-65976003
出版发行　首都经济贸易大学出版社
地　　址　北京市朝阳区红庙（邮编 100026）
电　　话　(010)65976483　65065761　65071505(传真)
网　　址　http://www.sjmcb.cueb.edu.cn
经　　销　全国新华书店
照　　排　北京砚祥志远激光照排技术有限公司
印　　刷　北京九州迅驰传媒文化有限公司
成品尺寸　170 毫米×240 毫米　1/16
字　　数　304 千字
印　　张　18
版　　次　2024 年 11 月第 1 版
印　　次　2024 年 11 月第 1 次印刷
书　　号　ISBN 978-7-5638-3773-1
定　　价　88.00 元

前　言

人们预言21世纪是复杂性的世纪，复杂性研究将在21世纪取得重大的突破，并将展示美好的应用前景。从系统科学的角度研究复杂系统，应用系统科学的方法分析社会经济等复杂系统已经成为必然。郭雷院士说:“系统是任何事物存在的基本方式，系统科学的实践涉及人类活动的一切方面。”系统科学的研究对象是系统自身，研究目的是探索各类系统的结构、环境与功能的普适关系以及演化与调控的一般规律。

复杂网络是系统科学的一个重要研究模型，是复杂性理论研究的重要组成部分，是当前重要的交叉学科研究的热点之一。复杂网络是人们认识世界的崭新视角，已经发现各种自然和人工网络存在重要的普遍特征，如小世界、无标度、健壮性等，展现在人们面前的是一个美丽、神秘而令人惊异的网络世界。深入研究复杂网络对于人们进一步了解自然界至关重要。反过来，利用已经发现的网络结构规律去设计和构造具有特殊要求的人造网络则是有极大实际价值的“逆工程”，有可能解决计算机科学、传染病学、社会学等许多学科领域中的一些关键问题。

本书从系统科学的角度研究了复杂系统的结构和功能特性，系统地对复杂网络模型的理论和应用进行梳理和研究，主要内容包括:系统与系统科学、复杂系统理论、复杂网络理论、复杂网络社团结构与链路预测、物流系统科学及物流复杂网络研究、系统科学视角下的供应链管理研究、在线系统的复杂网络应用研究、基于复杂网络的北京交通网络研究、基于复杂网络的国际贸易网络研究、总结与展望。

本书的研究内容属于交叉学科，从系统科学的视角解决复杂系统的问题，内容涉及复杂性研究、网络科学研究等前沿学科。本书可以作为复杂网络研究者进行实证研究的很好借鉴，也为数据挖掘和分析的科学工作者提供了很好的研究新途径。

在北京物资学院工作的这几年里,笔者在原有理论和实践经验的基础上不断地学习丰富和完善,最终形成了这本专著所展示的结果。这期间单位领导给予了笔者很多关怀和必要的指导,同事们也给予了笔者很多的无私帮助,在这里一并表示感谢!

由于学识和理论水平有限,书中难免有不足和错误,请各位专家学者指正。

著者

2024 年 6 月于北京物资学院

目　录

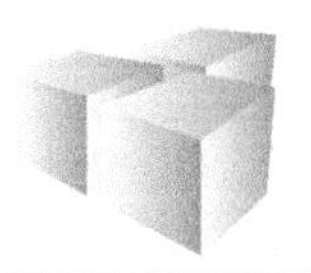

1

系统与系统科学

现代科技的发展将人类的生产和认识领域扩大到前所未有的范围，各个学科加速发展，不断交叉融合，涉及的研究对象也变得日益复杂。许多大型复杂的工程技术和社会经济问题都以系统的形式出现，都要求从整体上加以优化解决。随着科学形态的系统思想的涌现，横跨自然科学、社会科学和工程技术，从系统的结构和功能角度研究客观世界的系统科学应运而生。它将各个学科有机地结合，发挥各自的优势而又能相互协调配合，系统科学研究系统的结构与功能关系、演化和调控规律，探求各种复杂系统的共同演化特征、组织模式和控制方法。

1.1 系统的概念

系统是系统工程研究的对象。早在古希腊时期，一些哲学家就已经使用了这一概念，syn-histanai 一词原意是指事物中共性部分和每一事物应占据的位置，也就是部分组成的整体的意思。系统的拉丁语 systema 是表示群、集合等意义的抽象名词，其英文 system 在中文里则对应了多种解释，如体系、制度、机构等。很多对象可以被看作系统，它是事物存在的认识方式之一。例如，研究物流系统时，仓储系统、配送网络、供应链网络可以被看作系统；研究信息系统时，人、计算机硬件设备、计算机软件、计算机网络等可以被看作系统；在研究社会问题时，企业、家庭、工厂、学校等也都可以作为系统来看待。

1.1.1 系统的定义

系统的概念来源于人类的长期社会实践。早在 1886 年，恩格斯就曾在《路德维希·费尔巴哈和德国古典哲学的终结》一文中指出："一个伟大的基本思想，即认为世界不是一成不变的事物集合体，而是过程的集合体。"他谈到的"过程"是指系统中各个部分、要素相互作用及整体、系统的发展变化。"集合"已指出了系统的哲学概念。系统概念、系统思想在马克思主义中也曾做过多次表述，在马克思主义的唯物主义辩证法说明联系的多样性的整体部分联系中曾有过论述。但是，系统这一概念的广泛应用以及对其含义的逐步具体化，应该说是在 20 世纪 40 年代以后才开始发展起来的。

系统的定义依照学科的不同、待解决问题的不同及使用方法的不同而有所区别，国外关于系统的定义有很多种，如：

美国的《韦氏大辞典》中，“系统”被解释为“有组织的或被组织化的整体；结合着的整体所形成的各种概念和原理的结合；由有规则的相互作用、相互依赖的形式组成的诸要素集合”。

日本的日本工业标准（Japanese Industrial Standards，JIS）中，“系统”被定义为“许多组成要素保持有机的秩序向同一目的行动的集合体”。

苏联大百科全书中，“系统”指“一些在相互关联与联系之下的要素组成的集合，形成了一定的整体性、统一性”。

中国的《中国大百科全书·自动控制与系统工程》中，“系统”是指“由相互制约、相互作用的一些部分组成的具有某种功能的有机整体”。

仅就系统自身的规定性看，按照现代系统研究开创者贝塔朗菲的定义，系统是“相互作用的多元素的复合体”。精确地讲，如果一个对象集合中至少有两个可以区分的对象，所有对象按照可以辨认的特有方式相互联系在一起，就称该集合为一个系统。

钱学森院士在回顾我国研制“两弹一星”的工作经历时说：“我们把极其复杂的研制对象称为‘系统’，即由相互作用和相互依赖的若干组成部分结合成的具有特定功能的有机整体，而且这个‘系统’本身又是它所从属的一个更大系统的组成部分。”

郭雷院士在谈到系统学是什么时说：“系统是自然界和人类社会中一切事物存在的基本方式，各式各样的系统组成了我们所在的世界。一个系统是由相互关联和相互作用的多个元素（或子系统）所组成的具有特定功能的有机整体，这个系统又可作为子系统成为更大系统的组成部分。”

撇开系统的具体形态和性质，可以发现，一切系统均具有以下共同点：首先，系统由多个要素（或元素）构成，构成系统的要素可以是单个事物，也可以是一群事物的集合体。其次，系统的内部与外部要有一定的秩序。也就是说，它的各要素之间，要素与整体之间，以及整体与环境之间都存在着一定的有机联系。最后，系统的整体要具有不同于各个组成要素的结构和功能。如果只是一些元素的简单堆积或重叠，则认为它们不能构成系统。

从以上要点出发，给出以下定义：系统是由一些元素（要素）通过相互作用、相互关联、相互制约而组成的，具有一定功能的整体。

1.1.2 系统的属性

在理解系统定义时，要注意系统的以下几个方面的属性。

1.1.2.1 整体性

系统是作为一个整体出现的，具有独立功能的系统要素以及要素间的相互关系（相关性、阶层性）是根据逻辑统一性的要求，协调存在于系统之中的，即任何一个要素不能离开整体去研究，要素间的联系和作用也不能脱离整体的协调去考虑。系统不是各个要素的简单集合，否则它就不会具有作为整体的特定功能。脱离了整体性，要素的机能和要素间的作用便失去了原有的意义，研究任何事物的单独部分不能得出有关整体性的结论。系统的构成要素和要素的机能、要素的相互联系要服从系统整体的目的和功能，在整体功能的基础上展开活动，这种活动的总和形成系统整体的有机行为。在一个系统整体中，即使每个要素并不十分完善，但它们可以协调、综合成为具有良好功能的系统。反之，即使每个要素都是良好的，但作为整体却不具备某种良好的功能，也不能称为完善的系统。

1.1.2.2 集合性

集合性表明系统是由许多（至少两个）可以相互区别的要素组成。这些要素可以是具体的物质，也可以是抽象的或非物质的软件、组织等。例如，一个计算机系统一般由计算器、存储器、输入输出设备等硬件组成，同时，还包含操作系统、编程软件、数据库等软件，从而形成一个完整的集合。

1.1.2.3 层次性

作为一个相互作用的诸要素的总体，系统可以分解为一系列的子系统，有些子系统仍可以继续划分为更小的子系统，而系统本身可能是某个更大系统的子系统。所以，系统具有层次性，这是系统结构的重要特征。通常，判断一个系统的复杂程度，不是依据它所包含的组分数目，而是由它所具有的层次多少而决定的。一个系统包含的层次越多，这个系统就越复杂。子系统及子系统间关联方式的总和称为系统的层次结构。关联方式主要是因果关联（数学和逻辑关系），表现形式有树状结构和网状结构两种。

系统的各层次之间存在着紧密的联系，在系统层次结构中表征了不同层次子系统之间的从属关系或相互作用的关系。在不同的层次结构中存在着动态的信息流和物质流，构成了系统的运动特性。但是，这一层次的性质并不是由下一层次的性质简单加总得出的。一个复杂系统在由低层次的要素组成高层次的过程中，系统往往产生新的、原来层次所没有的性质，这个过程在系统科学里被称为“涌现”（emergence）。涌现现象在诸多学科领域中都有体现，关于它的性质和特点，是近年来复杂性科学研究中的一个热点。这里要强调的是，一个复杂系统的各个层次通常会表现出不同的特点，一般需要采用不同的方法来进行研究。

1.1.2.4 相关性

相关性是指系统内部各要素之间的某种相互作用、相互依赖的特定关系。各子系统之间通过特定的关系结合在一起，形成一个具有特定性能的系统。各要素相互影响、相互制约、相互作用，牵一发而动全身。故要求系统内各要素应服务于整体目标，尽量避免“内耗”，设法提高系统整体运行效果。

1.1.2.5 目的性

通常系统都具有某种目的，要达到既定的目的系统就要具有一定的功能，而这正是区别这一系统和另一系统的标志。系统内部各要素就是为实现系统的目的而协调于一个系统之中，并为此进行活动。系统的目的一般用更具体的目标来体现，这些目标可分为若干层次，从而形成一个指标体系。在指标体系中各个指标之间有时是相互矛盾的，有时是互为消长的。因此，要从整体出发力求获得全局最优的经营效果，要求在矛盾的目标之间做好协调工作，寻求平衡或折中方案。

1.1.2.6 环境适应性

一个系统之外的一切与它相关联的事物所构成的集合，称为系统的环境。任何系统都是在一定的环境中产生出来，又在一定的环境中运行、延续、演化的，不存在没有环境的系统。系统的结构、状态、属性、行为等或多或少都与环境有关，这叫作系统对环境的依赖性。系统既受到环境的影响，同时也对环境施加影响。

从环境对系统的作用来看，往往认为环境的状态是已知的，只关心环境对系统的作用，而并不关心环境本身的组成、性质和变化。从相互关系上来讲，也只讨论环境对系统的作用，而不考虑系统对环境的影响。在处理具体问题时，为了使问题简单可解，往往把不易讨论的部分划归为环境。任何系统都产生于一定的环境之中，又在环境中发展和演化。研究系统必须研究它与环境的相互作用，尤其是环境对系统发展及演化所产生的影响。

系统与环境的划分是相对的，对于一个实际系统来说，划分系统与环境的界限很自然地可以由基本系统结构及系统的目标来确定。在一定意义上，抽象系统界限的划分和确定主要取决于分析人员或决策者。不同的决策者或分析人员可能会根据自己的研究目的取不同的界限来划分系统和环境。

系统存在于一定的环境中，都与外界环境进行着物质、能量和信息的交换。相互作用的结果有可能使系统的性质和功能发生变化。一些系统具有能适应环境变化、保持或恢复其原有状态的性质和功能，这就是系统的环境适应性。不适应环境变化的系统没有生命力；只有能经常与环境保持最优适应的系统，才是具有不断发展势头的理想系统。

1.2 系统的结构、功能与演化

1.2.1 系统的结构

系统的组成部分可以是单一的、不能再细分的元素，它们是系统的最小单元，称为系统的基本元素，简称“基元”；系统的组成部分也可以是一个系统，称作系统的子系统。子系统和基元都是系统的组成部分，简称“组分”。

组分与组分之间存在相互作用，继而形成系统的统一整体，组分之间的关联方式称为系统的结构。通常按照组分在时间上和空间上的不同关联，把结构分成时间结构和空间结构。时间结构指组分在时间过程中的关联方式，空间结构指组分在空间中的排列方式。有些系统的结构与时间、空间均有关联，则称它具有时空结构。

从一般的意义上说，系统的结构可以用以下公式表示：

$$S = \{E, R\}$$

式中，S 表示系统，E 表示要素（elements）的集合，R 表示建立在集合 E 上的各种关系（relations）的集合。由此可知，作为一个系统，必须包括其要素的集合与关系的集合，两者缺一不可。两者结合起来，才能决定一个系统的具体结构与特定功能。

要素集合 E 可以分为若干子集 E_i，例如一个企业，其要素集合 E 可以分为人员子集 E_1、设备子集 E_2、原材料子集 E_3、产品子集 E_4 等，而人员子集 E_1 又可以分为工人子集 E_{11}、技术人员子集 E_{12}、管理人员子集 E_{13} 等，即：

$$E = E_1 \cup E_2 \cup E_3 \cup \cdots$$

$$E_1 = E_{11} \cup E_{12} \cup E_{13} \cup \cdots$$

不同的系统，其要素 E 的组成是不大一样的，例如学校与企业、企业与军队、中国与美国，其要素集合 E 的组成有很大差异。但是在要素集合 E 之上建立的关系集合 R，对系统而言却是大同小异的。在不失一般性的情况下，它可以表示为：

$$R = R_1 \cup R_2 \cup R_3 \cup R_4$$

式中，R_1 表示要素与要素之间、局部与局部之间的关系（横向联系）；R_2 表示局部与全局（系统整体）之间的关系（纵向联系）；R_3 表示系统整体与环境之间的关系；R_4 表示其他各种关系。

当然，每个 R_i 都是可以细分的，例如 R_1，不但包含同一层次上不同局部之间、不同要素之间的关系，还包含系统内部不同层次之间的关系。但是对于学校、企业、军队或者国家来说，这个公式都是成立的。

1.2.2 系统的功能

系统相对于它所处的环境表现出来的变化称作系统的行为，它一方面反映了系统自身的变化特性，另一方面也体现了环境对系统施加的作用或影响。

系统的功能是指由系统行为引起的、有利于环境中某些事物发展乃至整个环境存续的作用。功能是刻画系统行为的，它是系统与环境关系的重要概念。功能是客观事物的一种整体特性，一般来说，整体应具有个体所没有的新功能，这便是整体涌现性（whole emergence）。整体的功能不等于部分之和，也正是层次之间不能简单叠加汇总的体现。

从图 1.1 中可以看出，系统的功能包括输入、处理和转换（加工、组装）、输出。系统可以被理解为一种处理和转换机构，它把输入转变为人们所需要的输出。

图 1.1 系统功能

系统相对于它的环境所表现出来的任何变化，或者说，系统可以从外部探知的一切变化，称为系统的行为。行为属于系统自身的变化，是系统自身特性的表现，但又同环境有关，反映环境对系统的作用或影响。系统有各种各样的行为：维生行为、学习行为、适应行为、演化行为、自组织行为、平衡行为、非平衡行为、局部行为、整体行为、稳定行为、不稳定行为、临界行为、非临界行为、动态行为等。

系统的功能还具有以下特性：

（1）系统的功能只有在系统与环境的相互作用过程中才能体现出来。一个系统，如果没有内部各要素之间的有机联系，便不能形成一定的结构，从而不能称之为系统。同样，一个系统如果与环境介质之间没有相互作用，缺乏系统的动态过程，也就无所谓功能了。也就是说，系统的功能只能在系统与环境的相互作用过程中体现出来，就像只有当机器投入了生产，功能才得以发挥，潜在的生产力才转化为现实的收益。

（2）系统的功能比系统结构具有更大的可变性。系统的功能由结构与环境共同决定。一个系统的基本结构在一定的参数阈值内会保持稳定，而功能则不然。功能与结构相比具有更大的可变性。一旦系统的外部环境变化，系统与外部的物质、能量、信息的交换就会随之变动，系统与环境相互作用的过程和效果就会受到影响，从而引起系统功能的变化，而通常此时系统的结构不会发生改变。

（3）系统的功能是系统的一种特定的性能。系统的性能是指在系统内部相互作用以及和外部联系的过程中所表现出来的特性和能力。性能一般不是功能，功能却是一种特定的性能。例如，流动是空气的性能，而利用流动进行风力发电则是其功能；可以燃烧是石油的性能，而利用燃烧产生的能量推动机器运转，则是它的功能。可见，性能是功能的基础，功能是性能的表现，功能在特定的环境下将某种性能体现于特定的过程之中。另外，性能是对系统的整体客观描述，而功能仅指其对环境有利的那一部分。

功能与结构关系密切，但系统的功能由结构和环境共同决定，而不是单独由结构决定的，只有当环境给定后，才可以认为结构决定功能。二者的关系可以概括为既对立又统一：对立指的是本身概念有区别的，统一指的是结构功能相互联系、相互影响。结构是功能的基础，功能依赖于结构；结构决定功能，功能对结构具有一定的反作用。

1.2.3 系统的演化

1.2.3.1 系统的状态

系统的状态是指系统可以被观察和识别的情况、特征等，是描述系统性质的定性概念。了解系统状态对于把握系统，尤其是把握其演化特性非常重要。一般地，可以用若干称为状态变量的定量特性来刻画系统的状态。

系统的状态变量是指一组描述系统每时每处随时间变化的量。给定一组状态变量的数值，就是给定了系统的一个状态。状态变量是表征研究对象的基本特征的量，随系统的不同而不同，它必须具有一定的物理意义。一般来说状态变量的选取不是绝对的，同一系统对象可以采用不同的状态变量组来描述，但是，选择的状态变量组都必须具有独立性和完备性：独立性指任意指定的状态变量都不能表示为其他状态变量的函数，完备性要求一组状态变量能够完全地、唯一地刻画系统的状态。

原则上说，一切系统都是动态的，只要系统的时间尺度足够大，总可以观察到状态变量随时间的变化。如果在所考查的时间范围内，所有时刻的状态变量取值相同，即状态变量与时间无关，称此时系统处于定态。状态变量经常也是位置的函数，当系统所处的范围较大时，往往存在一定的空间分布，不同位置上系统的状态变量有不同的取值。

可以知道，系统整体的动力学性质首先来自系统内部各元素之间的相互作用，同时也来自环境变化对系统产生的影响，这种影响常常决定着系统的演化特点和规律。所以，系统的状态变量与外界环境密切相关，一般用参数表示环境对系统的作用。这样，状态变量也是环境参数的函数，参数的变化反映了系统外界环境的变化引起的系统结构的改变。通常，将在系统演化过程中不变的状态变量，或变化规律已知的状态变量也称为参数。一般地，可以控制参数的改变，研究在不同参数条件下系统演化的特点；也可以给定一组参数，研究在给定参数条件下系统状态的改变。

根据研究问题的需要，可将系统状态分为平衡态和非平衡态两种。平衡态是指系统状态不仅不随时间变化，而且系统内部空间各处的状态变量取值也完全相同的状态。非平衡态是指不满足以上条件的状态，即要么系统状态随时间变化，要么空间各处的状态变量取值不同。

1.2.3.2 系统演化及其特点

系统的状态、特性、结构、行为、功能等随时间的推移而发生的变化，称为系统的演化。在足够大的时间尺度上看，世界上的系统都处于演化之中，演化具有普遍性。系统演化有两个基本方向：一个是由简单到复杂、从低级到高级的进化；一个是反向的退化。进化和退化往往发生在同一系统的不同层次，例如，许多生物种群的演化过程是一种进化，而生物个体的老化过程则是一种退化。

系统演化的动力来自两个方面：系统内部组分之间的相互作用（如竞争、合作）和外部环境的变化（包括系统与环境联系方式的变化）。一般来说，系统是在内部动力与外部动力的双重推动下演化发展的。随着时间而变化，经过系统内部和系统与环境的相互作用，系统不断适应、调节，涌现出独特的整体行为与特征。

研究系统的演化特点，主要就是研究状态变量随时间演化的规律。根据状态变量随时间变化的特点，可以将系统的状态分为两类：暂态和终态。顾名思义，暂态是指系统暂时所处的状态，它随时间变化，呈现出非稳定、不可逆的形态，它与系统的初始条件和过程有关，反映了系统的不确定行为，一般不做讨论。终态是指系统状态的终极行为，即系统演化在足够长时间之后所呈现的一种稳定的、有确定规律的状态，它不受系统选择的初始条件及扰动的影响。但是，并非所有系统的演化都存在确定的终态行为，例如，某个理想系统如果持续线性增长一直到无穷，这种情况就没有终态。没有终态的演化现象比较少见，绝大多数实际系统的演化具有终态行为。

通常可以将系统的终态分为以下四种情况：

（1）不动点。此时状态只取固定值，系统即使受到扰动，发生改变，也会回到原来的状态。这是最常见的一类终态。在用系统状态变量所满足的微分方程来分析系统的演化机制时，若方程存在定态解，则系统终态可为不动点，进一步分析可知，只有稳定的定态解才表示为不动点。

（2）周期解。系统终态的状态变量是具有一定变化频率的周期变量，即状态变量的变化是依从周期变化规律的。状态变量从某一定值出发，恢复到该定值的最短时间称为系统的振动周期。

（3）准周期。该系统的多个状态变量具有不同的振动周期，并且周期之比是无理数（不可约、非循环分数）。因为各状态变量的变化周期不可约化，所以整个系统的变化不是周期性的，只能近似为周期运动。

（4）混沌解。系统终态呈现出混沌的特点，系统的终极状态将局限在一个范围之内，在这个局域范围内系统是不稳定的。

1.2.3.3 动态系统的稳定性

稳定性（stability）指的是系统结构、状态、行为的恒定性，即系统结构、状态、行为的抗干扰能力。稳定性问题是动态系统理论的首要问题。稳定性是系统的一种重要维生机制，稳定性愈好，系统的维生能力愈强。一个不稳定的系统无法正常运行，无法实现其功能目标，是没有用的。

从演化角度看，如果一个系统的所有状态在所有条件下都是稳定的，就没有发展变化的可能，不稳定性在系统演化理论中具有非常积极的建设性的作用。但是，稳定是发展的前提。新系统只有具备稳定性机制，才能保持刚刚建立起来的结构和特性。

1.3 系统科学概述

1.3.1 系统思想的发展

朴素的系统概念自古有之、源远流长。中国、古希腊的朴素唯物主义思想家都认为“自然界是一个统一体（系统）”。

系统思想的起源可以追溯到古希腊时期，早在公元前 6 世纪，西方辩证法的奠基人赫拉克利特（Heraclitus）就提出“世界是包含一切的整体”。公元前 5 世纪，原子论的创始人德谟克利特（Democritus）写了一本题为《宇宙大系统》的书，以系统的角度来研究宇宙。柏拉图的学生亚里士多德后来进一步提出了“整体不同于它各部分的总和”，整体可以不同于其部分的总和成为系统科学历史上的重要问题。

在中国，系统观点十分普遍，例如，《黄帝内经 · 素问 · 六微旨大论》中有“故器者，生化之宇，器散则分之，生化息矣”。《易经》简述了中国古代的系统模式的动态架构，墨家则论及了系统思想的方法论，道家阐述了对于系统生成的看法，老子强调了自然界的统一性。都江堰水利工程是古代朴素系统思想的典型应用。战国时期，秦国蜀郡太守李冰父子主持修建都江堰水利工程，利用岷江水资源灌溉田畴。都江堰水利工程充分利用当地西北高、东南低的地理条件，根据江河出山口处特殊的地形、水脉、水势，乘势利导，无坝引水，自流灌溉，使堤防、分水、泄洪、排沙、控流相互依存，共为体系，保证了防洪、灌溉、水运和社会用水综合效益的充分发挥。两千多年来，都江堰一直发挥巨大效益，是我国最成功的水利工程之一，其总体构思是系统思想的杰出运用。

古代朴素的系统思想虽然强调对自然界整体性与统一性的认识，但是缺乏对其各个部分细节的认识，换句话讲，此阶段的系统思想处于“只见森林不见树木”的阶段。

19 世纪上半叶辩证唯物主义诞生，奠定了系统的理论基础。近代研究自然界的独特方法得以发展，包括实验、解剖和观察，把自然界的细节从自然联系中抽出来分别研究。在对自然界分门别类的研究中发展起来的以分析为主的研究方法，虽然对科学发展有过巨大的贡献，久而久之这种方法被移植到哲学中，把整体分割成一块块互不联系、孤立、静止的组成部分，这种观点即形而上学的思维方式，阻碍了对系统整体的了解。自然科学三大发现（细胞学说、生物进化论、能量守恒与转化定律）促进了人类对自然过程相互联系的认识。

马克思、恩格斯说，“我们以近乎系统的形式描绘出一幅自然界联系的清晰图画”，“世界是由无数相互联系、依赖、制约、作用的事物和过程形成的统一整体”。这种“普遍联系及其整体性思想”就是现代的系统概念，为系统理论的创立奠定了基础。20 世纪 40 年代，贝塔朗菲（Bertalanffy）提出“一般系统论”（general system theory）的概念，标志着系统理论的创立。

我国系统科学的发展完全得益于钱学森的贡献。钱学森早年在美国从事导弹控制研究的过程中，就认识到自动控制技术的重要性。他在维纳所著的《控制论》的基础上，于 1954 年写出了享誉国际学术界的《工程控制论》，讲的主要就是对系统的调节与控制。这可以说是钱学森系统思想的萌芽。1955 年回国后，在主导“两弹一星”的成功实践中，钱学森运用、发展了这一思想和方法，提出了系统工程的管理理论，继而又把它推广到社会、经济等各个管理领域。20 世纪 80 年代，钱学森以“系统学研讨厅”的方式开始了创建系统学的工作。从 1986 年到 1992 年的 7 年时间里，钱学森参加了讨论班的全部学术活动，开创了系统科学这一大的学科门类，产生了深远的影响。在讨论班上，钱学森首先提出了系统新的分类，明确界定系统学是研究系统结构与功能（系统演化、协同与控制）一般规律的科学，形成了以简单系统、简单巨系统、复杂巨系统和特殊复杂巨系统（社会系统）为主线的系统学基本框架，这些内容构成了系统学的主要内容，奠定了系统学的科学基础，指明了系统学的研究方向。钱学森不仅提出了复杂巨系统的概念，同时还提出了处理这类系统的方法论和方法，不仅提出了系统论方法，同时还提出了实现系统论方法的方法体系和实践方式。

2008 年 1 月 19 日，时任中共中央总书记胡锦涛在看望钱学森院士时，对他的系统工程和系统科学理论作了高度评价。胡锦涛说："您这个理论强调，在处理复杂问题时一定要注意从整体上加以把握，统筹考虑各方面的因素，理顺它们之间的关系。现在强调科学发展，就是要注重统筹兼顾，注重全面协调可持续发展。"钱学森听后十分感谢。按照他从系统科学角度的理解，胡锦涛说的"从整体上加以把握"就是系统科学最基本的原理；"统筹考虑各方面的因素"既含有"综合"，也含有"集成"的意思；"理顺它们之间的关系"则主要是指"集成"。而"现在强调科学发展，就是要注重统筹兼顾，注重全面协调可持续发展"一句，则是最后归纳总结了科学发展观所蕴含的系统工程、系统科学原理及其方法论。

1.3.2 系统论基础

系统论是通过对各种不同系统进行科学理论研究而形成的关于使用一切系统的科学，它为人们认识各种系统的组成、结构、性能、行为和发展规律提供了一般方法论的指导。系统论尤其指现代系统论是从古代人们对世界整体性的认识发展而来的。20 世纪初期，科学研究向专业化方向发展，科学分化越来越细，不同学科的科学家在各自的领域探索，但是到了 30 年代以后，不同领域的科学家与思想家们发现，现代科学有很多带有普遍意义的思想与方法。到了 20 世纪中叶，各科学科的综合与交叉越来越明显，科学家们聚在一起交流与合作，现代系统思想便是萌发于这样的土壤上。

系统论主要创始人贝塔朗菲是美籍奥地利生物学家，同时又是整合哲学家，他提出了系统论的思想，之后又确定了系统论的学术地位。1937 年，在芝加哥大学莫利斯（Morris）主持的哲学讨论会上，他第一次提出了"一般系统论"的概念。其基本思想是：从系统观点、整体观点、动态观点出发，把有机体描绘成由诸多要素、按严格等级层次组成的动态的开放系统，且具有特殊的整体功能。1945 年，他在《德国哲学周刊》第 18 期上发表了《关于一般系统论》，这是系统科学的奠基之作，标志着系统科学的诞生。一般系统论用相互关联的综合性思维来取代分析事物的分散思维，概括了整体性、关联性、动态性、有序性、终极性（目的性）等系统的共性，突破了以往分析方法的局限性。

贝塔朗菲强调，“系统是处于一定联系中的与环境发生关系的各组成成分的总体”，还指出“正是这些有关秩序、组织、整体性、目的论等最重要的问题，却被排除在机械论的科学之外，这就是‘一般系统论’的观念”。一般系统论的创立标志着复杂性科学的诞生。

贝塔朗菲的一般系统论来源于有机体论，是从有关生物和人的问题出发的。一般系统论对系统科学的形成和发展做出了重要贡献，但它们关于建立各种系统共同规律的探索，还是定性的描述和概念的阐述居多，深入的定量分析和实用的技术方法较少。

一般系统论将“系统”、“整体”和“整体性”作为科学研究的对象，并在方法论上反对还原论。贝塔朗菲认为，对有机体不能沿用讨论无机界问题时常用的机械论的分析方法，要如实地把对象作为一个有机整体来加以考察，从整体与部分的相互依赖、相互制约的关系中提出系统的特征和运动规律。他还力图研究各种系统的一般方面、一致性和同型性，阐明和导出适用于一般系统或其子系统的模型、原理和规律，从而“确立适用于系统的一般原则”，为解决各种系统问题提供新的研究方法。

一般系统论的研究领域十分广阔，几乎包括一切与系统有关的学科和理论，如管理理论、运筹学、信息论、控制论、科学学、哲学、行为科学等。自组织理论、耗散理论、协同学原理、突变理论均为系统论的主要组成部分。系统的状态和系统的演化是系统论研究的重要内容之一。它给各门学科带来新的动力和新的研究方法，加强了自然科学与社会科学、技术科学与人文科学之间的联系，促进了现代科学技术发展的整体化趋势，使许多学科面貌焕然一新。

1.3.3 系统科学的观点

系统科学研究的是一个系统的内部结构、各分系统之间相互联系和协调互动的发展关系，以及系统和其外部环境之间的相互影响，强调的是系统各部分之间的有机联系和协调发展。以钱学森为代表的中国学派的系统科学思想总的学术观点是辩证唯物主义的，与科学发展观所蕴含的社会和谐及统筹兼顾的思想观点是完全一致的。

贝塔朗菲将系统定义为“相互作用的诸要素的复合体”。这个定义强调了系统的整体性和联系性，是系统科学的基本观点。学术界对系统的认识至今并不完全一致，但并没有影响系统观点的发展。结构功能相关规律、信息反馈规律、竞争协同规律、涨落有序规律、优化演化规律作为系统的五个重要规律，是系统观点的重要组成部分，融会于基础关联理论之中。

乌杰（2021）从哲学角度定义系统，认为系统即“相互联系、相互作用的若干要素或部分结合在一起并具有特定功能、达到同一目的的有机整体”。常绍舜（2004）认为，系统是指“由一定部分（要素）组成的具有一定层次和结构并与环境发生关系的整体”。上述概念突出表现了系统的整体性、关联性、层次性、动态性、目的性、开放性等特征。系统论研究了系统的层次性、整体性、动态性、开闭性以及系统中体现的“关系”和“目标”等。

1.3.3.1 整体与涌现性

系统观点首先是整体观点，系统科学着眼于考察系统的整体性。在系统科学中，系统与要素、整体与局部，实际上是同等程度的概念。整体是指事物的各内在要素相互联系构成的有机统一体及其发展的全过程（整体性观点应用于过程系统）。局部是指组成有机统一体的各个方面、要素、分支及其发展全过程中的某一阶段或某一区间。系统论的基本思想观点就是把研究和处理的对象视为一个系统，分析系统的结构和功能，研究系统、要素、环境三者的相互关系和变动规律，并运用优化的系统观点看问题。

必须强调，若干部分按照某种方式整合成为一个系统，就会产生出整体具有而部分或部分总和所没有的东西，如整体的形态、整体的特性、整体的行为、整体的状态、整体的功能等。一旦把系统分解，这些东西便不复存在。系统科学把这种整体才具有的、孤立的部分及其简单总和不具有的特性，称为整体涌现性或突现性。整体涌现性的通俗表达就是“整体大于部分之和”，从整体中必定可以发现某些在部分中看不到的属性和特征。

贝塔朗菲在一般系统论中指出：把孤立的各组成部分的活动性质和活动方式简单地相加，不能说明高一级水平的活动性质和活动方式；不过，如果了解各组成部分之间存在的联系，则高一级水平的活动就能从各组成部分推导出来。因此，一方面，整体性与涌现性是同一事物的两面，前者是以既成论观点看问题的结果，后者是从生成论的观点看问题的结果；另一方面，系统在某些方面表现出来的加和性（例如物质系统整体的质量等于各部分质量之和）表明，涌现性都是整体属性，而整体性不一定是涌现性。

系统的整体特性既包括质的方面又包括量的方面，并以二者的统一体现出来。如果整体与部分之间存在某种可以从量上比较的同质特性，整体涌现性就是“整体不等于部分之和”。

1.3.3.2 结构、子系统、层次

系统论的基本规律有结构功能相关规律、信息反馈规律、竞争协同规律、涨落有序规律、优化演化规律。结构是“系统内部组成要素之间的、相对稳定的联系方式，组织秩序及其时空关系的内在表现形式的综合”。系统组分（元素）及组分之间一切联系方式的总和称为系统的结构（structure）。在组分不变的情况下，往往把组分之间的联系方式称为结构。当相同的系统组分具有不用的结构形式时，该系统就会产生不同的功能和效果。

元素和结构是构成系统的两个缺一不可的要素，系统是元素与结构的统一。组分多少，代表系统的规模。规模大小不同所带来的系统性质的差异称为规模效应。整体涌现性是由规模效应和结构效应共同产生的，一般来说起决定作用的是结构效应。在最简单的情形下，整体涌现性是一种规模效应，整体特性与系统的规模有关。就系统自身来看，整体涌现性主要是由它的组成部分按照一定的结构方式相互作用、相互补充、相互制约而激发出来的，是一种组分之间的相干效应，即结构效应、组织效应。不同的结构方式，即组分之间不同的相互激发、相互制约方式，产生不同的涌现性。

子系统和层次是刻画系统结构的两个主要工具。在多层次系统中，子系统是按层次划分的，同一层次的子系统具有相同的结构。

子系统（subsystem）相对于系统整体而言就是系统的部分或组分，但它本身就是一个系统，具有系统的基本特性。因此，子系统与系统的元素不同，具有可分性、系统性。当系统的元素很少、彼此差异不大时，系统可以按照单一的模式对元素进行整合。当系统的元素数量很多、彼此差异不可忽略时，不再能够按照单一模式对元素进行整合，需要划分不同的部分，分别按照各自的模式组织整合起来形成若干具有相同结构的子系统。应当注意，系统是否需要划分子系统，主要不在于元素的多少，而在于元素种类的多少和联系

方式的复杂性。

层次是系统由元素整合为整体过程中的涌现等级，不同性质的涌现形成不同的层次，不同层次表现出不同的涌现性。贝塔朗菲的等级观点这样表达这一概念：各种有机体都是按照严格的等级组织起来的，生物系统层次分明、等级森严，通过各层次逐级组合形成越来越高级、越来越庞大的系统。因此，涌现性也可以解释为高层次具有低层次没有的特性。但出现新的涌现性不一定产生新的层次，只有当某个已经形成的层次上出现了大量系统，以它们为子系统作进一步的整合而形成新的更高级的系统时，才会涌现出新的层次。

1.3.4 系统科学方法

把对象当作系统来认识和处理的方法，无论是理论的或经验的，定性的或定量的，数学的或非数学的，精确的或近似的，都统称为系统论方法。系统论方法是不同方法和描述形式的融会贯通，主要表现在以下几个方面。

1.3.4.1 还原论与整体论相结合

整体论强调的是整体地把握对象，还原论则主张把整体分解为部分来研究。古代科学的方法论本质上是整体论，受当时科学技术发展水平的限制，人们对于整体的把握无法建立在对部分的精细了解之上，所以当时的整体论只是一种朴素和直观的整体论。

400 多年前兴起的现代科学，转而以还原的方法论作为基础，把系统整体分解为局部，将系统从高层次还原到低层次，通过认识部分的特性来掌握整体的性质。实践证明，还原的方法论在人类历史进程的一段时期内是非常有效的，促进了当时科技的迅猛发展。将系统从周围环境中分离出来，孤立地进行研究，再把对部分的认识累加起来的办法，对于深入了解系统内部的性质和特点，处理一些比较简单的系统一般还是有效的。但是，对系统内部包含了多个层次，且存在着各种相互作用的复杂系统而言，这样的处理方法忽略了系统的整体涌现性，无疑会损失掉很多有用的信息。

系统论正是通过综合整体论的思想来改进还原论的局限性而发展起来的。它在了解事物各部分精细结构的基础之上，从整体上来认识和处理问题。这样，一方面克服了还原论零碎地认识事物的片面性，另一方面也更正了古代整体论的直观性和笼统性，真正地做到了科学地把握全局。随着现代社会生产实践的大型化和复杂化，以及一系列全球问题的产生，系统论把还原论和整体论结合起来的方法将发挥越来越重要的实际作用。

1.3.4.2 定性描述与定量描述相结合

对任何事物都可以从定性与定量两个方面加以描述。定性描述多数情况下表现事物的本质属性，是定量描述的基础；定性描述也必须借助于定量描述，给出定性描述的具体特性，使定性描述更加客观和精确。定性描述与定量描述相互结合，正是系统论研究问题的基本方法之一。

在过去缺乏数学理论基础和适当计算工具的年代，对事物的定性描述占据了统治地位，而这样的定性描述由于没有定量的、准确的数据支持，往往令人难以信服，甚至会把人们的认识引入歧途。自牛顿运用一套完整的数学公式体系成功地刻画了物体运动规律以来，定量化方法开始备受推崇，并获得迅速发展。其结果使得人们普遍认为定性方法缺少科学性，把它当作尚未找到定量方法之前不得已而为之的一种权宜方法，这种看法在早期的系统科学研究中也有反映。但是，单纯定量化的描述在现代科学日益复杂的研究对象面前开始显得力不从心，反对在科学研究中片面追求数量化和精确化的呼声越来越高。

根据研究问题的需要和客观条件，综合采用定量描述与定性描述，充分发挥其各自的优势才是可取的。实际上，定性描述并非排斥使用数学工具，被称为系统动力学之父的数学物理学家庞加莱所创立的定性数学，就是一种描述系统定性性质的有力工具。系统论所关心的某些演化问题，往往只需要知道系统发展的大致趋向，不用给出具体的数值，此时就可以应用抽象的、定性的理论加以分析。

1.3.4.3 局部描述与整体描述相结合

描述系统包括描述整体和描述局部两个方面。系统研究的基本方法之一就是在系统整体观的对照下建立对局部的描述，同时综合对所有局部的描述，建立关于对系统整体的描述。

微观描述和宏观描述就是一种特殊的局部描述与整体描述。一般简单系统的元素同系统整体在尺度上的差别不能构成微观与宏观的差别。但是，一个巨系统可以用微观和宏观来加以划分。巨系统的元素或基本子系统属于微观层次，巨系统的整体属于宏观层次。任何系统，如果存在某种从微观局部描述过渡到宏观整体描述的方法，则标志着建立了该系统的基础理论。例如，对于简单巨系统而言，运用统计描述的方法可以完成从微观描述到宏观描述的过渡。

1.3.4.4　确定性描述与不确定性描述相结合

对于系统演化进行定量描述可以有两种方式：确定性描述和不确定性描述。过去确定性描述是指以牛顿力学为代表的描述，而不确定性描述特指用由统计力学和量子力学发展起来的概率论进行的描述。在系统科学理论中，采取确定性描述的有一般系统论和非线性动力学等，申农的信息论则完全建立在概率论的不确定性描述的框架下。在运筹学和控制论中，虽然两种描述都有应用，但往往是在划分了不同的分支以后再来分别使用它们，实质上并没有实现两种方法的沟通。现代科学的总体发展趋势，越来越要求将确定性与不确定性两种描述方式加以融合，形成一个统一的描述框架。自组织理论就试图沟通这两种描述体系，采用反应扩散方程的确定性描述和主方程的概率性描述相结合的方法来讨论系统的演化，并取得了一定的进展。

除了上述四种系统方法论，关于系统方法论的其他提法还有分析方法与综合方法的结合、静力学描述与动力学描述的结合、理论方法与经验方法的结合、精确方法与近似方法的结合、科学理性与艺术直觉的结合等。

1.4　小结

系统科学（systems science）是研究自然、社会、认知、工程、技术和科学本身的由简单到复杂的系统本质的交叉学科。对于系统科学家来说，世界可以被理解为一个系统的系统。该领域旨在发展适用于心理学、生物学、医学、通信、商业管理、计算机科学、工程学和社会科学等不同领域的跨学科的基础。

系统科学涵盖了诸如复杂系统、控制论、动力系统理论、信息论、语言学或系统论等形式科学。它在自然科学、社会科学和工程学领域有应用，如控制论、运筹学、社会系统理论、系统生物学、系统动力学、人因学、系统生态学、计算机科学、系统工程学和系统心理学。系统科学通常强调的主题是整体观点、系统与环境之间的相互作用、动态行为的复杂轨迹。

系统科学是研究系统的结构与功能关系、演化和调控规律的科学，是一门新兴的综合性、交叉性学科。系统是自然界和人类社会中一切事物存在的基本方式，各式各样的系统组成了我们所在的世界，例如复杂通信系统、计算机网络系统、物流网系统等。系统科学以不同领域的复杂系统为研究对象，从系统和整体的角度，探索复杂系统的性质和演化规律，目的是揭示各种系统的共性以及演化过程中所遵循的共同规律，发展优化和调控系统的方法，进而为系统科学在科学技术、社会、经济、资源、环境、军事、生物等领域的应用提供理论依据。

2

复杂系统理论

牛顿有句名言："自然界喜欢简单化，而不爱用什么多余的原因来夸耀自己。"爱因斯坦说："自然规律的简单性也是一种客观事实。"这两句话反映了近代科学传统的一个基本观点：简单性、简明性成为近代科学理论追求的目标和特色之一。在经典科学的世界中，各种复杂的现象都是由一些简单的规律加以解释的，相信客观世界本质上是简单的，复杂性是披在简单性之上的面纱。

科学进展到今天，可以清楚地认识到，自然界并非如牛顿所说的喜欢简单化，相反，现实世界中的多数系统具有复杂的相互关系和作用机制。

简化论（reductionism）科学无疑是成功的，它试图精确描述一切实体，物理学中很多时候人们可以从系统构件的性质去预测总体的行为，于是知道磁场生成于成千上万的磁极子的群体行为，而量子粒子导致玻色-爱因斯坦（Bose-Einstein）凝聚和超流动。但是精确的建模需要进行大量的简化而消除模糊性，实际的各种系统中有时节点的作用本身就是模糊的，而且超过三个节点的运动系统整体上的精确解析难以获得。大体而言，简化论的科学通过揭示自然界的不变规律中隐藏的简单性来消除现实世界的表面复杂性，然而这种消解却让科学逐渐远离真实世界。因而，一门新的科学呼之欲出了，这就是圣塔菲研究所（Santa Fe Institute）倡导的关于复杂的科学，这种全新的、整合为一体的科学将是一门严谨的科学，就像一直以来物理学那样"坚实"，那样完全建立在自然法则之上。但是这门科学将不是对一个最基本的粒子的探索，而是对关于流通、变迁，以及模型的形成和解体的探索。这门科学将会对事物的个性和历史偶然性有所探究，而不再对整体之外的和不可预测的事物忽略不见。这不是关于简单性的科学，而是关于复杂性的科学。这门复杂科学要完成的是跨越科学不同学科的大整合，就像达尔文进化论所完成的大整合一样。它认为，在所有的学科领域之下有一个统一的规律，这一统一性规律最终不仅囊括物理化学，也囊括生物学、信息处理、经济学、政治科学，以及人类生活的每一个方面。

自20世纪80年代开始，复杂性科学便以一种非常惊人的速度发展至今。由于复杂性科学研究的前驱，如普利高津、巴克、哈肯等多是长期从事统计物理方面工作的，因此复杂性科学在很长时间内一直被看作统计物理学的一个分支。但是，现在情况已经发生了很大的变化，随着各个领域一流科学家的加入和复杂性科学越来越广泛的应用，其交叉性和重要性日益突显，它已经被认为是一个独立的研究领域。

2.1 从简单性到复杂性

爱因斯坦说："自然规律的简单性也是一种客观事实。"在经典科学的世界中，各种复杂的现象都是由一些简单的规律加以解释的。简单性、简明性成为近代科学理论追求的目标和特色之一。过去使用理想化的模型是基于历史时期和客观条件的限制，不考虑多方面的复杂要素符合当时的实际情况。事实也证明，西方近代科学对于简单性的追求曾经给科学技术带来过巨大推动。但是，时代的进步和科学的发展使得我们不能再停留在原来简单化的思维之中，这样的现状必须有所突破。同时，规则的简单更不能代表研究方向和研究过程的简单，所谓的简单是指追求一种明晰的、有效率的普适结论，而不是放弃对于复杂问题和复杂性本身的探索。

人们对于大自然的了解本身就是一个由简入繁的过程。在人类历史早期，简单性的原则和理想化的方法主导着科学研究的方向是很正常的，也是认识真理的必经阶段。然而，20 世纪科学技术的迅猛发展，使得人们对于周围客观世界的认识大大深化了，人们的思维方式开始向着多重性的方向转变，复杂性也随之作为一个重要的概念出现于现代科学的辞典中。何谓复杂性，至今莫衷一是，没有统一的说法。按照普利高津在其专著《探索复杂性》一书中的解释，复杂性能够实现不同动态之间的转变，这是复杂过程的本质特征之一。而圣塔菲研究所的科学家们认为，复杂性主要是指复杂适应性系统的演化特征，它一般处于混沌的边缘。钱学森则指出，复杂性问题实际上是开放的复杂巨系统的动力学特征问题，在自然界，真正普适的、起作用的是开放的复杂巨系统。

当一个系统由大量互相作用的部件构成而产生平衡的时候，可能形成一种内聚的结构，其整体的行为超过了其构成部件之行为的简单叠加，如此系统可称为复杂系统（complex system）。这里要强调构件之间的相互作用，所以复杂性产生于多个（三就开始了）部件的"连接"。部件之间的交互作用是多样的，从能量的交互作用到信息的交互作用都是可能的，如细胞代谢网络、地球生态系统等。复杂系统涉及学科类别广泛，精确的定义需要从描述一个系统所需要的信息量着手，需要用到统计物理、计算机科学及信息论中的概念。若构件的行为非常简单，则所产生的复杂性称为涌现复杂性（emergent complexity）。

按照中国从事系统科学研究的学者们的看法，复杂性可以表示为变化无常且捉摸不定的一些秩序，它们通过自适应和自组织，经历一系列的过程而向更高级、更优化的秩序演变。现在进行的复杂性研究，就是要分析复杂系统在不同层次上的构成、子系统内部及其相互之间的作用、系统与环境的关系及系统整体的特性等方面，讨论复杂过程发生、变化的原因和规律，从而尽可能地认识、调节和控制客观世界中的种种复杂事物和现象。

从简单性到复杂性的转变是20世纪科学技术飞速发展的必然结果。有人评价说，复杂性科学是21世纪的科学。普利高津在《确定性的终结》中这样写道："人类正处于一个转折点上，正处于一种新理性的开端，……一个新科学时代的开端。……这种科学不再局限于理想化和简单化的情形，而是反映了现实世界的复杂性，它把我们和我们的创造性都视为在自然的所有层次上呈现出来的一个基本趋势。"

直观上，复杂性原是生物现象所具有的特性。由大自然创造的千姿百态的生物机体，无论在形态还是功能方面都表现出显而易见的复杂性。拿一个最简单的生物系统——细胞来说，其新陈代谢就包含几千个化学反应，而且这些反应之间相互联系和制约，在各种酶的催化作用下形成一个耦合的镶嵌网络，各级反应在细胞内部有条不紊地进行，而整个细胞的代谢行为被组织得协调而有序。

毫无疑问，将生物机体作为系统科学的研究对象，可以为理解复杂性提供典型的范例。在人们的惯有理念之中，物理系统和化学系统与生物系统相比，组织性要低得多，因而复杂程度也要低得多。传统的理论即是用简单化的规律、理想化的原则来处理这些物理、化学系统。牛顿力学的公理化体系、以往的分子原子论等，都是将理论建立在这样的简单性法则之上。然而，20世纪60年代以后，随着物理、化学系统等无生命世界中存在的一些自组织现象相继被发现（如贝纳德流、化学钟），人们探索复杂性的目光不再仅仅局限于有机世界的复杂现象，而将注意力逐渐转向了无机界的复杂现象。

从组织理论角度来说，自组织现象发生的过程，就是开放系统从无序向有序转变的过程，其中伴随着能量的耗散和某种新结构的出现。所以不难理解，自组织本身就是一个不断增加多样性和复杂性的过程，而自组织系统亦可被作为具有复杂行为机制的对象来研究。这样，物理系统和化学系统已不能一味地被当作简单系统来处理了，在一定条件下它们通过自组织过程而产生复杂性，可以应用有关复杂系统的一系列理论来分析。

不单单是宏观上的物理和化学系统可以具备复杂性，对于微观世界而言，复杂性同样广泛地存在。从古希腊的原子论者开始，到近代的一些理论物理学家，很多人认为原子、分子这些粒子只是简单的物体，可以由简单的规律加以解释。不过，现在认识到，微观粒子的结构实际上并不简单，拥有复杂的产生和衰变过程。如果说研究某些宏观对象还可以建立某一种简单模型的话，那么用这种模型来描述非常大和非常小的系统则是行不通的，在微观世界，人们需要建立更为复杂的模型来研究微观粒子的产生、湮灭以及相互转化等演化问题。

如今，相关性、复杂性等概念不再只属于生物系统的范畴，描述无机世界的一些自组织行为已经离不开这些概念。复杂性从有机界到无机界的渗入绝非偶然，物理和化学现象同生物现象之间的距离也没有人们想象中的那么大，普通的物理、化学系统同样可以表现出类似于生物系统的复杂性。当然，这并非说无机界的复杂程度可以等同于生物界，而是说在研究物理、化学系统时，应避免传统的简单化的思维方式，并可借鉴生物现象中所表现出来的一些复杂事物共同的特点。

普利高津在《探索复杂性》一书中写道："复杂性不再仅仅属于生物学了。它正在进入物理学领域，似乎已经植根于自然法则之中。"正是普利高津等学者提出的自组织理论向人们揭示了无机界的复杂性，从而把复杂性的理念从有机界引入了无机界。

2.2 复杂系统概述

2.2.1 复杂性的含义

按照普利高津在其专著《探索复杂性》一书中的解释，复杂性能够实现不同动态之间的转变，这是复杂过程的本质特征之一。而圣塔菲研究所的科学家们认为，复杂性主要是指复杂适应性系统的演化特征，它一般处于混沌的边缘。钱学森则指出，复杂性问题实际上是开放的复杂巨系统的动力学特征问题，在自然界，真正普适的、起作用的是开放的复杂巨系统。复杂性可以表示为变化无常且捉摸不定的一些秩序，它们通过自适应和自组织，经历一系列的过程而向更高级、更优化的秩序演变。

复杂性可以从元素方面进行分析，也可以从关系方面进行分析。

（1）系统中需要识别的元素的种类越多，其数量越大，系统就越复杂。系统中元素的数量及其多样性是复杂性的第一个基本的客观标准。复杂性的形成需要足够的系统规模，这是产生复杂性的必要条件，但不是充分条件。

（2）系统元素之间的相互关系越紧密，相互联系的范围越广泛，系统就越复杂。元素之间的关系越紧密，就意味着它们的特征相互约束、相互依赖和相互规定的程度越强烈，要了解其中之一，必定需要了解相关的其他元素，对整体的理解依赖于对部分的分析。

2.2.2 简单系统与巨系统

2.2.2.1 简单系统

简单系统指包含的子系统数目少，且子系统之间相互作用简单的系统。按规模，简单系统又可分为小系统和大系统，它们的演化通常可采用已有的规范理论（如经典力学理论）来处理。

简单系统是一类模型系统的总称，它的特征不在于包含的子系统数目的多少，只要其子系统之间满足叠加原理，大到宏观的天体系统，小到微观的原子系统，都可被认为是简单系统。现实生活中，很少有完全符合简单系统要求的系统。一般认为，万有引力作用下的两体系统、弹簧振子系统和氢原子系统可以按照简单系统来处理，其他的系统则需要进行一定的近似简化，比如子系统间的相互作用被认为只能发生在两个子系统之间，而与其他子系统的存在与否无关；再比如子系统之间的相互关系比较简单，非线性效应很小，以至达到可以忽略的程度，此时可以把一个实际系统近似看作简单系统。

对于简单系统，只需在同一个层次进行分析研究，而分析研究其运动行为的框架就是牛顿体系。由于简单系统满足叠加原理，其整体的运动状态就是系统中所有子系统的运动状态之和，一般利用经典物理学的理论和方法即可对简单系统加以讨论。对于子系统数目较多的情况，则可以借助计算机进行大规模的运算和处理。

2.2.2.2 巨系统

相对于简单系统而言，巨系统一般包含了大量的子系统，且子系统之间存在复杂的相互作用。巨系统本身会呈现出多个层次，它是更趋近于真实世界中大量实际事物的理论模型，也是系统科学关注和研究的主要对象。按复杂程度又可将巨系统分为简单巨系统和复杂巨系统，其中，后者还可细分为一般的复杂巨系统（亦称复杂适应性系统，如人体系统、生物系统等）和特殊的复杂巨系统（亦称开放的复杂巨系统，如教育系统、经济系统等）。根据综合复杂程度，系统可以分为如下九类，如图 2.1 所示。

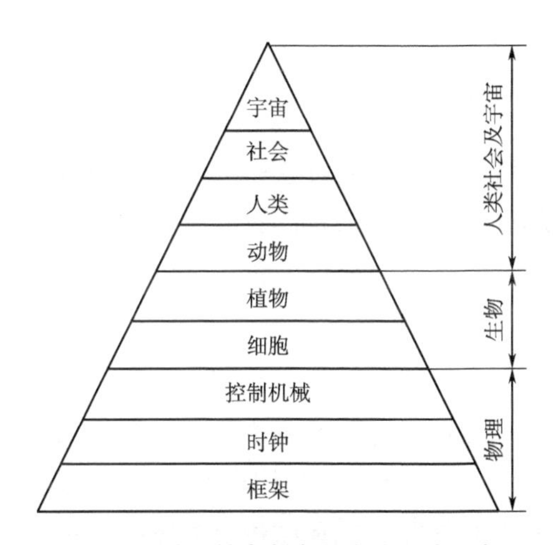

图 2.1　按照综合复杂程度的系统分类

简单巨系统是包含子系统数目多，但子系统之间相互作用关系相对简单的一类巨系统，如热力学系统、化学反应系统等。

首先，简单巨系统的元素或子系统数目虽然很多，但是一般各个子系统之间的差别不大，往往可以采用子系统物理量的统计平均值来近似描述系统的状态。所以可以从系统整体的角度进行统计平均意义上的分析。

其次，简单巨系统内子系统之间相互作用的具体形式一般是非线性的，在研究过程中，不能通过子系统的性质叠加而得出整体性质，这给研究带来了一定的困难。同时，简单巨系统往往会涌现出一些新的性质，所以，对这类系统至少应该分为两个层次来研究：系统层次（整体）与子系统层次（局部）。不同层次上选择的状态变量不同，对系统演化的描述方法不同，应用的理论也不同。

最后，在多数情况下，简单巨系统内子系统之间的相互作用关系是已知的，同时外界对系统的影响也是固定的，人们可以用确定的规律对它进行描述。对此类系统可以用系统理论的相关知识来分析。

现实中的许多系统，如生物系统、人文系统、经济系统等，其子系统之间的相互作用复杂，层次很多，对系统产生影响的外界环境通常也是不确定的，此时，简单巨系统的理论不再适用。虽然有时经过近似，把子系统之间的相互作用简化，再引入某些假定，可以采用自组织理论去讨论这类系统，并能获得一些有用的结果，但是，研究这类复杂系统必将面临许多全新的问题，需要引入新的理论和分析工具。

2.2.3 复杂性的特征

由于在不同的学科领域，研究对象和采用的分析方法不同，因而对复杂性概念的定义也不相同，到目前为止，对复杂性还没有一个严格定义。但是对复杂系统的基本特征的认识却比较一致，可以将复杂性的基本特征或基本内涵归纳为下列几点：

（1）复杂性体现了系统的整体性。整体大于各组成部分之和，这是非线性系统所具有的特征，尤其对涵盖了多个层次的复杂系统来说，单个层次的性质不能说明整体的性质，低层次的规律也不能说明高层次的规律。

（2）复杂性意味着系统在组成和结构上的复杂。一个复杂的系统包含了多个子系统，个体、子系统、系统具有各自相对独立的结构、功能与行为，各组成之间、不同层次的组成之间相互关联、相互制约。复杂系统的多层次结构反映在时间与空间两个尺度上，可以形成不均一的网络体系。层次结构（hierarchy structure）是复杂性的主要根源之一。

（3）复杂性意味着系统与环境、子系统与子系统之间存在非线性相互作用。系统与外部环境相互关联、相互制约、高度统一；系统内部的各个层次之间、各个子系统之间，以及各个组成成分之间均存在着复杂的非线性相互作用。开放性（openness）是复杂性的重要根源，系统与环境相互关系的复杂性是系统复杂性的重要表现，开放系统与环境之间进行着物质、能量和信息的交流。非线性（non-linearity）则意味着无穷的多样性、差异性、可变性、非均匀性、奇异性、创新性。非线性是系统产生复杂性的重要条件，非线性使得系统行为不可通过其组成部分的简单叠加获得，即整体大于部分之和。

元素之间、子系统之间的非线性相互作用是系统产生复杂性的根本内在机制，复杂性只能出现于非线性系统中。

（4）复杂系统的演化方向多是进化。系统的演化有进化、退化两个方向，复杂系统里，进化起着重要的作用。复杂系统随着时间而变化，不断调节和适应周围环境，通过自组织的作用涌现出一定的行为和特征，整体一般趋向有序化发展。复杂系统中的行为主体根据各自行为规则相互作用所产生的没有事先计划但实际却发生了的一种行为模式，使不同层次涌现了子层次所没有的行为斑图（pattern）。

（5）系统的演化形式是多样的，有渐变和突变。系统科学中的突变指的是非常剧烈的变化，不强调变化的瞬时性。其中，渐变是量变，是某种作用、因素的积累，是突变的基础；而突变是质变，是系统从低级向高级进化的阶段性的转折。

复杂系统所具有的一个确定性的特点就是路径依赖。它们对于诸如初始条件或者系统参数中的微小差异和微小扰动具有敏感性，人们对于复杂系统的研究和描述就是十分困难的。复杂系统具有部分的可解释性和可预测性。当系统基本上可简化时，许多实践工作可以运用传统的分析工具；反之，就需要运用其他分析技术对系统进行研究。

复杂性科学就是运用非还原论方法研究复杂系统产生复杂性的机理及其演化规律的科学。复杂性科学的研究对象就是那些系统各组成部分的相互作用关系（组织结构）会对系统的行为起到决定性影响的复杂系统。复杂性研究就是要分析复杂系统在不同层次上的构成、子系统内部及其相互之间的作用、系统与环境的关系及系统整体的特性等，讨论复杂过程发生、变化的原因和规律，从而尽可能地认识、调节和控制客观世界中的种种复杂事物和现象。

2.2.4 复杂性研究方法

国外比较规模化的有关复杂性科学方面的研究一般认为是在 20 世纪 70 年代末或 80 年代中期开始的。但是，追本溯源，科学界认为复杂性科学的主要思想先驱是系统论、控制论和耗散结构理论。自 20 世纪 80 年代开始，复杂性研究或称复杂性科学在国际科学界兴起，以圣塔菲研究所开展的跨学科、跨领域的关于复杂适应性系统的研究为代表，至今已经在经济系统的发展、免疫系统的形成、人工生命的诞生、人工神经网络的计算等方面取得了一定的成果。

在科学研究的方法论方面，圣塔菲研究所的科学家们意识到，用还原论的方法将事物分解为部分进行研究，无法处理复杂系统的诸多问题，他们转而大量地依靠计算机技术。时至今日，计算机技术的发展已经非常迅速，在逻辑思维方面计算机的确可以胜人一筹，不过，在形象思维方面计算机仍然无能为力。所以，在复杂性研究的道路上，并不能完全依靠计算机，而需要人脑和计算机进行优势互补，拓展基于整体的创造性思维。钱学森提出的从定性到定量的综合集成法，就是研究复杂系统的一个普遍性方法，其主要特点有如下四个方面：

（1）定性分析与定量计算相结合；

（2）分析与综合相结合；

（3）专家个人分析与多位不同领域专家的知识集成相结合；

（4）专家直觉经验判断与计算机逻辑运算相结合。

这个方法的实质是将专家体系、数据和信息体系，以及计算机体系相互有机地结合起来，从而构成一个高度智能化的人机结合系统。它能把人的知识和经验与各种情报和资料集成起来，由多方面的定性认识逐步上升为科学的定量认识，从而充分发挥方法本身作为一个开放的复杂巨系统的综合优势、整体优势和智能优势。

为了完善从定性到定量的综合集成法，还需要在某些关键技术上获得突破，如开放的复杂巨系统的总体表征技术、价值体系的建立以及表达技术、群决策中的妥协技术等。近年来，由于信息技术的发展，特别是电子计算机和互联网的发展，产生了多媒体（multimedia）、虚拟现实（virtual reality）、数据库中的知识发现（knowledge discovery in databases，KDD）、数据挖掘（data mining）等先进技术，为运用人机结合的综合集成法创造了良好的条件。

经过数十年的努力，人们在复杂性科学这一领域确实取得了一定的成就，建立起一批相对成熟的理论。目前，国外研究复杂系统的学者和成果越来越多，并初步形成了混沌学派、系统动力学学派、结构复杂性学派、复杂适应系统学派和后现代学派等不同的学派。

2.2.4.1 混沌学派

早在100多年前，朱尔斯·亨利·庞加莱（Jules Henri Poincare）在研究三体（两颗行星、一颗卫星）问题时就发现了微分方程的灵敏性问题。1961年美国气象学家洛伦兹在利用计算机演算长期气象演变方程时，发现了非线性动力学方程对于计算误差的初值敏感性，并提出著名的“蝴蝶效应”。洛伦兹所著的《混沌的本质》一书，奠定了混沌学派的基础。混沌学派对采用非线性方程描述的动力系统的深入研究对于揭示复杂系统的本质做出了巨大的贡献。非线性方程是确定性的，有利于直接地将系统行为的复杂性和动力系统内在的因素联系起来。通过对非线性方程的研究，可以发现系统复杂行为的特征、分类、规律以及与系统控制参数之间的内在联系。

2.2.4.2 系统动力学学派

系统动力学（system dynamics，SD）是系统仿真模拟阶段研究系统动态行为的一种计算机仿真技术，由杰伊·莱特·福雷斯特（Jay Wright Forrester）于20世纪70年代初期创立。系统动力学将复杂系统视作一种反馈系统。

系统动力学派的研究方法包括下面几个步骤：

（1）问题定义；

（2）建立一种假设来解释问题的基本机制；

（3）从问题的根本出发，为系统建立一种计算机仿真模型；

（4）测试该模型，确认其能复制系统在真实世界中的行为；

（5）设计和测试供解决问题之用的可选策略；

（6）实现上述解决方案。

2.2.4.3 结构复杂性学派

这一学派认为复杂性存在于研究者的头脑中，主要采用形式逻辑，综合运用管理心理学、组织行为学、系统分析、关系论、复合论、图论、布尔代数等数学方法和理论来描述复杂性。完全不同领域的复杂系统所呈现出的一些共同的特征，尤其在微观个体相互作用中出现的类似的结构组织，被作为研究复杂系统中沟通个体简单行为规则与宏观复杂系统行为的桥梁。结构复杂性学派特别强调人的作用和组织成员之间的交流与合作，强调对问题状况结构的计算机辅助分析是解决复杂性的关键步骤。

2.2.4.4 复杂适应系统学派

圣塔菲研究所的研究者从各种复杂系统的具体实例出发去探索复杂行为产生的根源。这些实例存在着共同的复杂性特征：由大量简单个体组成的系统，在宏观上具有复杂的行为；整体大于部分之和的规律普遍存在；系统会对外部刺激进行适应性的调整；个体在系统中可以形成各种尺度的结构或者模式。

1994 年圣塔菲研究所成立十周年之际，由享有盛名的约翰·亨利·霍兰德（John Henry Holland）教授，在题为“隐藏的秩序”（“Hidden Order”）报告中提出复杂适应性系统（complex adaptive system，CAS）的概念；随后《隐秩序：适应性造就复杂性》（*Hidden Order：How Adaptation Builds Complexity*）一书出版，对复杂适应系统进行了系统的阐释。

我国以钱学森为首的学者对开放复杂巨系统的研究，可以称为“综合集成学派”。

尽管复杂性科学研究的理论流派众多，但共同的认识是充分开放是系统自组织演化的前提条件，系统内相互作用产生的扰动（张落、冲突、困难，分歧）是系统自组织的原始诱因。复杂性科学倡导的是一种新的思维方式、思想概念导向和理论研究模式，它探索了现实世界的整体性问题。如今，它已介入人类生活中的方方面面，在许多学科和领域都产生了重要影响，依靠复杂性科学来组织跨学科、跨领域的大型课题势在必行，也将是获得行之有效的解决方案的途径之一。

2.3 自组织理论

自组织理论是研究客观世界中自组织现象的产生、演化等的理论。自组织是系统科学的一个重要概念，它是复杂系统演化时出现的一种现象。所谓自组织是指在系统开放的背景下，系统自发形成内部有序结构的过程。自组织指系统形成的各种结构并非外界环境直接强加给系统的，而外界是以非特定的方式作用于系统。从效果上看，自组织和他组织现象一样，都是系统达到了一定的目的，都是实现了某种确定的状态。而它们根本的区别在于：同样是系统新状态的出现、新功能的形成、一定目的的达到，其原因不同。对于他组织，出现这些现象的原因在于系统之外；自组织则不同，之所以出现组织结构，其直接原因在于系统的内部，与外界无关。自组织的关键在于系统的复杂性是内部自发产生的，行为主体之间的相互作用突现复杂性。

2.3.1　自组织现象

自组织的一个典型案例是贝纳德流，它是流体力学中最简单的自组织现象，是由法国物理学家贝纳德（Benard）于1900年利用流体完成的一个著名实验。

取一层薄层流体（如樟脑油），上下各放置一片很大的恒温热源板，温度分别恒定在T_1、T_2，要求板的宽度与长度均远远大于两板之间的距离。实验发现：当两板温度相等，即$T_1=T_2$时，流体处于热力学平衡态。

当从下加热，使其温度升高，即$T_1<T_2$时，流体内形成由下而上的温度梯度，从而有热量不断地从下板通过流体传向上板，流体处于非平衡态。如果两板温度差异不大，在某一阈值（某种控制量的临界值）范围内，即$T_2-T_1<\Delta T_C$（温差的临界值）时，经过一段时间后，流体内自下而上有稳定的热量传递，整个流体宏观上仍保持静止。

当温差增大到超过这一阈值，即$T_2-T_1>\Delta T_C$时，系统性质发生突然变化，取而代之的是对流传热的形式，系统呈现出规则的运动花样，所有流体分子开始有规律地定向运动，水平方向上的对称性受到破坏，从侧面看过去形成一个个环，这便是所谓的贝纳德流。

在系统的行为本质上，贝纳德流是系统在远离平衡态时，其内部的分子可以自行重新组织而出现某种有序结构，外部的特定环境只是提供了触发系统产生这种秩序的条件，这种有序组织实际上是系统内部自发形成的，所以称之为“自组织”。

自组织过程是一个动态过程，即不仅表现在自组织过程前后系统状态的变化，系统从一个均匀、简单、平衡的状态转变为一个有序、复杂、非平衡的稳定状态，而且还表现在自组织过程以后系统形成的稳定状态的特点。系统自组织过程以后出现的几种自组织模式可分为自创生模式、自复制模式、自生长模式、自适应模式。

实际的自组织过程是复杂的，许多情况下，它是上述多种分析描述的综合，因此，在分析实际系统自组织时，需要从不同角度进行分析。

2.3.2　耗散结构理论

由于自组织现象非常丰富，且它们的形成大多与系统的非线性相互作用密切相关，而目前对于大多数系统的非线性相互作用，还不能提出一种普遍适用的处理方法，因此自组织理论也未形成一种完整规范的体系。通常人们将普利高津创建的耗散结构理论和哈肯创建的协同学理论统称为自组织理论。耗散结构理论是比利时布鲁塞尔学派领导人普利高津1969年提出的，也被称为非平衡系统的自组织理论。

2.3.2.1 平衡与非平衡

平衡态是指在没有环境影响的条件下，系统各部分的宏观性质长时间内不发生变化的状态。这里所说的没有环境影响，是指系统与外界之间不存在物质和能量的交换，否则系统就不能达到并保持平衡态。由于实际中并不存在完全不受环境影响，并且宏观性质绝对保持不变的系统，所以平衡态只是一个理想化的概念，它是在一定条件下对实际情况的抽象和概括。

在外界环境条件不改变时，若系统的状态不随时间而改变，系统中也不存在宏观的流动过程，则系统的此种状态称为平衡态。在实际问题中，只要系统状态的变化很小而可以忽略时，就可以近似看成平衡态。

在一定的非平衡条件下，系统从无序自发地演化到有序的自组织现象很多，如地质学中观察到的各类岩石上的规则图案、生物体代谢过程中的配位和调节机制、非线性电子线路中的分频现象等。不管是什么系统，欲维持这种有序结构，都必须不断地对系统做某种形式的功（输入“负熵流”），系统需要不断地“耗散”能量，故人们将系统通过自组织“进化”而产生的有序结构又称为“耗散结构”。以普利高津为首的布鲁塞尔学派深入分析了这类自组织现象，说明了耗散结构的特点及其形成条件，据此创立了耗散结构理论。

对于孤立系统或处于线性区的开放系统而言，它们的演化总是朝着平衡态或尽可能接近平衡态的方向发展，也就是遵从演化指向均匀、无序、低级和简单的方向。

在一定条件下，处于线性区的非平衡态可以是稳定的，称为非平衡定态。例如在一根导热金属棒的两端维持恒定温差时，棒沿温度增加的方向可建立起一个确定的温度梯度，此时棒中存在稳定的热流，而棒的宏观状态不再随时间改变。可以证明线性区的非平衡定态是熵产生率最小的状态。最后可得，当系统总的熵产生率 σ 满足 $\frac{\mathrm{d}\sigma}{\mathrm{d}t}=0$ 时，必有 $\frac{\partial T}{\partial t}=0$，此时虽然系统内部存在一个温度梯度，但各处的温度值却不随时间而改变，也就是说，这个温度分布是稳定的，系统处于稳定状态。系统总的熵产生率 σ 满足 $\frac{\mathrm{d}\sigma}{\mathrm{d}t} \leqslant 0$，此式被称为最小熵产生原理，具体表述为：在任何线性不可逆过程中，熵产生率 σ 恒大于0，但其随时间的变化不断减小，直到 σ 取最小值，即非平衡系统达到一个稳定的状态为止。

处在线性区（近平衡区）的非平衡系统与处在非线性区（远离平衡区）的非平衡系统，二者有着本质的区别。前者随时间的变化而趋向一个定态，这个定态接近于平衡和无序，就是熵产生率最小的状态。在非平衡系统处于远离平衡的非线性区时，流和动力之间已经不满足一种简单的线性联系，最小熵产生原理不再适用，热力学系统将处于一个全新的、广阔的发展空间。处在非线性区（远离平衡区）的非平衡系统的状态随时间变化有可能建立起一个有序结构——耗散结构。

2.3.2.2 耗散结构形成条件

一个系统在自组织的过程中，有序程度不断增加，最终达到一个稳定结构，其有序程度较自组织过程初始要高。耗散结构形成的条件包括以下几方面：

（1）系统必须开放。系统开放与外界有物质和能量交换时，由于交换使系统熵减少，且当其变化数值大于系统内自发过程引起的熵产生时，整个系统的熵可能减少，系统向有序方向转化。

（2）远离平衡态。此条件是系统出现有序结构的必要条件，而且是对系统开放的进一步说明。开放系统在外界作用下离开平衡态，开放逐渐加大，外界对系统的影响变强，将系统逐渐从近平衡区推向远离平衡的非线性区，只有这时，才有可能形成有序结构。

（3）非线性相互作用。非线性相互作用是系统形成有序结构的内在原因，分析相互作用机制在建立系统演化模型中是最重要的工作，非线性相互作用在系统演化方程中体现为非线性微分方程。组成系统的子系统之间存在着非线性作用，不满足叠加原理，子系统在形成系统时，会涌现出新的性质。

（4）涨落现象。涨落既是对处在平衡态上系统的破坏，又是维持系统在稳定的平衡态的动力。处在临界点处的系统发生相变时涨落起着重大的作用，原来的定态解失稳，但系统不会自动离开定态解，只有涨落才使系统偏离定态解，使系统演化到新的定态解，所以涨落是使系统由原来均匀定态解到耗散结构演化的最初驱动力。

2.3.2.3 耗散结构的特点

系统形成的耗散结构具有以下特点：

（1）耗散结构的形成过程伴随着对称性的破缺。某种耗散结构的形成总是会出现某类对称性破缺，即在某种对称操作下，系统状态保持不变的性质被破坏。例如，贝纳德流体在上下板的温度梯度尚未到达规定的阈值之前，具有水平方向上平移任何距离的对称性，而在温度梯度到达一定的阈值，出现了耗散结构之后，仅对平移一个对流花样的距离具有对称性。

（2）耗散结构是一种有序结构。耗散结构是由微观子系统的不停运动而构成的，是宏观上稳定的“活”的结构。平衡结构一般没有空间尺度上的限制，耗散结构在改变空间的尺度或者观察的尺度后，其形式就会有所改变。另外，平衡结构中只存在空间的有序结构，耗散结构的形式除了空间的有序外，还存在时间的有序结构（周期振荡）、时空的有序结构（波）等。

（3）耗散结构的出现依赖于系统的自催化作用。自催化作用原本是一个化学上的术语，意指在化学反应中参加反应的某物质，其生成物就是反应物，并且反应后物质的数量有所增加，以使反应能够持续进行。系统只有具备了自催化的机制，才能在一定条件下使微小的涨落不断被放大，从而成为引起系统发生非平衡相变的巨涨落。

（4）耗散结构现象存在分岔。当系统的控制参数变动达到一定的阈值之后，系统将由无序的热力学平衡态向有序的非平衡定态进行转变，原来的状态变为不稳定的，而新的状态成为稳定的，临界点前后系统的状态产生了突变，这就是分岔现象。

2.4 协同学

由德国科学家哈肯创立的协同学，是自组织理论的重要组成部分。哈肯于 1971 年第一次提出“协同”的概念，1973 年提出协同学理论的基本观点。1975 年，他在《现代物理评论》上发表了论文《远离平衡系统和非物理学系统中的合作现象》。1977 年，德国 Springer-Verlag 出版社发行了《协同学导论》（*Synergetics—An Introduction*）一书，至此初步形成了协同学的基本框架。

1983 年出版的《高等协同学》，充实了原来论述的内容，使哈肯的协同学理论更加成熟和完善。

2.4.1 协同学的主要观点

协同学这个词是从希腊文来的，意思是“一门关于协作的科学”或者是“一个系统的各个部分协同工作”。协同学就是研究一类由许多子系统构成的系统如何协作而形成宏观尺度上的空间结构、时间结构或功能结构，特别关注这种有序结构是如何通过自组织的方式形成的。

协同学在描述系统由无序向有序方向演化的时候，把注意力放在了系统内部子系统相互作用的具体机制上，进而证明了物质自身运动的基本原则。哈肯针对大量处于平衡态和非平衡态的系统，在研究了它们从无序转化为有序的现象之后得出结论：一个开放系统能否从无序转变为有序，关键并不在于它是不是处在平衡态，也不在于系统距离平衡态有多远，而在于系统内部是否存在着大量子系统的协同作用（子系统彼此之间通过物质、能量或信息交换等方式相互作用)，在此作用下最终能否形成一种整体效应或者一种新型结构。在系统这个层次，这种整体效应或新型结构可能具有某种全新的性质，而这种性质通常在微观子系统层次是不具备的。从这一点来看，协同学对于耗散结构理论是一个修正和补充。由于协同学揭示的是不同系统中产生新结构和自组织的某些共同规律，所以它的原理在许多领域内得到了广泛的应用。

2.4.2 序参量的概念

自组织系统内各子系统的状态变量很多，无法逐一加以描述，而在自组织的过程中，各子系统变量之间紧密相连、相互影响。自组织的过程就是各状态变量相互作用，形成一种统一的“力量”，是系统发生质变的过程。哈肯提出序参量的概念，为描述系统的自组织过程提供了方便的方法。

哈肯发现，在描述系统状态的诸多变量中，有某一个或少数几个变量，在系统处于无序状态时，其值为 0；随着系统由无序向有序方向演化，这类变量也从 0 变为了正的有限值，并由小向大变动。显然，可以用这类变量来描述系统的有序程度，或者对称性的破缺程度，并形象地将之称为序参量。序参量与描写系统状态的其他变量相比，随时间变化较慢，所以也称其为慢变量，相应地将系统内其他随时间变化较快的状态变量称为快变量。

序参量的个数较少，系统中绝大多数的变量都是快变量。在系统发生非平衡相变时，序参量的变化不仅决定了系统相变的形式和特点，同时还决定了其他快变量的变化情况，序参量起着支配众多快变量变化的作用，就这一点而言，序参量又可被称作命令参量。

序参量本身一般是由系统的几个变量形成的，同时它又支配、命令、役使着系统状态的其他众多变量。所以，系统的相变过程实际上可以看作一个由系统的状态变量形成系统的序参量，再由序参量支配系统其他快变量的过程。序参量确定之后，整个系统的信息可以由序参量来集中概括，研究系统的演化就可以只讨论序参量所满足的微分方程，这无疑为认识系统、简化分析提供了重要的条件。但是，序参量的确定并不是一件轻而易举的事情，选定序参量往往要求对系统的性质有着深入的了解，并且不同的系统中确定序参量的具体方法也不同，确定序参量只有基本的原则，而没有一个规范的方法。可以说，选择序参量的过程，也就是加深对于系统的认识、增强对于系统的把握的过程。

在确定序参量的过程中，已经看到，不少系统的序参量是在自组织的过程中形成的。可以说，在系统自发地向有序结构演化的过程中，少数变量形成了某些序参量，它们的变化显然要慢于系统的其他变量。同时，为数不多的慢变量在系统接近发生显著质变的临界点时，支配、役使着其他众多的状态变量。正是这少数的序参量确定了系统的宏观行为，表征了系统的有序化程度。所以，完全可以用序参量的演化方程，来讨论系统非平衡相变的情况以及某个定态的稳定性。

哈肯将系统在相变过程中，为数众多的变化快的状态变量由序参量所支配、主宰的现象称为支配原理，很多书上又叫作役使原则，即认为慢变量在相变过程中役使所有快变量，并决定了相变的形式和速度。

2.4.3 支配原理

支配原理是协同学的一条基本原则，它描述了系统在相变发生时各个状态变量的演化行为，并给出了简化处理多变量微分方程的快变量消去法。它是经过理论归纳和事实总结而提出的，虽然没有经过严格的数学推理和证明，但是利用支配原理能够解决大量的实际问题，已经充分说明了其正确性。它也有一定的适用条件，即只适用于系统相变发生时，在系统相变点附近的情况，并不能应用于讨论系统在任意时刻的状态变化。

支配原理体现了相变时系统内子系统之间协同作用的特点，即由序参量或慢变量来支配快变量而形成协同作用。这样，系统从无序向有序的进化过程就取决于序参量之间的竞争与协同，而系统的结构与状态则取决于系统的序参量方程、初始条件和涨落变化。由此可见，协同学进一步解决了复杂系统为什么具有目的性，以及它是如何从无序的自由状态进入有序的目标状态等问题。而且，协同学还指出，不仅远离平衡态的开放系统如此，即使处于平衡态的封闭系统，有时也可以出现有序状态。所以，哈肯的协同学为各类型的系统从无序到有序的自组织转变建立了一套更为完整的数学模型和处理方法。

2.5 复杂适应系统理论

复杂适应性系统不仅子系统数目多，而且其相互关系复杂，一般分为多个层次，如人体、生物体等系统。为了与构成简单巨系统的元素（如分子、原子等）有所区别，人们认为复杂适应性系统主要由被称为“适应性智能体”（adaptive agent）的个体构成。顾名思义，这样的个体具有适应性：它能够与环境及其他个体进行交互作用，而且在作用过程中可以“学习”或“积累经验”，并根据学到的经验改变自身的结构和行为方式。由于适应性智能体的适应能力同时也体现为具有主动性，所以有的书中将这个概念称为“主体”。

针对这样一类个体的相互作用，从事复杂性研究的圣塔菲研究所进行了大量的工作，1994 年，研究所的约翰·霍兰教授提出了一套比较完整的解释这种复杂性的理论，叫作复杂适应性系统理论，简称 CAS 理论，该理论的提出为人们认识、理解、控制、管理复杂系统提供了新的思路。

2.5.1 CAS 理论的核心思想

CAS 理论包括微观和宏观两个方面。在微观方面，CAS 理论的最基本的概念是具有适应能力的、主动的个体（adaptive agent），简称主体。这种主体在与环境的交互作用中遵循一般的“刺激—反应”模型。在宏观方面，由这样的主体组成的系统将在主体之间以及主体与环境的相互作用中发展，表现出宏观系统中的分化、涌现等种种复杂的演化过程。

CAS 理论把系统的成员看作具有自身目的与主动性的、积极的“活”的主体，认为正是这种主动性以及它与环境的反复的、相互的作用，才是系统发展和进化的基本动因。CAS 理论的核心思想是适应性造就复杂性，即事物的复杂性源自简单性，它在适应环境的过程中产生，所以称之为“复杂适应性”，这样的复杂特性是受到一定规律支配的。

2.5.2 CAS 理论的主要观点

任何复杂系统都是由大量元素组成的，这些元素无论从形式上还是从性能上都不同（个体异质性）。霍兰德认为它们应该是主动的元素，因此将系统中的成员称为具有适应性的主体。主动性内涵是：“主体随着得到信息的不同，而对自身的结构和行为方式进行不同的变更……主体为了实现生存和发展的目的，主动适应环境的变化。”所谓具有适应性，就是指它能够与环境以及其他主体进行交互作用。主体在这种持续不断的交互作用的过程中，不断地“学习”或“积累经验”，并且根据学到的经验改变自身的结构和行为方式。复杂性正是在主体之间主动交往、相互作用的过程中形成和产生的。

复杂适应性系统理论将“个体之间的相互作用”强调为“个体与其他个体之间的相互作用”。最初，个体之间的地位平等，但随着系统演化出现分化，产生了结构，对称性被打破（也称为非各态历经）。个体的适应性和主动性会使得相互作用的个体在 CAS 中形成各种固化的结构和模式，从而获得整体大于部分之和的复杂多变的宏观现象。通过主体简单行为的相互作用而产生的系统的复杂行为被称为“涌现”。个体与环境（包括个体之间）的相互影响和相互作用，是系统演变和进化的主要动力。

霍兰德根据以往研究遗传算法（genetic algorithms）和系统模拟的经验，提出了复杂适应性系统在适应和演化过程中的七个基本要素：聚集（aggregation）、非线性（non-linearity）、流（flows）、多样性（diversity）、标识（tagging）、内部模型（internal model）、积木（Building Block）。聚集、非线性、流和多样性是复杂适应性系统的基本特性，而标识、内部模型、积木是复杂适应性系统的机制。聚集指的是较为简单的主体相互作用，必然会涌现出复杂的大尺度行为，聚集是所有 CAS 的一个基本特征；标识能够促进选择性相互作用，基于标识的相互作用，为筛选、特化和合作提供了合理的基础，使得层次结构得以涌现；复杂适应性系统是开放的，各层次的主体之间以及主体与环境之间进行着物质、能量和信息的交流；非线性是复杂适应性系统通过演化实现自身适应性调整的动力之源；行为主体的多样性造成主体之间相互关系的多样性和差异性，是系统复杂性的根本源泉。

主体要适应环境就必须对外在的刺激做出适当的反应，而反应的方式由内部模型所决定。CAS 探索了个体对环境刺激的响应机制：刺激—反应模型。这个模型描述了个体与环境在交互作用过程中的学习机制。所谓的适应能力就表现在适应性智能体能够根据已有行为的效果来修改自己的行为方式，以便能更好地在环境中生存下去。进一步，CAS 理论还建立了微观个体与宏观现象之间联系：从微观到宏观、从个体到全局的整个系统的回声模型。在这个基本模型中，为了实现与环境的交互作用，适应性智能体被赋予几个简单的功能，即寻找交换资源的其他个体、与其他个体进行资源交流以及保存和加工已得资源。

另外，CAS 理论具有很好的可操作性。圣塔菲研究所的科学家们充分发挥其计算机方面的技术优势，通过 Agent 技术进行复杂系统建模，相继提出了可由计算机模拟的遗传算法、元胞自动机、自动机网络、神经网络等复杂适应性系统的演化模型。另外，圣塔菲研究所还开发了一个专门的软件实验平台——SWARM，通过它可以实现不同领域的复杂适应性系统的模型创建和模拟，从而为研究复杂系统的行为特点和演化规律提供了便利。

2.5.3 CAS 理论的特点

“适应性造就复杂性”是人们在系统运动和演化规律的认识方面的一个飞跃，形成了 CAS 理论以下的主要特点：

（1）主体是主动的、活的实体。这个特点使得它能够有效地应用于经济、社会、生态等其他方法难以应用的复杂系统，是 CAS 和其他理论方法的关键区别。

（2）个体与环境（包括个体之间）的相互影响和相互作用，是系统演变和进化的主要动力。这个特点使得 CAS 方法能够运用于个体本身属性极不相同但是相互关系却有许多共同点的不同领域。

（3）把宏观和微观有机地联系起来。它通过主体和环境的相互作，使得个体的变化成为整个系统的变化基础。

（4）引进了随机因素的作用，使它具有更强的描述和表达能力。考虑随机因素并不是CAS理论所独有的特征，但CAS理论处理随机因素的方法是很特别的，简单地说，它从生物界的许多现象中吸取了有益的启示，集中表现为遗传算法。

CAS理论认为，“适应性造就复杂性”是产生复杂性的机制之一，不是复杂性的唯一来源，完全不排除其他产生复杂性的机制与渠道。

2.5.4　开放的复杂巨系统

复杂巨系统如果包含了人的参与，则子系统不仅数目多，而且行为将更加复杂，它们相互之间的关系和规律通常不十分清楚，形成了具有多个层次的系统结构，因此被称为开放的复杂巨系统。开放是为了强调复杂巨系统与环境之间存在着大量的物质、能量和信息的交换。系统与环境进行信息交流，有着数量和方式的不同、信息通道的不同、信息对子系统的控制不同等各种因素，这些都会使开放的复杂巨系统在演化时的特点和性质表现出很大差异。

开放的复杂巨系统最重要的特点是组成巨系统的子系统本身就具有复杂性。其子系统是人，而人的行为多种多样，对外界环境和影响的反应也是各不相同，再加上彼此之间的相互作用，以至于整个复杂巨系统的性质和特点根本不能够用某一种规则或者定势就可以说明。

对这样一类系统的研究方法是由我国系统科学的奠基人钱学森在1990年首先提出的，即从定性到定量的综合集成法（Metasynthesis）。这是迄今为止出现的较为有效的方法，涉及机器学习、模式识别、统计学、智能数据库、知识获取、数据可视化、高性能计算、专家系统等多个领域，而计算机技术的迅速发展为它的实现提供了可能。定性与定量相结合的综合集成法，就是充分利用人脑和电脑各自的优势，通过人工智能、人机对话等方式，来模拟开放的复杂巨系统的演化情况。

2.6　小结

自相对论被提出以来，许多人就已经将复杂性科学视为最重要的科学发展方向，甚至认为它能帮助人类了解宇宙万物的本质，被称作“所有科学的科学”。英国著名物理学家霍金曾说，21世纪将是复杂性科学的世纪。2021年的诺贝尔物理学奖也颁给了三位研究复杂系统的科学家。在科学、医学领域以及日常生活中，复杂性的应用似乎随处可见。复杂系统或者说复杂性科学在众多领域都有研究和应用，它囊括物理学、生物学、化学、数学等学科，是一个典型的交叉型学科。

复杂系统由大量个体构成，由于个体之间的相互作用，复杂系统不是个体性质的简单之和，而是呈现关联、合作、涌现等集体行为。复杂系统的每一个层次会呈现全新的性质，研究和理解此类新行为，就其基础性而言，与其他研究相比毫不逊色。复杂性科学研究复杂系统的结构与功能关系，以及演化和调控规律，是一门新兴的交叉性、综合性学科，也是当代科学发展的前沿领域之一。复杂性科学以不同领域的复杂系统为研究对象，从系统和整体的角度，探索复杂系统的性质和演化规律，目的是揭示各种系统的共性及演化过程遵循的共同规律，发展优化和调控系统的方法。复杂系统科学的发展，不仅能带来自然科学的变革，弥补人类对宏观尺度科学规律认识的不足，而且可以渗透到社会复杂系统及社会科学的研究。

3

复杂网络理论

复杂网络（complex network）属于复杂系统，但利用了网络的视角和基本理论。复杂网络描述与研究系统构件如何相互作用而导致系统的什么宏观特性与行为。

现实世界的复杂系统经常通过模型来抽象和简化，复杂网络模型就是其中一种，它使得我们可以更好地理解系统中事物间的关系。网络随处可见，就连我们自身作为一个个体，也是不同种类社会关系网络的一个节点。复杂网络中的节点可以代表人、计算机、城市、电子元件等任何事物，边则表示节点之间的关系，例如，两个人相互认识，两台计算机可以通信，两个电子器件相互连接等。网络可以是欧几里得空间的实际的系统，如电力网络、Internet 网络、高速路或地铁系统以及神经系统，也可以定义在抽象的空间上，如科学研究引用网、食物链、合作网、性关系网络等。自然界很多系统都是由高度相互作用的动力学系统构成的，获得系统的全局特性的一个方法就是用网络模型分析这些系统，将动力学的子系统作为节点，子系统之间的相互作用用边表示。网络模型是对系统的近似刻画，它与传统研究方法不同，网络模型忽略了子系统本身的结构，忽略了子系统本身进行的动力学过程；更多的是关心子系统间的相互作用，关心有无相互作用，而忽略相互作用随时间、空间变化以及其他的细节。这种近似虽然简单，但是在很多情况下仍然能够给出系统的很多重要的性质。

把复杂系统看成一个网络，这并不是新出现的想法。复杂系统是由部分（或组件，或子系统）构成的，这些部分以及它们之间的相互关系决定了整个系统的功能和性质。其实，这已经隐含了网络的形式在内：部分——节点，相互关系——边。所以，从网络的视角看系统，本来就是系统思维和复杂性研究的义中之理。

数学家和物理学家在考虑网络的时候，往往只关心节点之间有没有边相连，至于节点到底在什么位置，边是长还是短，是弯曲还是平直，有没有相交等都是他们不在意的。在这里，把网络不依赖于节点的具体位置和边的具体形态就能表现出来的性质叫作网络的拓扑性质，相应的结构叫作网络的拓扑结构。那么，什么样的拓扑结构比较适用于描述真实的系统呢？

两百多年来，对这个问题的研究经历了三个阶段。在最初的一百多年里，科学家认为真实系统各因素之间的关系可以用一些规则的结构表示，例如，二维平面上的欧几里得格网看起来像格子衬衫上的花纹，最近邻环网总会让你想到一群手牵手围着篝火跳圆圈舞的姑娘。到了 20 世纪 50 年代末，数学家想出了一种新的构造网络的方法，在这种方法下，两个节点之间连边与否不再是确定的事情，而是根据一个概率决定。数学家把这样生成的网络叫作随机网络，它在接下来的 40 年里一直被很多科学家认为是描述真实系统最适宜的网络。

然而，以前的有关网络的理论往往只是从比较抽象、静态的角度去观察和研究网络，因而得到的结论与各种现实的网络相去甚远，应用受到很大的限制。特别是在互联网这个活生生的、不断生长的、规模空前巨大的网络出现之后，这个矛盾已经非常尖锐地摆在了学术界面前。与传统学术界对网络的认识相比，互联网的结构和特征表现出明显的不同。人们不得不重新认真思考：现实的各种复杂网络具有哪些以前没有注意到的特性？为什么会出现这样的特性？特别是社会、生物、生态等由“活物”构成的网络，具有哪些特殊的规律？

直到最近几年，由于计算机数据处理和运算能力的飞速发展，科学家们发现大量的真实网络既不是规则网络，也不是随机网络，而是不同于前两者、具有统计特征的网络。这样的一些网络被科学家们叫作复杂网络，对它们的研究标志着对系统研究第三阶段的到来。

从 20 世纪 90 年代后期开始，这方面的一些突破性的研究成果陆续问世。Watts 和 Strogatz 的小世界网络使人们对网络中的局部和整体的辩证关系有了新的认识；而 Barabasi 等人在对互联网实际考察的基础上发现的无标度网络，则把具有主动性个体构成的、成长中的网络特性，首次展现在人们面前，开拓了一片新的研究领域，引起了国际学术界的广泛关注，也在我国学术界产生了积极的反响。

近年来，关于复杂网络的研究蓬勃发展，研究者来自图论、统计物理学、计算机网络、生态学、社会学以及经济学等各个不同领域。网络研究主要发表于 *Physical Review Letters*、*Physical Review E*、*Physica A*、*PNAS* 等物理类期刊，*Nature*、*Science* 等综合期刊，以及 *Ecology Letter*、*ACM* 等专业期刊。复杂网络模型在很多科学领域都得到广泛的应用。

计算机化的数据采集使得各种现实网络的大型数据库得以产生；逐渐增长的计算机能力、强大可靠的数据处理工具的发展，使我们对含有数百万量级数据的网络进行分析成为可能，可以探索以前不可能阐明的问题。由于现代计算机和通信技术的发展，1998 年以来复杂网络的研究进入了一个新阶段，注意力转到由几十万到上百万个顶点和边构成的大规模网络的统计性质方面。相应地，所使用的研究方法除传统的随机图理论等方法外，更多地转向了统计物理学、凝聚态物理学等学科的方法，这种趋势必然会对具体网络系统的研究产生影响。

在这种发展趋势和环境的推动下，科学家提出了许多新概念和新方法来研究现实世界网络的拓扑特性，如小世界网络的结构和动力研究、复杂网络的动力学研究、网络生长模型、图论的发展等。复杂网络的研究对象包括 Internet 网络、万维网、演员合作网、科学家合作网、引文网、大脑网络、蛋白质网络等（如图 3.1、图 3.2 所示）。研究结果表明，尽管不同系统之间存在着固有的区别，但是大多数实际网络表现出了很多共同的拓扑结构特征。

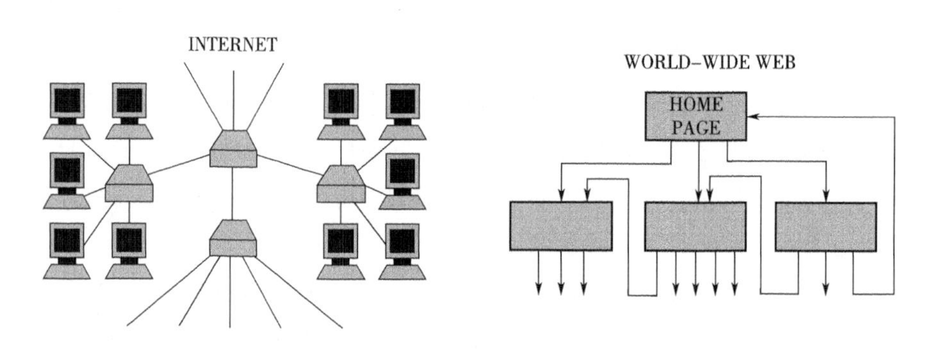

图 3.1　复杂网络结构 1

资料来源：Barthélemy，2003.

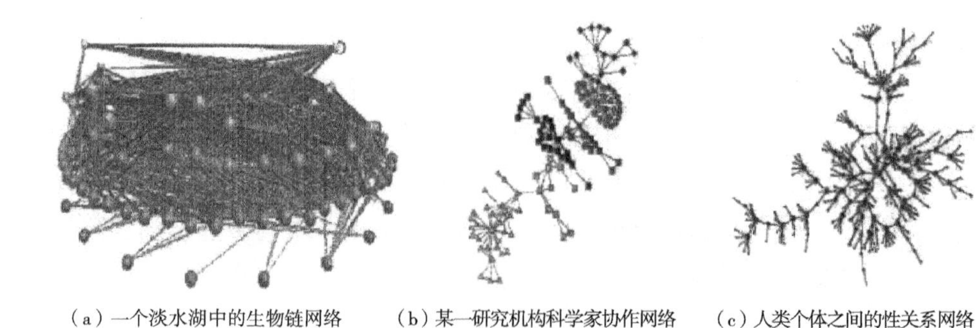

（a）一个淡水湖中的生物链网络　（b）某一研究机构科学家协作网络　（c）人类个体之间的性关系网络

图 3.2　复杂网络结构 2

资料来源：Newman，2002.

3.1 复杂网络的表达

复杂网络的研究可追溯到18世纪欧拉（Euler）开创的图论。在随后的多年时间里，图论一直是研究网络图表示的基本方法。图论起源于1736年，是瑞士科学家欧拉为解决著名的哥尼斯堡七桥问题而提出的。18世纪在东普鲁士的首都哥尼斯堡市（今俄罗斯加里宁格勒市）的普莱格尔河上建有七座桥，将河中间的两个岛和河岸连接起来。城中的居民常沿河过桥散步，于是人们提出了一个问题：能否每座桥只走一遍，最后又回到原来的位置。这个看似简单的问题，却经过若干次的尝试后都没有成功。1736年，大数学家欧拉用一种独特的方法解决了这个问题。他首先把这个问题简化，用四个点表示陆地和小岛，把连接陆地和小岛的七座桥看成这四个点之间的连线，如图3.3所示，这样就把问题简化成能不能用一笔把这个图形画出来。仔细分析后欧拉发现，每个点必须对应着进去和出来的边，因此，每个点连接的边数应该为偶数才能一笔画成；而图中，每个点都连接着奇数条边，所以，不可能每座桥只走一遍，最后回到原来位置。欧拉证明了这个问题没有解。这种独特的方法是把问题只用点和线来抽象，最后相当于得到了一个图。欧拉把这个问题作了推广，并给出了对于一个给定图可以某种方式走遍的判定方法，从此开创了图论研究先河。在随后的近两百年的时间里，图论主要用于研究规则的、少数顶点构成的小规模图。

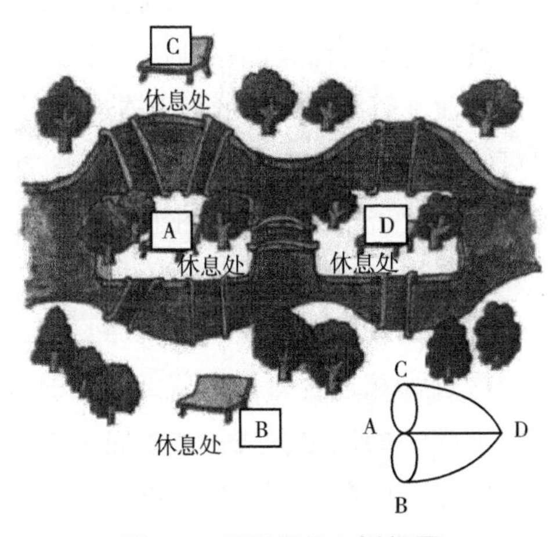

图3.3 哥尼斯堡七桥问题

网络 G (V, E) 由两个集合构成：节点（vertex 或 node）集合 V 、边（edge 或 link）的集合 E ，节点集合 V 的大小 N 表示网络的规模，节点集合的元素的同质与否反映了网络中节点的性质是否相同；E 中的元素 $link_{ij}$ 是节点集合中某两个元素 (i, j) 的组合，表示节点 i , j 间有边相连，或者说两个节点是邻居节点；如果 (i, j) 为有序对，则表示网络为有向网络，否则为无向网络。若 E 中每一个元素对应一个不同的值，表示网络是加权网络，反之为无权网络。

一般 E 集合中不存在不经过其他节点而与自身直接相连的边，即不存在 (i, i) 的组合；无向网络中两个不同的节点之间只有一条直接相连的边，没有重复的边。

此外，一个网络中还可能包含多种不同类型的节点。在图论中，没有重边和自环的图称为简单图。

边的集合 E 的大小 M 表示网络边的总数，介于 0 到 $\frac{N(N-1)}{2}$ 之间，取 $\rho = \frac{2M}{N(N-1)}$ 表示网络的密度，若 $M \ll N^2$，则网络是稀疏的；若 $\rho = 1$，则网络为完全图。

网络理论的一个中心概念就是图中两个不同的节点之间是否能够达到（reachability），将从一个节点到达另一个节点所通过的节点和边的不重复的序列定义为两个节点间的路径（path），将路径的长度定义为序列中边的长度之和（在无权网络中等于边的数目），将路径中长度最短的称为最短路径（L）。如果网络中任意两个节点之间都有路径能够到达，那么这个网络为连通网络，如果整体上网络不连通，通常研究网络中的最大连通集团。

网络的连接情况可以用邻接矩阵表示，若节点 i , j 之间存在边 $link_{ij}$ ，矩阵的相应位置的元素 a_{ij} 为 1，否则为 0。因为网络中不存在不经过其他节点而连接自身的边，所以邻接矩阵的对角线上元素为 0。

历史上描述系统性质时比较常用的是两类网络：一类是规则网络，网络中的节点只与其紧邻或次近邻相连，即每个节点连接的节点数相同，组合数学的图论讨论了各种规则网络的问题；另一类是完全随机网络，由匈牙利数学家 Erdös 和 Rényi（ER 模型）在 20 世纪 50 年代提出，此后的近半个世纪里，ER 模型的随机图理论成为学术界研究复杂网络的基本思路和主要数学工具，一直是研究复杂网络结构的基本理论。他们用相对简单的随机图来描述网络，简称随机图理论。他们最重要的发现是随机图的许多重要性质都是随着网络规模的增大而突然涌现的。他们创立的随机图理论是研究图类的闭函数和巨大分支涌现的相变等的重要数学理论。

诚然，使用图论可以精确简洁地描述各种网络，而且图论的许多研究成果、结论和方法已成为复杂网络研究的有力工具，能够自然地应用到现在的复杂网络研究中。但是，绝大多数实际复杂网络结构并不是完全随机的。

20 世纪 90 年代以来，以 Internet 为代表的信息技术的迅猛发展，使人类社会大步迈入了信息网络时代。从 Internet 到 WWW，从大型电力网络到全球交通网络，从生物体的大脑到各种新陈代谢网络，从科研合作到各种经济、政治、社会关系网络等，可以说，人们已经生活在一个充满着各种各样网络的世界。人类社会的网络化是一把“双刃剑”，既给人类社会生产与生活带来了极大的便利，提高了人类生产效率和生活质量，但也给人类社会生产与生活带来一定的负面冲击，如传染病和计算机病毒的快速传播以及大面积停电事故等。因此，人类社会的日益网络化需要人类对各种人工和自然的复杂网络行为有更好的认识。长期以来，通信网络、电力网络、生物网络和社会网络等分别是通信科学、电力科学、生命科学和社会科学等不同学科的研究对象，而复杂网络理论所要研究的是各种看上去互不相同的复杂网络之间的共性和处理它们的普适方法。复杂网络研究正渗透到数理科学、生命科学和工程学科等众多不同的领域，对复杂网络的定量与定性特征的科学理解，已成为网络时代科学研究中一个极其重要的挑战性课题，甚至被称为“网络的新科学”。

20 世纪 90 年代末，复杂网络的科学探索发生了重要转变，科学家冲破了传统图论，特别是随机图理论的束缚，以小世界网络和无标度网络两项重要发现为标志，复杂网络的研究取得了突破性进展。1998 年，美国康奈尔大学的 Watts 和 Strogatz（1998）发现，通过以某个很小的概率改变规则网络中边的连接方式，加入长程关联，可构造出介于规则网络和随机网络之间的网络，它同时具有大的集聚系数和小的平均距离，揭示了复杂网络的小世界（small world）特性。1999 年，Barabasi 和 Albert（1999）发现了真实网络的另一重要特征——节点度服从幂律分布，揭示了复杂网络的无标度（scale-free）特性等，并建立了相应的模型来阐述这些特征产生的机理。这些开创性的工作引起了人们的广泛关注，开辟了复杂网络研究的新纪元。

此后，复杂网络的研究迅速地扩展到了广泛的学科领域，并不断与这些学科领域交叉促进，取得了丰硕的成果。另外，由于计算机信息技术的发展，人们可以研究 10^8 甚至更高量级的节点组成的系统，极大地扩展了复杂网络的研究对象范围。理论的重大突破、研究领域的迅速扩展、研究内容的不断深入和研究手段与方法的不断创新，开创了复杂网络研究的新纪元。目前，整个复杂网络的研究正在向着纵深方向和可能结合实际应用的方面蓬勃发展。

到目前为止，科学家们还没有给出复杂网络精确严格的定义，从这几年的研究来看，之所以称其为复杂网络，大致包含以下几层意思：首先，它是大量真实复杂系统的拓扑抽象；其次，它至少在感觉上比规则网络和随机网络复杂，因为可以很容易地生成规则和随机网络，但至今还没有一种简单方法能够生成完全符合真实统计特征的复杂网络；最后，由于复杂网络是大量复杂系统得以存在的拓扑基础，因此对它的研究被认为有助于理解“复杂系统之所以复杂”这一至关重要的问题。

3.2 复杂网络基本拓扑性质

自然界和人类社会中广泛存在着复杂系统，而复杂网络正是描述各类复杂系统的十分有效的理论和工具。复杂网络是对真实复杂系统的高度概括和抽象，是包含了大量个体以及个体之间相互作用的系统。它把复杂系统中的某种现象或某类实体抽象为节点，把个体之间的相互作用抽象为边，从而形成了用来描述这一系统的图。这样的图，是对系统模型化的抽象与表达。近年来，复杂网络的研究受到了来自科学和工程各个领域研究人员的广泛关注，已经成为非常活跃的一个研究热点。

在复杂网络模型中，抛开了具体的技术层面的一些细节，如节点的大小、形状和位置，边的物理距离、几何形状等。复杂网络不依赖于节点的具体位置和连线的具体形态就能表现出来的性质被称作网络的拓扑性质，相应的结构被称作网络的拓扑结构。

近年来，为刻画复杂网络拓扑结构和动力学性质，人们提出了许多复杂网络的统计参量和度量方法（Watts，1999；BenNaim et al.，2004），其中最主要的有三个基本概念：平均路径长度、集聚系数和度分布。另外，还有其他一些特征量，如介数、最大连通图以及相称性系数等。

3.2.1 度与度分布

节点 i 的度值 k_i 指的是与此节点有边相连的节点的总数，可由邻接矩阵第 i 行（或列）元素求和得出，即 $k_i = \sum_{j \in V} a_{ij}$。如果网络是有向网络，那么节点的度分为两个部分：入度 $k_i^{in} = \sum a_{ji}$，出度 $k_i^{out} = \sum a_{ij}$，节点的入度是指从其他节点指向该节点的边的数目，节点的出度是指从该节点指向其他节点的边的数目，总的度值为 $k_i = k_i^{out} + k_i^{in}$。度值的大小反映了节点在网络中的邻居的多少，反映了节点在网络中的作用和地位。不难看出，节点的度值越大，该节点在网络中某种意义上越“重要”。

如图 3.4 所示，节点 A 的度为 3，节点 B 的度为 2。

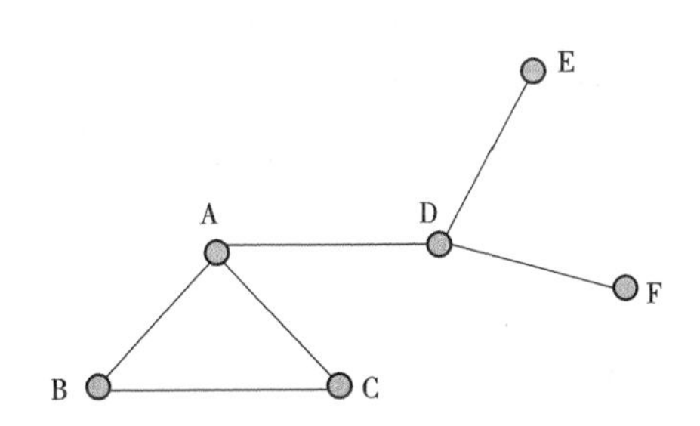

图 3.4　复杂网络静态统计量度的计算

网络最基本的一个拓扑性质就是度分布 $P(k)$，它表示在网络中随机选取度值为 k 的节点的概率，实证分析中一般用网络中度值为 k 的节点占总节点数的比例近似表示。

完全规则网络所有节点具有相同的度，所以其度分布为 Delta 分布，单个尖峰。

研究表明，ER 模型产生的随机网络中大多数节点的度大致相同，度分布为泊松分布，即 $P(k) \sim e^{-\langle k \rangle} \frac{\langle k \rangle^k}{k!}$，这意味着在远离 $\langle k \rangle$ 处节点呈指数下降，当 $k \gg \langle k \rangle$ 时，度为 k 的节点实际上是不存在的。

以上这两类网络可称为均匀网络（homogeneous network）。

大量的研究表明，很多由实际系统抽象而来的复杂网络，比如科学家合作网络、酵母蛋白质相互作用网络、食物链网络中，度分布是明显偏离泊松分布的。它们的度分布均为幂律形式，即 $P(k) \sim k^{-\alpha}$ 。这类度分布服从幂律的复杂网络统称为无标度网络。

度分布为幂律形式的大规模无标度网络中，绝大多数节点的度相对较低，但存在少数节点的度相对很高，这类网络称为非均匀网络（inhomogeneous network）。无标度网络的度分布服从幂律表明，网络中存在少数度值显著高于其他节点的节点，这些度值相对较大的节点称为网络的核心节点（hub）。核心节点对于维持无标度网络的结构和功能有很重要的作用，直接表现为无标度网络对随机选择节点的攻击具有一定的鲁棒性（robustness），而对有目的的对 hub 进行的攻击表现出脆弱性。

不同的无标度网络中度分布的幂指数 α 也不尽相同，幂指数取值的大小反映了 hub 在网络中的重要程度。幂指数取值越小，hub 在网络中扮演的角色越重要。当幂指数取值大于 3 时，hub 在网络中处于无关紧要的地位；当幂指数在区间（2，3）中取值时，即使是度值最大的 hub 也只是与网络中小部分节点有连接，即网络中不存在度值显著高的节点；当幂指数取值为 2 时，度值最大的 hub 将与网络中大部分节点有连接，形成一个以该 hub 为中心的辐条状结构。

大量的实际网络中节点所连接的其他节点的度值 k' 与节点本身的度值 k 相关。度的相关性是指网络中边两端的顶点之间度的相关性。条件概率 $P(k' \mid k)$ 表示度值为 k 的节点连接度值为 k' 的节点的概率，它能够准确完全地描述不同节点度值之间的相关性，但是通常用节点 i 连接的其他节点的平均度值来表示：

$$k_{nn,i} = \frac{1}{k_i}\sum_{j \in V_i} k_j = \frac{1}{k_i}\sum_{j=1}^{N} a_{ij}k_j$$

V_i 表示与节点 i 相连的节点集合。实际上网络中所有节点的连接的平均度值为 $k_{nn}(k) = \sum_{k'} k'P(k' \mid k)$ 。实际应用时，可以将每条边两端的顶点的度列出来，度值大的放在左边，度值小的放在右边，这样左右两边各形成一个度的序列，计算这两个序列的相关性即可以得到度的相关性。当然，具体操作的时候还可以设计一些其他的方案来计算度的相关性。但是，计算度的相关性的目的只有一个，即研究复杂网络中节点之间连接的倾向性。

网络节点的度相关可以看作网络协调混合特性的一个特殊而重要的情形，

这时节点按照度特性分类。问题是连接度不同的节点之间的连接趋向如何，高连接度节点更趋向于连接其他高连接度节点，还是低连接度节点。实际网络中发现两种情况都存在。

若 $k_{nn}(k)$ 是 k 的增函数，说明网络有匹配性质（assortativity），即网络中度值大的节点与度值大的节点连接的可能性大，度值小的节点与度值小的节点连接的可能性大，称这样的网络是正相关的，反之，则为负相关。度值相关性的曲线 $k_{nn}(k)$ 的斜率反映了度值相关的程度。也可以计算有边相连的两个节点间的度值的皮尔森相关系数，当相关系数大于 0 时，说明网络是正相关的；相关系数小于 0，说明网络是负相关的；相关系数等于 0，说明网络是不相关的。

度的这种相关性表达了系统中个体的一种选择偏好，这种系统演化过程中的偏好会对最终形成的网络的拓扑结构以及动力学特性产生一定的影响。对于无标度网络，若度值呈现负相关特性，则网络上的动力学是稳定的，反之，则是不稳定的。

计算有向网络中度的相关性时，只需将每条边的起点的度列成一列，将终点的度列成一列，再计算这两列数的相关系数即可。

度的相关性引起人们的研究兴趣，一方面是因为它对网络功能所起到的这种重要影响，另一方面是因为它在社会和自然这两大类网络中呈现出了截然不同的特性，大量的实证研究表明，社会网络的度值一般是正相关的，而生物网络等自然网络的度值一般是负相关的。两种性质不同的网络可以都是无标度的、小世界的，但唯独在这个维度上是有着明显区别的，因此，毫无疑问，这一点将成为人们探讨社会网络和生物网络不同演化机制的突破口之一。

3.2.2　最短路径、直径

若网络中的节点 A 可以依次通过几条边到达节点 B，则由这几条边连接而成的由 A 到 B 的通路称为节点 A 到节点 B 的一条路径，组成路径的边数称为这条路径的长度。在一个复杂网络中，任意两个连通的节点 A、B 之间的路径可能有很多条，但通常最受关注的是长度最短的路径。最短路径的长度定义为节点 A、B 之间的最短距离。

最短路径对网络的信息传输和通信起着重要的作用，是描述网络内部结构的很重要的一个参数。最短路径提供了网络中某一节点的信息到达另一节点的最优路径，通过最短路径可以更快地传输信息，节省系统资源。

可以用最短路径矩阵描述网络中任意两个节点的最短路径 l_{ij} ，定义网络的直径为网络中最长的最短路径，即 $D = \max_{i,j}(l_{ij})$ 。

比如图 3.5 中，节点 A 和节点 D 之间的路径有两条，分别为 $A—D$、$A—E—D$ ，路径长度分别为 1、2，因此 A、D 之间的最短路径为 $A—D$ ，最短距离为 1。

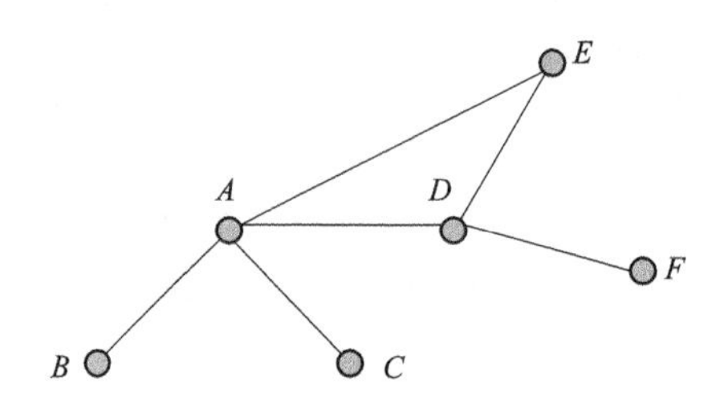

图 3.5　复杂网络静态统计量最短路径计算

在复杂网络研究中很少考察每对节点之间的最短距离，而是考察整个网络的平均最短距离，即所有节点对的最短距离的平均值。网络平均最短路径 L 描述了网络中任意两个节点的最短路径的平均值：

$$L = \frac{2}{N(N+1)} \sum_{i,\, j \in V,\ i \neq j} l_{ij}$$

为了便于数学处理，公式包含了节点到自身的最短路径。如果不考虑节点到自身的最短路径，则平均最短路径公式变为：

$$L = \frac{2}{N(N-1)} \sum_{i,\, j \in V,\ i \neq j} l_{ij}$$

在实际应用中，由于网络节点的数量级很大，这种差别是可以忽略不计的。网络的平均路径长度也称为网络的特征长度。

复杂网络平均最短距离的大小反映的是网络结构的弥散性和连通性，即平均最短距离越短，网络的结构越紧凑，网络的连通性越好，任意两个节点之间的通信都可以很快完成，反之，则网络结构越松散，网络的连通性越差，节点之间的通信越困难。

研究表明，对于很多由实际的复杂系统抽象而来的复杂网络来说，它们的平均最短距离和相同规模的随机网络的平均最短距离非常接近，都比较小。

以美国的社会网络为例（该网络将人作为节点，将两个人之间是否认识作为节点之间有无连边的判定标准），该网络的平均最短距离近似为 6，即表明在美国社会中任意两个人之间只需通过 6 个人就可以联系上。这些实际网络的这种平均最短距离小、平均集聚系数大的特性被称为“小世界”特性。

有向网络中节点之间的最短距离对应于从起始节点到终点的有向路径中最短的那条路径的长度，因此，有向网络的平均最短距离即所有节点对之间最短距离的平均值。

通常最短路径矩阵在某一个连通集团中进行运算，因为若网络中存在不连通的节点，那么这两个节点的最短路径长度为无穷。并且如果网络上的节点或边不断被删除，网络将会变成互相不连接的非常脆弱的子图。这时，对于相互不连接的子图来说，前面定义的平均路径长度趋于无穷而无意义。此时可以用另一个概念全局效率（global efficiency）来度量，其定义为：

$$E_{glob} = \frac{1}{N(N-1)} \sum_{i,\, j \in V,\, i \neq j} \frac{1}{l_{ij}}$$

这样，即使是没有连接的子图也有 $1/l_{ij} = 0$，所以全局效率可以用来更好地描述网络的功能结构。

最短路径和全局效率度量了网络的传输能力。根据平均路径长度的定义，如果平均路径很长，则网络上的传播能力如病毒、信息流等也会很低。

3.2.3 集聚系数

集聚系数衡量的是网络的集团化程度，是度量网络的另一个重要参数，表示某一节点的邻居间互为邻居的可能。例如，在人际关系网中，你的两个朋友很可能彼此也是朋友，复杂网络的这种属性称为网络的聚类特性。聚类是实际复杂网络的一个普遍特征。

某一节点 i 的集聚系数 C_i 的值等于它的邻居中存在的连边的数目 e_i 与可能的连边数 $\frac{k_i(k_i-1)}{2}$ 的比值，即：

$$C_i = \frac{2e_i}{k_i(k_i-1)} = \frac{\sum_{j,m} a_{ij} a_{jm} a_{mj}}{k_i(k_i-1)}$$

比如，图 3.6 中节点 E 的集聚系数为 1，节点 A 的集聚系数为 0，节点 D 的集聚系数为$\frac{1}{C_3^2}=\frac{1}{3}$。可见，集聚系数的大小反映的是节点的一级近邻之间联系的紧密程度。

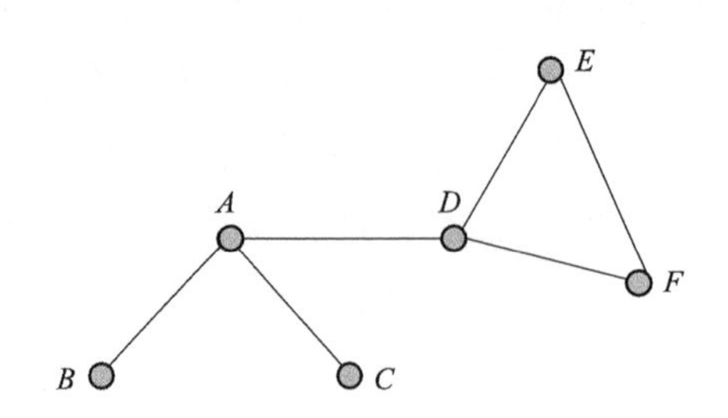

图 3.6　复杂网络静态统计量集聚系数计算

对于复杂网络，由于节点众多，因此通常不是去详细研究每个节点的集聚系数的大小，而是从统计的角度去看整个网络所有节点集聚系数的加和平均值，即平均集聚系数。网络中所有节点集聚系数的平均值为网络的集聚系数，即 $C=\langle C_i\rangle=\frac{1}{N}\sum_{i\in V}C_i$ 。平均集聚系数 $\langle C\rangle$ 描述的是网络中的节点形成集团的可能性。$\langle C\rangle$ 越大，网络中的节点越倾向于形成紧密的集团。

易知 $0\leqslant C\leqslant 1$，当且仅当网络所有的节点均为孤立节点，即没有任何连接边时，$C=0$；当且仅当网络是全局耦合的，即网络中任意两个节点都直接相连时，$C=1$。

对于一个含有 N 个节点的完全随机网络来说，当 N 很大时，$C=o(N^{-1})$ 。不难计算，随机网络的平均集聚系数 $\langle C\rangle=p$ 。

许多大规模实际网络都有明显的聚类效应，它们的集聚系数尽管远小于 1 但却比 $C=o(N^{-1})$ 大得多。实证研究表明，实际网络的平均集聚系数通常要显著高于相同规模的随机网络的平均集聚系数。由此可见，全局耦合模型与完全随机模型都不能很好地描述实际的网络结构。

通常也会考察网络中节点的集聚系数与其度值的关系 $C(k)$ ，$C(k)$ 表示度值为 k 的节点的平均集聚系数。实证研究表明，很多现实网络中 $C(k)$ 与 k 之间存在着倒数的关系：$C(k)\sim k^{-1}$，集聚系数与度值具有此关系的网络通常具有层次性，称为层次网络。

有向网络的集聚系数与上面介绍的无向网络集聚系数的算法一致，直接根据集聚系数的定义计算即可。

3.2.4 边介数与点介数

边介数（edge betweenness）、点介数（node betweenness）是最短路径这一概念的衍生物。复杂网络中，所有连通的节点对之间都存在一条最短路径。网络中一条边的介数，即边介数，定义为所有经过该边的最短路径的条数；网络中一个节点的介数，即点介数，定义为所有经过该节点的最短路径的条数。

以图3.7为例，边 CD 的介数为9，因为只有9个节点对 (A, D)、(A, E)、(A, F)、(B, D)、(B, E)、(B, F)、(C, D)、(C, E)、(C, F) 的最短路径经过边 CD。节点 D 的介数为12，因为存在12个节点对 (A, D)、(A, E)、(A, F)、(B, D)、(B, E)、(B, F)、(C, D)、(C, E)、(C, F)、(D, E)、(D, F)、(E, F) 的最短路径都经过节点 D。

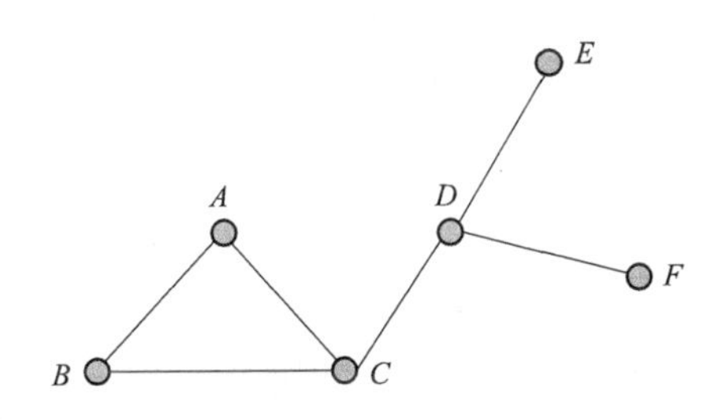

图3.7　复杂网络静态统计量介数计算

可见，点介数、边介数的大小分别衡量的是节点、边在维持网络连通性方面的作用强弱。图3.7中，节点 D 的介数最大，若移除节点 D，原本连通的网络将不再连通；边介数最大的边为边 CD，若移除边 CD，网络也将不再连通。通常，边介数越大，边的两个顶点的介数也越大；但是，点介数越大，包含该点的边的介数却未必越大。

实际网络中，边介数大的边通常充当网络中不同集团之间的连接桥梁，而点介数大的节点通常扮演一个集团中的核心角色。

有向网络的边介数计算与前面所讲平均最短距离的计算一样，以有向网络中节点之间最短距离的计算为前提，再按定义计算即可。

3.3 复杂网络结构与功能

人们认识一个复杂系统的基本过程通常包括以下三个步骤：首先，研究系统的结构，获得对系统的初步了解；然后，考察系统结构和功能之间的关系，从而掌握系统实现功能的机制；最后，利用前两步研究得到的知识对系统进行控制和改造，使系统向人们所期望的状态发展。因此，对于由实际的复杂系统抽象而来的复杂网络的研究，也可以并应该沿着这种思路去进行。

通过前面的叙述，已经了解到网络的结构可以用多个静态统计量来描述。因此，在考察网络结构与功能的关系时，可以从不同的角度对网络结构进行分类。比如，按网络中任意两个节点之间连边的概率，可以将网络结构分为随机型、规则型和小世界型；按网络中节点度的相关性，可以将网络分为匹配型和非匹配型。当然还可以从网络的其他结构属性出发，将网络划分成更多类型。

对于网络的功能，不同的研究者所关注的焦点并不一样。有人关注网络上信息传播的效率，有人关注网络上动力学的稳定性以及同步现象的实现。因此，对复杂网络结构与功能之间关系的研究，目前主要集中在考察相同的动力学过程在不同结构的网络上是否表现出不同的特性。

有些学者将复杂网络中的节点视作神经元，每个节点的动力学过程满足 Hodgkin-Huxley 方程（Lago-Fernández et al., 2000）。他们考察了这个动力学过程在随机、规则以及小世界网络上表现出的特性，发现在随机网络上能够产生快速响应，但是不能产生持续震荡；在规则网络上能产生持续震荡，但是不能产生快速响应；而在处于随机网络和规则网络之间的小世界网络上，则既能快速响应，又能产生持续震荡。因此，他们从网络是否能快速响应并产生持续震荡这个角度，证明了网络结构与功能之间存在关系。此后，研究者们进一步研究了网络结构与网络上动力学的同步之间的关系。

还有一些学者将复杂网络中的节点视作个体，每个节点的动力学过程满足传染病模型中的 SIS 模型（Pastor-Satorras and Vespignani, 2001）。他们考察了疾病传播过程在随机网络和无标度网络上表现出的特性，发现在随机网络上，只有当扩散率大于某个临界值时，局域的感染才会扩散到整个网络；而在无标度网络上，任意的扩散率都会导致疾病在整个网络上的扩散。此后，他们还研究了网络中节点之间度的相关性对疾病传播的影响。

随机连接或连接强度的随机分布为研究大型神经网络中的不同大脑动力学提供了一个有趣的框架。一些研究表明实际神经网络中的拓扑连接表现为拓扑属性的组合，因此既不能通过规则连接模型（如网格）来获取，也不能通过随机连接模型获取。利用建立在元胞自动机基础上的神经网络模型，可以看到活动在实际脑皮层拓扑结构中比在规则网络或等价的随机连接网中传播得要好。利用 Hodgkin-Huxley（HH）神经元网络，通过随机连接方法得到快速但不一致的振荡反应。另外，规则拓扑结构显示一致振荡，但是在低的时间尺度范围，这可能成为神经元信息处理的障碍。这些行为与能产生快速一致振荡反应的小世界属性形成对比。利用 FitzHugh-Nagumo（FN）神经元网络，发现一致振动频率受网络拓扑结构高度调控。与 HH 模型相比，FN 模型的传播速度并不依赖于连接结构，发现网络拓扑结构在其他神经系统的集体现象（如随机共振或一致共振）中起关键作用。对一定的耦合强度和噪声水平来说，改进激发响应一致性可以通过增加网络连接的随机性和神经元参数的小的异质性而得到。

3.4 复杂网络拓扑模型

越来越多的科学家带着极大的兴趣投身到复杂网络领域的研究，这些网络的结构不规则，很复杂，随着时间进行着动力学的演化，而且网络的规模也从过去的小规模增加到具有成千上万的节点数目，研究对象已经从简单巨系统转变为复杂自适应系统。复杂网络的研究定义了很多有效的新统计量，从而可以很便利地度量现实网络拓扑结构的特征，通过研究，人们从很多不同领域的实际复杂网络中得到了某些一致的原则和统计特性，其中最著名和最有影响力的就是复杂网络小世界和无标度特性的发现和提出。研究表明，现实世界中许多复杂网络的拓扑结构都是小世界或无标度网络。

3.4.1 随机网络

随机网络模型也称为 ER 模型，由著名匈牙利数学家 Erdös 和 Rényi 引入。其核心为：①网络节点的总数 N 固定不变；②任意两个节点之间的连接（无向）概率相同，为 P 。所有的节点都是统计独立和平等的。这相当于在所形成的网络中，以一定的选择概率 P 从所有可能的 $\frac{N(N-1)}{2}$ 个边中随机选出 k 条作为连接网络中节点对的边，因此网络平均包含的连接数为 $P \cdot \frac{N(N-1)}{2}$ 。

在两种极限情况下（见图 3.8）：$P=0$ 时，连接数为 0，网络中所有节点都是孤立的，节点间无相互联系，这时，$\langle k \rangle=0$，$C=0$，$L=\infty$ ；$P=1$ 时，连接数为 $\frac{N(N-1)}{2}$ ，网络为完全连通，所有节点都是最近邻，到网络中任何节点的路径都是 1。

当 P 介于 0 和 1 之间（通常情况下）时，网络边数也介于 0 和 $\frac{N(N-1)}{2}$ 之间。

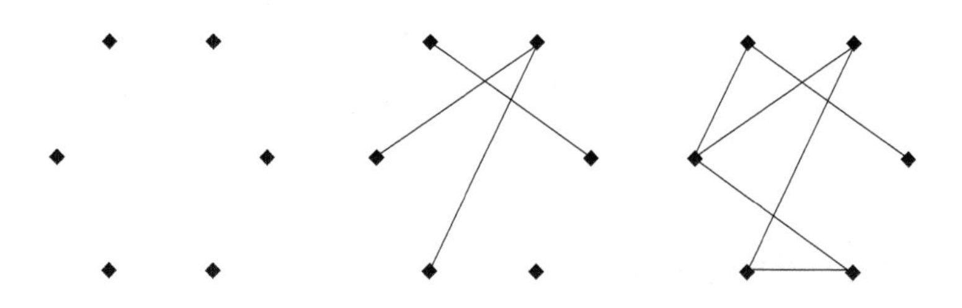

图 3.8　$N=6$ 时不同连接概率下的 ER 模型

事实上，Erdös 和 Rényi 在用随机图研究随机网络及逾渗（percolation）理论时提出了几个问题：是否存在一个阈值，当超过其时网络出现所谓巨连接集团（giant cluster）；集团的规模大小如何演化；何时网络变成全部连通等。随机网络的关键是连接概率 P ，所以研究概率 P 能够基本解答上述问题。

对于小的 P ，网络将由小的分离的集团构成，当 P 增大到一定程度，N 较大时，会出现巨连通部件（giant connected component）。逾渗的概率阈值和临界平均度为 $P_c \approx \frac{1}{N}$ ，$\langle k \rangle_c = 1$。

Erdös 和 Rényi 首先建立了随机网络的模型并研究了 ER 模型的度分布。从网络构成方法上看，某一节点有 k 条边的概率是 P^k ，另外，不出现（$N-$

$k-1)$ 条边的概率是 $(1-P)^{N-k-1}$，到 k 条边的方法有 C_{N-1}^{k} 种，ER 模型的度分布可以写成 $P(k)=C_{N-1}^{k}P^{k}(1-P)^{N-k-1}$，所以网络的平均度为 $\langle k\rangle=P\frac{N(N-1)}{2}=P(N-1)\approx PN$，在大的 N 极限情况下，节点度分布如图 3.9 所示，取泊松分布的形式 $P(k)=\frac{\lambda^{k}}{k!}e^{-\lambda}$，其中 $\lambda=\langle k\rangle$。

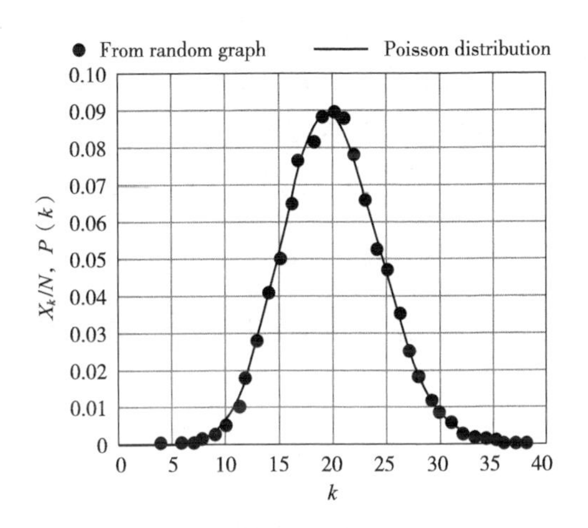

图 3.9　随机网络的度分布

这是经典随机网络的度分布特点。经典随机图理论曾经作为实际上图论的主要研究对象超过 40 年。

对随机网络的广泛研究被归结在文献中（Dorogovtsev and Mendes，2002；Albert and Barabási，2002），其中的一个结论是，经典随机图的平均最短路径长度有 $L\sim\frac{\ln N}{\ln(PN)}\approx\frac{\ln N}{\ln\langle k\rangle}$。

随机网络中，各节点和它们最近邻节点的连接是以相同的概率 P 实现的，因此随机网络的聚集系数 $C_{random}=\frac{2E}{N(N-1)}=P=\frac{\langle k\rangle}{N}$。

连接概率 P 越大，C_{random} 越大，当 $P=1$ 时，$C_{random}=1$，网络完全连接；但是系统尺寸越大，C_{random} 反而越小。而研究的经典随机网络系统，$N\to\infty$，因此它的 C_{random} 很小。

3.4.2 规则网络

规则网络有着广泛的实际应用背景。例如，加速器束流聚焦系统由许多电磁聚集单元组成，如交变四极场周期聚焦通道，称为束流传输线或束流传输网络（BTN）。这些规则网络上的每个节点按照确定的规则连接在一起。常见的规则网络有如下三种：全局耦合网络（globally coupled network）、最近邻网络（nearest-neighbor coupled network）和星形网络（star coupled network）。

全局耦合网络模型中，任意两个节点之间都有直接的相连边，如图 3.10 所示。因此，在具有相同节点数的所有网络中，全局耦合网络具有最小的平均路径长度（$L=1$）和最大的集聚系数（$C=1$）。然而，有 N 个节点的全局耦合网络具有 $\frac{N(N-1)}{2}$ 条边，边数 $E \sim o(N^2)$，实际的网络却很稀疏，它们的边的数目一般至多是 $o(N)$。这表明了全局耦合网络模型作为实际网络模型的局限性。

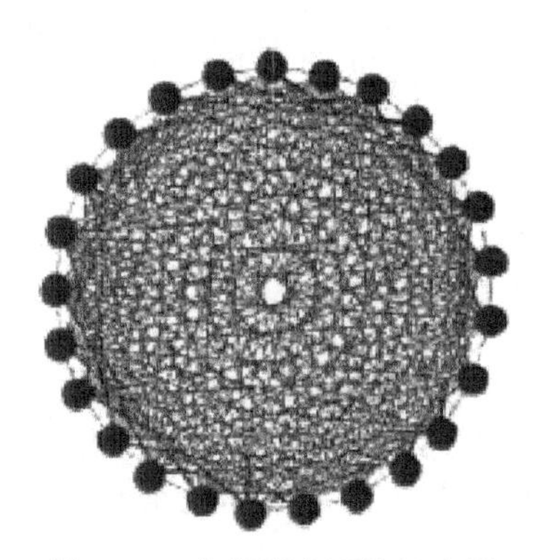

图 3.10 全局耦合网络示意图

在最近邻网络中，每一个节点只和它周围的邻居节点相连，如图 3.11。具有周期边界条件的最近邻网络包含 N 个围成一个环的节点，其中每个节点都与它左右 $K/2$ 个邻居节点相连接。对固定的 K 值，这样一个网络的平均路径长度为 $L \approx \frac{N}{2K} \rightarrow \infty$，对于较大的 K 值，其集聚系数为 $C = \left.\frac{3(K-1)}{4(K-1)}\right|_{K\rightarrow\infty} = \frac{3}{4}$。

星形网络有一个中心节点，其余的节点都只与中心节点相连，而它们彼此之间不连接，如图 3.12 所示。星形网络的平均路径长度为 $L = 2 -$

$\left.\frac{2(N-1)}{N(N-1)}\right|_{N\to\infty}=2$，集聚系数为 $C=\left.\frac{N-1}{N}\right|_{N\to\infty}=1$。

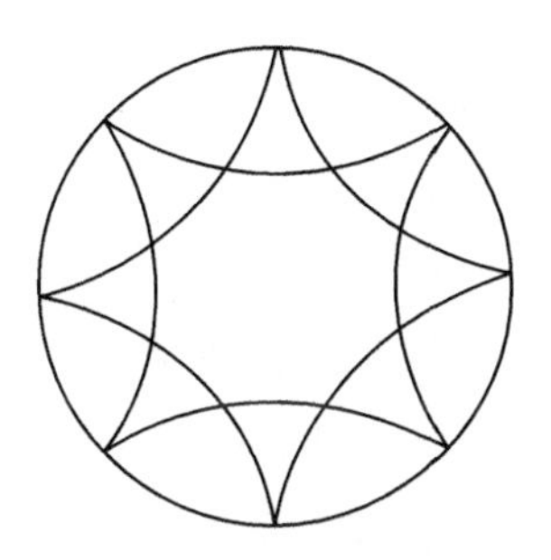

图 3.11 最近邻网络示意图

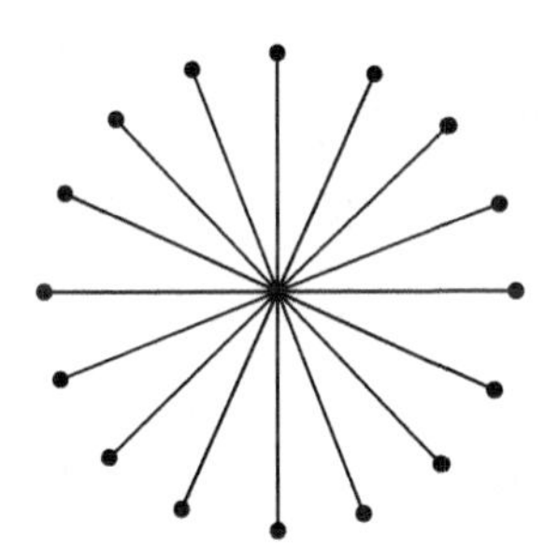

图 3.12 星形网络示意图

3.4.3 小世界网络

Watts 和 Strogatz（1998）提出了一种介于规则网络和随机网络之间的“小世界”网络模型。小世界网络的提出引起了科学界的轰动。

简单地说，小世界现象指的是，尽管许多网络具有相当大的规模（节点多，跨度远），如果把节点间的距离定义为连接它们最少沿途的边数（相隔的边数），则其任何两个节点之间却存在相对很短的“快捷距离”。小世界效应是复杂网络最有传奇性的性质。小世界特性容易使人联想起疾病、谣言或数据在网络中的传播或传输问题，这些问题很多时候恰恰是关键的问题。

在一个 D 维的规则网格中，任意两个节点之间的平均最短路径随着网格规模的增长而增长。但研究现实网络的动力学过程发现，网络中存在很多捷径（shortcuts），存在一些连接不同区域的边，这就使得相距较远的两节点之间的信息传输或通信变得快捷。尽管网络的规模很大，但任意两点之间的最短路径却相对很小，网络的平均最短路径 L 随着网络规模 N 的对数的增加而增加，即 $L \sim \log(N)$ 。

美国哈佛大学社会心理学家米尔格拉姆在 1967 年做过一项有趣的实验（Milgram，1967），他从内布拉斯加州（Nebraska）的奥马哈（Omaha）随机选了 300 人，然后请他们每个人尝试寄一封信给波士顿（Boston）的一位证券业务员。寄信的规则很简单，就是任何收信者只能把信寄给自己熟识的人。可想而知，这些人直接认识这位业务员的机会极低，所以需要几经转手才有办法把信送达目的地。问题是平均要转寄几次。直觉来讲，从茫茫人海中找到一条相互认识的链索，把最初的寄信人与目标业务员连接起来，会费尽周折。然而出人意料的是，大约只需六次转寄便完成任务。米尔格拉姆通过分析试验统计数据，提出“六度分离”（six degrees of separation）的概念（Guare et al.，2000），他推断在美国大多数人相互认识的途径的典型长度为六（Kochen，1989），一般被称为“小世界”的模式于此诞生，而著名的“六度分离”也成为抓得住注意力的说法。这说明，若将个人作为节点，将人的相识关系作为连接，则构成的网络是小世界的。类似的实验也有同样的发现（Dodds et al.，2003）。令人惊奇的是，已经发现许多网络具有小世界特性，比如：好莱坞演员之间及同在一部电影中任一明星的关系构成的网络中，演员之间间隔平均为 3；细胞中的化学物质及化学反应关系构成的网络中，节点之间的典型间隔为 3；Internet 中特征路径长度最多达到 19 次链接，从 Internet 的路由链接来看，Internet 路由器的数量是很大的，但是两个路由器之间的平均距离为 10 左右。

尽管上述实验中的平均距离有 3、6、19、10，但对数以亿计节点的网络来说，这些差异是可以忽略不计的，这便是小世界理论的现实解释。

小世界性质在很多其他现实网络中出现，它的平均最短路径与相应的随机网络相近，与随机网络不同的是，小世界性质的网络具有集团性质，具有较大的集聚系数。Watts 和 Strogatz（1998）开创性地定量刻画了小世界特性，即这种与相应的随机网络具有相近的较小的平均最短路径和较大的集聚系数的网络为小世界网络，可用两个比例表示：$\gamma = \frac{C_{net}}{C_{rand}} \gg 1$，$\lambda = \frac{L_{net}}{L_{rand}} \sim 1$（角标 rand 表示随机网络的量，net 表示实际网络的量）。小世界特性的网络具有较高的局部效率和全局效率，网络在局部和全局都能非常有效地传递信息。

3.4.4 无标度网络

复杂网络研究的另一重大发现是在 WWW 和 Internet 等网络中，网络连接度分布具有幂率尾部。为揭示幂率度分布的起源，印第安纳州圣母大学的物理学教授 Barabasi 和 Albert（1999）提出了著名的无标度网络。

1999 年之前所研究的网络一直都是均匀的，在拓扑结构上节点在网络相互作用中的地位是相等的，类似于规则网络和随机网络。在随机网络中，每个节点都以相同的概率与其他节点相连，有限节点的网络的度分布是一个泊松分布或者二项分布。当科学家们对现实网络进行分析时，并没有按照预期得到度值分布在均值附近，而是大部分现实网络的度分布呈现出幂率分布 $P(k) \sim k^{-\alpha}$，在双对数坐标下观察度分布的形状通常近似一条直线，具有这种特性的网络被称为无标度网络。由于实际网络的数据样本都是有限的，必然存在噪声，通常的度分布都有一个胖尾，有时分析度分布时采用累计分布，可以减少尾部的扰动。

很多研究结果实证幂指数介于 1 与 3 之间，幂指数 α 取值的大小反映了核心节点在网络中的重要程度。幂指数取值越小，核心节点在网络中扮演的角色越重要。

当 $0 < \alpha < 1$，网络规模 $N \to \infty$ 时，度值的均值和方差均发散。网络的总边数与完全网络的总边数 $\frac{N(N-1)}{2}$ 处于同一数量级。实际的复杂网络都是稀疏网络，故此种情况在实际网络中往往是不存在的。

当 $\alpha = 1$，同上述情况（当网络规模 $N \to \infty$ 时，度值的均值和方差均发散），但网络总边数的数量级为 $\frac{N^2}{\ln N}$，这在实际网络中也是不存在的。

当 $1 < \alpha < 2$，网络规模 $N \to \infty$ 时，度值的均值与方差均发散，说明此种情况下网络中的 hub 点较多。网络总边数的数量级为 $N^{3-\alpha}$，仍属于边数较多的网络。对于工程类网络而言，若 hub 点偏多，意味着建设成本大为提高，这是不可取的。

当幂指数取值为 2 时，度值最大的核心节点将与网络中大部分节点有连接，形成一个以该核心节点为中心的辐条状结构。

当幂指数在区间（2，3）中取值，网络规模 $N \to \infty$ 时，度值的均值收敛而方差发散。这两点说明了网络中节点度分布的严重不均匀性。事实上，度值的方差发散，说明网络中出现了度值非常大的 hub 点；度值的均值有限，一方面说明 hub 点是少量的，另一方面说明网络中必定存在其度值甚小的大量节点。即使是度值最大的核心节点也只是与网络中小部分节点有连接，即网络中不存在度值显著高于其他节点的节点。

当幂指数取值大于 3 时，核心节点在网络中处于无关紧要的地位。当网络规模 $N \to \infty$ 时，度值的均值和方差都收敛，并随着幂指数的增加，均值和方差都减小。此时复杂网络中大多数节点的度值很接近，网络中即使存在高度值的节点，其数量也极少，因此，这类网络类似于随机网络。这类网络不宜用作通信，一方面它不能抵御网络的随机故障（因类似于随机网络），另一方面其通信效率极低（因高度值的节点非常罕见，即通信枢纽奇缺）。

无标度网络中 hub 点对于网络具有很重要的作用和意义，它体现了经济性和高效性。对于 Internet 网或万维网等工程类网络，少量高带宽的 hub 点构成了无标度网络的通信枢纽或信息资源集散地，因而无标度网络的制造、维护成本低，通信效率或资源共享能力高。应当指出，由少量 hub 点所主导的复杂系统的无标度现象，是具有正面作用还是具有负面作用，取决于具体情况。若高水平的黑客攻击通信网络的 hub 点，就是严重问题；然而，若药物学家能创造出定向药物，专门攻击有害细胞或细菌的 hub 点，则对人类是一大福音。无标度通信网络既易于传播流言，但也十分有利于正面的思想、文化和广告的传播。

无标度特性在统计物理的相变和分形中都有很重要的作用。无标度网络具有高度不均匀的度分布，在网络中存在着大量只与少数节点相连的节点，同时网络中也存在着拥有大量连接的少数的核心节点。

无标度网络的发现是一个极好的契机，有可能以复杂网络的拓扑特性研究为切入点，深入开展系统结构的研究。系统结构是系统科学的基本概念，撇开哲学和数学，就系统学层面来说，其内涵迄今还没有丰满的阐述。结构是客观事物的基本属性，也是各学科领域的基本问题，如物质科学研究物质的结构和性质，生命科学和社会科学研究事物的结构和功能。可以说，每门学科对其研究对象的结构，都有非常丰富的具体成果；但从系统学的高度来说，横跨物质系统、生物系统和社会经济系统的具体研究成果，也就是系统学层面的成果还不多。无标度网络的发现，为人们打开了新的视野。如前所述，系统结构可以被描述成网络结构。但原来研究网络结构的规则图和随机网络理论，距离现实的复杂系统太远，只反映了众多系统两头的极端情况。大多数复杂系统是动态演化的，是开放自组织的，是规则和随机伴行的，既非完全规则也非完全随机。单纯应用规则网络和随机网络理论对普遍存在的复杂系统不能进行实质性的分析研究。近几年来，无标度网络的成果反映了大多数复杂系统的这些基本特性，对这些系统的研究取得了实质性的突破。

3.5 网络节点中心性指标

在社会网络分析中，节点的重要性也称为节点的“中心性”。衡量网络中节点中心性的方法有很多种。在不同的定义下，不同的中心性刻画了节点在网络的不同作用，例如节点的传播能力、节点受到攻击后对网络整体性质的影响等。

3.5.1 度中心性

度中心性（degree centrality），是衡量节点重要性最简单、最直接的方法（Freeman and Linton，1979）。一般而言，一个节点的度越大就意味着这个节点越重要，但并不是所有网络中度大的节点都是最重要的。有学者指出，节点的传播影响力与节点所处网络的位置有关。

节点 i 的度定义为它在网络中的一阶邻居数：

$$D(i) = \sum_{j} a_{ij}$$

式中，a_{ij} 是网络连接矩阵的元素。如果节点 i 和节点 j 之间有连边，则 $a_{ij}=1$，否则 $a_{ij}=0$。度是刻画网络中单个节点属性的最简单但又最重要的概念之一，可以认为度越大则节点的重要性或者影响力也就越大。

如果节点处于网络的核心位置，即使其连接度很小，也往往具有高的影响力。相反，即使是大度节点，如处于网络的边缘也不会有高的影响力。基于此，Kitsak 等（2010）提出了用一种 K-core 分解的方法来确定节点在网络中的位置。此方法可以看成一种基于节点度的粗粒化排序方法。K-core 是由图中所有度至少为 k 的节点及其之间的边组成的子图，根据 K-core 分解的思想，通过逐层剥离图中度较小的节点和边而得到的壳层结构，称作为 K-shell，K-shell 由属于 k-core 但不属于（k+1）-core 的节点和连边组成。

K-shell 中心性能揭示网络的层次结构和节点重要性。求网络节点 K-shell 值的过程可以称为 K-shell 分解。对于一个网络来说，找到所有度小于等于 1 的节点，把这些节点和它们所涉及的连边从网络中删除，然后在剩下的节点中，再去找到节点度小于等于 1 的点，删除它们和它们所带的连边，这个过程一直重复下去，直到网络中没有节点的度小于等于 1。对于在这一过程被删除的节点，赋给它们 K-shell 值为 1。第二步，在剩下的网络中，用类似的方法找出度小于等于 2 的节点，并把这些节点从网络中移除，然后赋给它们 K-shell 值为 2。这个过程一直重复下去，直到网络中所有节点都被赋予了一个 K-shell 值。

3.5.2 介数中心性

节点的重要性与所要关注的网络的结构与功能相关。例如，在通信网络中有的节点的连接度很小，但是很多信息包都要经过这个节点进行传递，因此该节点对于网络的连通性起到关键作用。为了刻画这类节点的重要性，Freeman 于 1977 年提出了介数的概念，将其用于衡量某节点在基于最短路径的路由策略下信息的吞吐量。对应的指标叫作节点的介数中心性（Betweenness Centrality），定义为网络中节点对最短路径中经过该节点的数目占所有最短路径数的比例。进一步，介数中心性可以通过除以网络的最大节点对数目进行归一化。介数中心性（Newman，2010）就是基于这样一种思想构造出来的，它的定义是：

$$\mathrm{BET}(i) = \sum_{i \neq s \neq t} \frac{g_{st}^{i}}{g_{st}}$$

式中，g_{st} 是通过节点 s 和节点 t 的最短路径数目，g_{st}^{i} 则是通过节点 s 和节点 t 的最短路径且经过节点 i 的数目。

考虑到有些情况下获取网络的全局信息并不容易，Newman（2003）提出了一种基于网络随机游走的介数中心性指标。与介数中心性类似，网络流介数（flow betweenness）考虑的不是节点对之间的最短路径数，而是所有的路径数。某节点的网络流中心性定义为网络中节点对的路径中经过该节点的数目占所有路径数的比例。网络流中心性用于确定网络的拓扑中心。此外，还有专门针对交通网络的路由介数（routing betweenness）。

3.5.3 接近中心性

另一种与最短路径相关的中心性为接近中心性（closeness centrality），它被定义为节点与网络中其他所有节点最短距离的平均值。接近中心性（Sabidussi，1966）是基于网络路径的一个指标。对于网络中的一个节点 i，计算所有点到它的最短路径长度，然后计算这些路径的倒数，最后求这些倒数的平均值即得到接近中心性。它的定义如下：

$$C(i) = \frac{1}{n-1}\sum_{j \neq i}\frac{1}{d_{ij}}$$

式中，n 为网络的节点数目，d_{ij} 为节点 i 和节点 j 之间的最短路径长度。从公式可以看到，接近中心性可以处理非联通的网络。它主要是对网络中节点与节点之间联通效率的评价。

一个节点到达网络其他节点的最短距离均值越小，说明该节点的接近中心性越大，暗示该节点可能更加重要。接近中心性也可以理解为利用信息在网络中的传播时间来确定节点的重要性。

出于研究网络脆弱性的目的，有学者给出了一种更广义的定义（Dangalchev，2006），将其称为残余接近中心性（Residual Closeness），用于衡量节点的移动带来的影响。此方法可以用来刻画不连通的图中节点的接近中心性。如果说介数最高的节点对于网络中信息的流动具有最大的控制力，那么接近中心性最大的节点则对于信息的流动具有最佳的观察视野。

3.5.4 H 指数

H 指数是由 Hirsch（2005）提出的一个用于衡量科学家影响力的指标。该指标目前在科研圈已经得到了广泛的应用，它可以用于评价单个科学家的科研成就，也可用于评价科研计划或者实验室的科研产出。在网络中，如果一个节点有至少 h 个邻居的度都不小于 h，那么这个节点的 H 指数就是 h。H 指数是考虑网络局部拓扑结构的指标，不同于节点的度，它不仅考虑邻居的数目，也考虑邻居的质量。

信息计量学中用 H 指数衡量学者的贡献：如果一个人在其所有学术文章中最多有 n 篇论文分别被引用了至少 n 次，他的 H 指数就是 n。Korn 等（2009）受此启发，提出用 Lobby 指数衡量无权网络中的节点的重要性：一个节点的 Lobby 指数为 n，则该节点至多有 n 个邻居且这些邻居的度至少为 n。赵思健等（Zhao et al.，2011）将 Lobby 指数扩展到含权网络中，用 H 指数来更好地衡量含权网络中节点的重要性：一个节点的 H 指数为 n，则至多有 n 个权重不小于 n 的边与之相连。一定程度上，H 指数可看成单纯用节点强度或度衡量中心性的一种折中。

H 指数已经被广泛地应用于科研界的人才评估。科研机构和个人都会把 H 指数作为自己学术影响力的指标。同 H 指数类似的还有 i10 指数，它是指一个作者所发文章中引用量超过 10 的文章数。以 Barabasi 为例，他的 H 指数是 130，这表示他发表的论文中，有至少 130 篇论文每篇都被引用了至少 130 次，而其余的论文被引用的次数则少于 130 次。他的 i10 指数是 301，即他发表过 301 篇引用量超过 10 的文章。

3.5.5 特征向量中心性

另外一类中心性是特征向量中心性（eigenvector centrality），它的基本想法是一个节点的重要性既取决于其邻居节点的数量（该节点的度），也取决于其邻居节点的重要性（Negre，2018）。

不同于基于网络局部信息的度中心性、H 指数，特征向量中心性是基于网络的全局信息。特征向量中心性的主要思想是判断一个节点重要性时，不仅要考虑它连接的节点数目，还要考虑邻居节点的重要性。给定一个网络，可以得到它的连接矩阵，然后求出连接矩阵的特征值和特征向量，则最大特征值对应的特征向量就是特征向量中心性。

在信息检索领域，有很多基准数据可以用来评价检索排序的效果，这些数据包含了排序的“标准答案”，而这个答案来自专家学者和大量用户的真实调查，可能是通过问卷走访的形式，也可能是通过搜索结果被点击的行为得到的统计结果。

特征向量中心性更加强调节点所处的周围环境（节点的邻居数量和质量），它的本质是一个节点的分值是它的邻居的分值之和，节点可以通过连接很多其他重要的节点来提升自身的重要性，分值比较高的节点要么和大量一般节点相连，要么和少量其他高分值的节点相连。从传播的角度看，特征向量中心性适合描述节点的长期影响力，如在疾病传播、谣言扩散中，一个节点的特征向量中心性较大，说明该节点距离传染源更近的可能性越大，是需要防范的关键节点。

3.5.6 其他中心性

Google 的 PageRank 算法（Austin，2008）与特征向量中心性的思想是一致的，因此 PageRank 算法实际上是一种针对有向网络的特征向量中心性。此外，Katz 中心性（Katz，1953）也属于特征向量中心性的一种。为了衡量社会网络中节点的影响力，吕琳媛等（Lü and Zhou，2011）提出了一种基于网络随机游走的排序方法，称为 LeaderRank，该方法可以看成 PageRank 的一种改进算法。通过在网络中添加一个背景节点，以及添加连接背景节点和网络节点的双向边使得原有的包含人为参数的算法变成无参数算法，同时保证了收敛性。通过网络 SIR 传播模型的验证发现，LeaderRank 比 PageRank 能够更好地识别网络中有影响力的节点。此外，LeaderRank 比 PageRank 在抵抗垃圾用户攻击和随机干扰方面有更强的鲁棒性。引用网络是一个典型的有向网络，在这类网络上针对不同的排序对象，研究者们提出了一系列基于 PageRank 的改进算法，如对期刊的排序、对科学论文的排序以及对科学家的排序等。特别地，Jomsri 等（2011）在引文网络中结合相似性和文章质量两方面因素提出了 CiteRank 算法，利用这种算法对科学论文的搜索结果进行排序取得了较好的效果。

此外，在其他领域的改进还包括风险投资机构 General Catalyst 提出的针对风投公司排名的 InvestorRank 算法。在社交网络 Twitter 上，Weng（2010）提出了基于某一特定主题的用户影响力排名算法 TwitterRank。

HITs（Hyperlink-induced Topic Search）算法是有向网络上的另一个经典排序方法，由康奈尔大学的 Kleinberg（1999）提出。与 PageRank 算法不同，HITs 算法赋予每个节点两个分数值：权威值（authorities）和枢纽值（hubs）。权威值用来衡量节点贡献信息的原创性，枢纽值反映了节点在信息转发传播中的作用。节点的权威值等于所有指向该节点的节点的枢纽值之和，节点的枢纽值等于该节点指向的所有节点的权威值之和。因此，节点若有高权威值，则应被很多枢纽节点关注，节点若有高枢纽值，则应指向很多权威节点。简单地说，权威值受到枢纽值的影响，枢纽值又受到权威值的影响，通过迭代的方式，最终得到收敛的值。这种迭代寻优的方法，除了可以用于确定一个节点上多个相互关联的属性，还可以处理更复杂的排序问题，譬如针对用户给商品打分的二部分图，如何同时给出商品质量的排序和用户打分可信度的排序。一个商品得到的打分反映了这个商品的质量，自然地，应该给可信度高的用户更大的权重；反过来，一个用户打分的可信度，可以用他的打分和商品最终质量的接近程度来衡量。利用迭代寻优技术，可以同时得到对两类节点的排序。除了以上几类排序方法以外，考虑网络局部结构的中心性的指标还有图中心性（Subgraph Centrality）以及环路中心性（Loop Centrality）等。

3.6 小结

人们已经发现置身其中的社会、生物、通信系统等多种多样的自然或人工系统，都可以看作由其构件元素的交织连接和相互作用而构成的“网”。比如，培养基作为节点，以其间的化学作用作为连接构成了复杂的代谢网络；巨量的神经细胞通过轴突（axons）连接则构成具有大脑机能的神经网络；若将社会中的个人和组织看作节点，其间的各种社会关系看作连接，就构成了异常庞大的社会网络。公司可以被看作复杂的商业之节点，连接则是它们之间的贸易关系。各个企业被看作节点时，其间的复杂的依赖关系被视为连接，一个企业网络就浮现出来了。物种及其之间的食物关系可以构成生态网络；最著名和熟悉的人工网络就是 Internet，除了可以看到由路由器或者网络主机作为节点，物理的通信介质作为连接而构成的巨大的实体网络之外，当把网页看成节点，把 hyperlinks 看成连接，就构成更为巨大的、著名的因特网网络；更多的例子还有运输、电力、城市、计算机软件等领域的网络。

至今，几乎所有已经存在的实体都是由构件单元组成的，这些单元之间相互作用构成了实体的外部行为特性。因此，从复杂网络的视角看，世界是网络的，世界的神秘和精彩当然也将通过网络展现出来。

从前面的介绍中可以看到，对于任意一个实际网络都可以计算它的统计量，包括度分布、平均集聚系数、平均最短路径、度的相关性以及集团结构、模体等。不同的网络可能在各种属性的具体取值上有差异，但是实证研究表明，很多实际网络从定性上来看具有相似的属性，比如服从 power-law 的度分布、较大的平均集聚系数和较小的平均最短距离、正的度相关性等。总之，实际网络可以依据其在这些属性上的取值划分为几类。既然实际网络存在这样的共性，那么通过为它们建立一个共同的演化模型来揭示实际系统的演化机制就非常有意义。

许多复杂的实际系统可以用复杂网络来表述，其中复杂系统的节点表示个体或者机构，而连边则表示这些个体或者结构之间的交流、接触、感染等关系。网络常常由许多节点和节点与节点之间的连边组成，其中的节点表示系统中不同的个体，比如 Facebook 系统中的不同用户、电力网络中的发电站等；而节点之间的连边则用来表示个体之间的关系，比如在 Facebook 网络中，连边表示用户之间的朋友关系，电力网络中的连边可以表示发电站之间的电力传输。

现在在理解和分析一系列复杂系统时，复杂网络扮演着越来越重要的角色，也取得了很多突破性的进展，如人类交流网络、人类社会网络、基础设施网络、蛋白质网络、新陈代谢网络、食物链网络等。在研究复杂网络的问题上，研究人员主要关注两大方面，一是静态网络的结构和功能，二是动态网络的进化。

随着学科的发展，已经形成了以统计物理方法为工具的研究具有自组织、自相似、吸引子、小世界、无标度等部分或全部性质的，包括海量节点数和边数的图的复杂网络学科，它在很多研究中都体现出了重要的工具属性。

4

复杂网络社团结构与链路预测

近些年来，复杂网络逐渐成为一个令人关注的研究领域，越来越多的科研工作者投身其中，使得新思想、新成果不断涌现。在此过程中，新的研究方向也被开发出来，网络结构的社团划分就是其中之一。通过近几年的发展，在这一方向上已经积累了一些优秀的思想和成果，有必要对其进行全面系统的整理，为今后的发展奠定基础。

网络由大量的顶点（或称为节点）和连接顶点的边组成。许多实际系统都可以从网络的角度进行刻画，例如因特网、万维网、食物链、人际交往关系等。用网络对这些系统进行抽象，系统中的个体对应网络中的顶点，个体间的相互关系对应网络中的边，从而这些系统都可以表现为由点和边构成的图。这种抽象过滤掉了系统纷繁复杂的背景信息，只保留了系统最为核心的关系和最为本质的部分，使得研究系统内在共同特征和性质成为可能。

随着对复杂网络的深入研究，复杂网络社团结构作为网络基本性质已被广泛研究。目前，已经有许多社团划分算法被应用于发现网络社团结构。2002 年，Newman 和 Girvan（2002）提出一种评价社团划分算法、社团划分质量的标准——模块度 Q，开启了复杂网络中的社团划分研究的新篇章，许多用于发现网络中的社团结构的算法都是在模块度评价和优化模块度的基础上提出的，现有的算法可以分为图分割算法和层次聚类算法两类。

近年来，在对众多实际网络的研究中发现，它们存在一个共同的特征，称之为网络中的社团结构（community structure）。它是指网络中的顶点可以分成组，组内顶点间的连接比较稠密，组间顶点间的连接比较稀疏。社团结构在实际系统中有着重要的意义：在人际关系网中，社团可能是按照人的职业、年龄等因素划分的；在引文网中，不同社团可能代表了不同的研究领域；在万维网中，不同社团可能表示了不同主题的主页；在新陈代谢网、神经网中，社团可能反映了功能单位；在食物链网中，社团可能反映了生态系统中的子系统。在对网络性质和功能的研究中，社团结构也有显著的表现。例如：在网络动力学的研究中，当外加能量处于较低水平时同一社团的个体就能达到同步状态；在网络演化的研究中，相同社团内的个体可能最终连接在一起。总之，研究网络中社团结构是了解整个网络结构和功能的重要途径。

另一个值得关注的问题是增长网络上的链路预测。链路预测问题主要关注的目标是预测网络中将来会出现的新连边，或者因为某些数据的缺失而导致网络中丢失或者没有被观察到的连边。连边的链路预测有许多有价值的应用，比如它可以应用于推荐系统中，给社交软件的使用用户推荐性格爱好相似的新朋友，给科学研究者推荐新的合作者，给潜在的用户推荐相应的产品。链路预测也可以用于根据网络的局部信息推断或者预测网络的未知信息。为了设计出高效且正确率高的链路预测算法，来自不同科学领域的研究者已经付出了很多努力。

4.1 网络社团结构划分理论

4.1.1 社团结构概念

关于网络中的社团结构目前还没有被广泛认可的定义，较为常用的是基于相对连接频数的定义：网络中的顶点可以分成组，组内连接紧密而组间连接稀疏（Newman，2004）。这一定义提到的“紧密”“稀疏”都没有明确的判断标准，所以在探索网络社团结构的过程中不便使用，因此人们试图给出一些定量化的定义，如提出了强社团（strong community）和弱社团（weak community）的定义。强社团指子图 V 中任何一个顶点与 V 内部顶点连接的度大于其与 V 外部顶点连接的度。弱社团指子图 V 中所有顶点与 V 内部顶点的度之和大于 V 中所有顶点与 V 外部顶点连接的度之和。此外，还有比强社团更为严格的社团定义——LS 集（LS-set），LS 集是一个由顶点构成的集合，它的任何真子集与该集合内部的连边都比与该集和外部的连边多。

另一类定义则是以连通性为标准来定义社团，称之为派系（clique）（Gergely et al.，2005）。一个派系是指由三个或三个以上的顶点组成的全连通子图，即任何两点之间都直接相连。这是要求最强的一种定义，它可以通过弱化连接条件进行拓展，形成 n-派系。例如，2-派系是指子图中的任意两个顶点不必直接相连，只要最多通过一个中介点就能够连通；3-派系是指子图中的任意两个顶点，只要最多通过两个中介点就能连通。随着 n 值的增加，n-派系的要求越来越弱。这种定义允许社团间存在重叠性（overlapping）。所谓重叠性是指单个顶点并非仅仅属于一个社团，而是可以同时属于多个社团，社团与社团由这些有重叠归属的顶点相连。有重叠的社团结构问题是值得研究的，因为在实际系统中，个体往往同时具有多个群体的属性。

除上述提到的社团定义以外，还有多种定义方式，已有文献（Newman，

2004）进行了详细的介绍。

按照复杂网络中社团结构的形成过程，网络中社团结构的划分形式大体可以分成三类：凝聚过程、分裂过程和搜索过程。

凝聚过程是以顶点为基础，通过逐步凝结而形成社团。其主要步骤为：首先，设定某种标准来衡量社团与社团之间的距离或相似度；其次，将网络中的每一个顶点视为一个社团，所以网络中有多少顶点就有多少个社团，并且每个社团只包含一个顶点；再次，根据设定的衡量标准，计算社团与社团间的距离或相似度，并将距离最近的社团或相似度最高的社团合并在一起，形成一个新的社团；最后，重新计算每对社团间的距离或相似度。不断重复合并及重新计算的步骤，直到所有的顶点都聚集成一个社团为止。

分裂过程则相反，它将网络中的所有顶点都视为一大类，通过逐步分割这个大类而形成小类。其主要步骤为：首先，设定某种衡量顶点与顶点之间的密切程度或边对网络结构影响程度的标准；然后，按照一定标准进行断边；不断重复计算和断边的过程，网络将被划分成一个个越来越小的连通社团，这些连通社团就是对应某一阶段的社团；全部过程以每个顶点被独立地分成一个社团为终点，整个过程也可以用一个直立的树状图表示，只是过程方向与凝聚过程相反。

搜索过程不拘泥于统一的凝结或分裂，而是建立一个逐步优化目标的搜索过程，社团结构直接由最后的优化结果给出。搜索中可以应用成形的算法，Potts 模型算法中就应用了模拟退火算法进行搜索。

4.1.2 社团结构划分方法

图分割算法主要研究如何将网络中的节点划分到给定的几个社团中，使各个社团之间的连边数量尽量小，并且保证各个社团中网络节点数目也大致相同。图分割算法主要分为两大类：一是 Kernighan-Lin 算法（Kernighan and Lin，1970），使用 Kernighan-Lin 算法的社团划分结果准确度低，时间复杂度高，所以这种方法并不适用于大规模网络；另一个是基于 Laplace 图特征值的谱分解方法（Pothen et al.，1990）。这种方法主要是通过对网络中节点对之间相似性或者强度的计算，从而实现各个社团结构的自然分割。经典的基于图论的社团划分方法是 GN 算法（Girvan and Newman，2002），属于比较典型的分裂算法。GN 算法是一种基于边介数的分裂算法，它的基本思想是不断去除网络中边介数最大的边，最终将网络划分为多个社团。该算法不需要预先设定社团数量，但是因为需要反复计算网络的边介数，所以该算法时间复杂度较高，不太适合大规模网络。凝聚算法主要包括：快速算法（fast Newman）（Newman, 2004），此算法是一种自下向上基于模块度优化的凝聚算法；基于模块度优化的启发式 Fast Unfoliding 算法（Blondel et al., 2008），此算法是一种层次贪心算法，被公认为运行最快的非重叠社团发现算法之一。

此外，还有标签传播算法（LPA）（Raghavan et al., 2007），LPA 为所有节点指定一个唯一标签，然后逐轮刷新所有节点的标签，直到收敛为止；基于物理学中自旋玻璃模型的 spinglass 算法（Reichardt and Bornholdt, 2006）、基于随机游走的 walktrap 算法（Pons and Latapy, 2006）。考虑到网络中重叠社团的存在，Palla 等（2005）提出派系过滤（Clique Percolation, CP）算法来分析重叠社团，并且得到广泛的应用。Lancichinetti 等（2009）提出基于适应度的重叠社团发现算法 LFM，即依据社团的局部结构定义一个适应度，通过最优化适应度发现社团。Clauset 和 Aaron（2005）提出了一个基于 R 值的局部社团挖掘算法，该算法首先定义一个局部模块度 R，采用贪婪算法的思想，迭代地添加使 R 值增加最大的邻居节点，但该算法存在对初始节点的邻居节点度分布敏感问题。这些算法对于衰减较快的增长网络的社团划分效果都不太理想。

模块度也称模块化度量值，是目前常用的一种衡量网络社团结构强度的方法，最早由 Newman 提出，本质是基于节点相似性（PA）来进行社团划分。通过优化模块度的方式，将相似性指标 PA 值较小但具有连边的两个节点划分到一个社团，而如果两个节点 PA 值较大却没有连边，则倾向于划分到不同社团。Newman 模块度（Newman, 2006）的定义为：

$$Q = \frac{1}{2m}\sum_{i,j}\left(A_{i,j} - \frac{k_i k_j}{2m}\right)\delta(c_i,\ c_j)$$

式中，$m = \frac{1}{2}\sum_{i,j} A_{i,j}$，表示网络中所有的权重；$A_{i,j}$ 表示节点 i 和节点 j 之间的权重；$k_i = \sum_{j} A_{i,j}$ 表示与节点 i 连接的全部边的权重；c_i 表示节点被分到的社团；$\delta(c_i,\ c_j)$ 用于判断节点 i 和节点 j 是否被划分在同一个社团中，若是，则返回 1，否则返回 0。

网络中节点社团划分的结果影响模块度值，即该模块度值可以用来定量地衡量网络社团划分质量，它的值越接近1，则表明网络划分出的社团结构的强度越强，也就是划分质量越好。因此可以通过最大化模块度Q来获得最优的网络社团划分。

Fast Unfoliding 算法（Blondel，2008）是一种基于多层次（逐轮启发式迭代）优化模块度的算法，主要目标是不断划分社团，使得划分后的整个网络的 Newman 模块度不断增大。算法包括两个阶段：在第一阶段，它不断地遍历网络中的节点，尝试将单个节点加入能够使模块度提升最大的社团中，直到所有节点都不再变化；在第二阶段，它将一个个小的社团归并为一个超节点来重新构造网络，这时边的权重为两个节点内所有原始节点的边的权重之和。迭代这两个步骤直至算法稳定。具体的算法过程如下：

（1）初始化，将每个点划分在不同的社团中；

（2）对每个节点来说，将每个点尝试划分到其邻接的点所在的社团中，计算此时的模块度，判断划分前后的模块度的差值 ΔQ 是否为正数，若为正数，则接受本次的划分，若不为正数，则放弃本次的划分；

（3）重复以上的过程，直到不能再增大模块度为止；

（4）构造新图，新图中的每个点代表的是步骤3中划分出来的每个社团，继续执行步骤2和步骤3，直到社团的结构不再改变为止。

NMI（Normalized Mutual Information）常用来分析两个样本的相近程度（Danon，2005），是检验社团划分正确性的常用标准。NMI 值可以表示利用算法进行社团划分与真实社团划分之间的差异以及划分的正确率，其取值范围为［0-1］，NMI 值越大，表示社团划分的结果越准确，NMI 值越小，表示社团划分的效果越差。当 NMI = 1 时，表明划分结果与真实的社团划分是完全一致的。具体计算如下：

$$NMI(\mathrm{A},\ \mathrm{B}) = \frac{-2\sum_{i=1}^{C_{\mathrm{A}}}\sum_{j=1}^{C_{\mathrm{B}}} C_{ij}\log\left(\frac{C_{ij}N}{C_{i}C_{\cdot j}}\right)}{\sum_{i=1}^{C_{\mathrm{A}}} C_{i}\log\left(\frac{C_{i}}{N}\right) + \sum_{j=1}^{C_{\mathrm{B}}} C_{\cdot j}\log\left(\frac{C_{\cdot j}}{N}\right)}$$

式中，A 为真实的社团划分；B 为利用算法得到的社团划分；C_{A} 为网络中真实的社团数量；C_{B} 为使用算法计算的社团数量；C_{ij} 为表示真实社团 i 与发现社团 j 中相同节点的数量；C_i 为混合矩阵中第 i 行所有元素之和，即 $\sum_{j} C_{ij}$；$C_{\cdot j}$ 为混合矩阵中第 j 列所有元素之和，即 $\sum_{i} C_{ij}$。

4.1.3 其他社团相关概念

（1）最大连通子图。在网络受到持续的攻击时，最大连通子图的尺度大小是测量网络功能的一个重要的量。这个子图所包含的节点比其他子图中的都多，并且任意两个节点之间都存在连接通路。通常用S来表示这种最大连通子图的尺度，它与平均最短路径共同作为复杂网络稳定性的一种度量指标。

（2）集团结构。如果网络中由一些节点形成的节点群具有这样的性质，即群内的节点之间相互联系紧密，而群之间的联系比较稀疏，则称这些节点群为网络中的集团，又称模块（module）。复杂网络具有集团结构即指网络中存在集团。

实际网络中的一个集团通常对应系统的一个具体属性，比如科学家合作网络中的集团通常对应同一个研究所或同一个科研领域的研究者，蛋白质相互作用网络中的集团通常对应功能相似或者共同参与某一生理过程的蛋白质，基因转录调控网络中的集团通常对应功能紧密相关的基因，并且每个集团都有着明确的生物学功能。因此，探测实际网络中的集团结构将有助于进一步理解实际系统。

探测复杂网络集团结构的工作被称为复杂网络的聚类。目前，有很多方法可以用于无向复杂网络的聚类，比如传统的层次聚类法、边介数聚类法、谱分析法等。关于有向网络的聚类方法目前还非常少，能搜集到的只有一种自顶向下的分层聚类法。

（3）模体（motif）。对复杂系统进行研究时，考察的层次越高，越能掌握系统的宏观概貌，但是同时对系统的细节就忽略得越多；而考察层次低，则往往只能陷在系统的细枝末节中，对系统缺乏宏观层次上的把握。因此，系统科学在研究复杂系统时，往往要对系统进行分层次研究，并进而将不同层次上得到的信息整合、联系起来，从而产生对系统的最一般规律的理解，深入掌握系统运行的内在机制。

复杂网络是对复杂系统的一个全局描述，网络中的集团则是对复杂系统在中观层次上进行的考察，而模体实际上是对复杂系统在微观层次上的考察。通常模体都是针对有向的复杂网络。

有向复杂网络中几个（通常为3~4个）节点之间的连接方式有很多种，比如各种环和树，通常将它们称为子图（subgraph），其中在实际网络中出现的频率显著高于其在同等规模随机网络中出现的频率的子图称为网络中的模体。研究表明，不同结构的模体具有不同的动力学特性。可见，子图是复杂网络最基本的结构单元，是复杂网络中除了节点以外最低的研究层次，而模体则是子图中特别的一群，对理解复杂网络背后的复杂系统的运行机制非常重要。

4.2 复杂网络链路预测理论

4.2.1 链路预测概念

链路预测，是指通过对网络已有的信息进行挖掘分析，包括节点的属性信息、连边属性、网络的拓扑结构特性等，建立预测算法，预测网络结构中丢失的连边或未来最有可能建立的连边。它在计算机领域和统计物理领域都有很丰硕的成果。

根据节点和节点之间的连接关系，可以建立网络，这样网络的拓扑结构信息就是已知的。但是在实际问题中，可能由于在数据获取过程中存在失误或者操作不当，也可能是因为获取全面的数据信息会增加时间和资金投入成本，最后导致获取的数据不全面，即得到的连边关系不丰富。在这种情况下，就需要根据已有的网络信息和网络拓扑结构信息，来完善网络中节点与节点之间的连接关系。另一种情况是，想用已有的连接关系为未来的研究做预测指导，在这种情况下得到的数据可能是完整的，但是想知道在下一个时间段里，哪些节点之间会形成新的连边。链路预测主要就是解决这两类问题，即根据已有的网络拓扑结构信息预测网络中可能缺失的连边或者预测在下一个时间段将会出现的新连边。

在最初探索网络的形成机理的过程中，一些方法和技术的探索问题其实是可以看成链路预测问题的，但是那时候研究人员的关注点还没有集中在链路预测上。直到 2005 年，麻省理工学院的 David Liben-Nowell 在他的博士毕业论文里（Nowell，2005）对链路预测问题做了详细且全面的分析和介绍，网络的链路预测问题才开始由于它自身的有用性和可靠性得到越来越多研究者的关注。

在实际生活中会发现，比较相似的个体或者组织之间更容易形成连边，这个现象启发了研究者借助节点与节点之间的相似性，对每一条以前不存在的边计算出一个相似性分数，再对这个相似性分数按照从大到小的顺序排序，就可以根据这个相似性分数的排序来预测它们之间可能存在连边关系，即排序位置靠前的连边比排序位置靠后的连边的形成概率大。这个过程的实现还可以借助一个临界值，如果相似性分数大于临界值，则认为连边应该或者将会存在；反之，如果相似性分数小于临界值，则认为连边不应该或者将不会出现。但是这个相似性是一种抽象的性质，对于不同的网络，节点与节点之间的相似性定义是不相同的。有些网络节点与节点的相似性是基于它们之间的路径长度来定义的，而有些网络中，节点与节点的相似性则是根据它们共享的邻居来决定。理解所研究的网络是什么类型，对于定义或者应用节点与节点之间的相似性概率至关重要。

共同邻居数是一个最简单的基于局部信息的链路预测指标。节点对之间的相似性定义为它们的共同邻居数目（Nowell and Kleinberg，2007）。这个指标的基本假设是如果两个个体之间有熟人，则和没有熟人关系的其他两个个体比较起来，这两个个体是更容易成为朋友的。很多文章都指出这个指标在链路预测问题中的可靠性和有效性（François and White，1971；Newman，2001）。因为这个指标操作起来特别方便，在很多文章中都可以看到它的身影。在共同邻居数目指标的基础上，衍生出来一系列其他局部指标。Adamic-Adar 指标（Adamic and Adar，2003）不仅考虑节点对的共同邻居数，还考虑这些共同邻居的度，它的主要思想是如果两个节点对有共同的邻居数，再分别去考虑它们共同的度，共同邻居的度大则意味着共同邻居将会有更少的精力花费在目标节点对上，这样相对于共同邻居度小的节点对来说它们就更不容易形成连接。周涛等（Zhou et al.，2009）提出了资源分配指标，这个指标和 Adamic - Adar 指标十分类似，唯一不同的地方在于最后公式的表达，Adamic-Adar 指标取了节点对共同邻居度的对数，而资源分配指标则没有取对数，直接看连接到对的共同邻居的度。在对一系列实际网络的研究和分析中，研究者发现这个指标有很好的预测效果。在资源分配指标基础上，后面的研究者又提出了基于共同邻居相互作用的资源分配指标（Zhang et al.，2014），指出这个指标的表现结果更好。使用 BA 模型（Barabási and Albert，1999）可以直接产生一个偏好依附指标用于链路预测，BA 模型主要是用来解释实际网络的度分布服从幂律分布的现象。在实际问题中，可以发现如果两个节点度很大，则它们之间连接在一起的概率也比较大，因此把两个节点的度直接相乘就可以形成用于链路预测的偏好依附指标。Jaccard 相似性指标（Jaccard，1901）不同于求共同邻居数的共同邻居数目指标，它考虑的是共同邻居的比值，即对于一个待求相似性分数的节点对来说，需要分别找出它们的邻居，然后求出这两个邻居集合的交集和并集，Jaccard 相似性指标就是两个邻居集合的交集数目与上两个邻居集合的并集数目的比值。可以看出 Jaccard 相似性指标也是共同邻居数目指标的一个延伸，这个指标惩罚那些分别有很多邻居但是只有很少共同邻居的节点对。在 Jaccard 相似性指标的基础上还有很多变形的指标，比如 Salton 指标（Salton and McGill，1983）、Sørensen 指标（Sörensen，1948）、中心促进指标（Hub Promoted）和中心抑制指标（Hub Depressed）（Ravasz et al.，2002）。这四个指标和 Jaccard 相似性指标一样都是由一个分数组成，它们的分数的分子都是两个节点邻居的交集的数目，不同于 Jaccard 相似性指标用邻居集合的并集数目作为分母，Salton 指标是用两个邻居数目的乘积再开平方来作为相似性分数的分母，即用两个邻居数目的几何平均值作为分母，Sørensen 指标用两个邻居数目的算术平均值作为分母，中心促进指标用两个共同邻居集合数目的最小值作为分母，中心抑制指标用两个共同邻居集合数目的最大值作为分母。

另外的研究也提倡使用节点最短路径信息来计算节点对的相似性分数，比如 Local Path 指标（Zhou et al.，2009；Lü et al.，2009）、Katz 指标（Katz，1953）、Relation Strength Similarity 指标（Chen，2012）、FriendLink 指标（Papadimitriou et al.，2012）等。除了这些基于节点的共同邻居和最短路径的指标，随机游走模型也可以被用来做连边的链路预测。随机游走模型里面的转移概率代表从一个节点走到另一个节点的可能性，因此在某种程度上这也代表一个新连边的生成概率。Hitting Time（Fouss，2007），SimRank（Jeh and Widom，2004）和 Rooted PageRank（Nowell and Kleinberg，2007）就是基于这样一种想法构造的链路预测指标。

4.2.2 链路预测指标

4.2.2.1 偏好依附指标（PA）

在链路预测中，偏好依附指标（Zeng，2013）主要被当作一种基准指标。无标度网络的生成机制可以用偏好依附去解释，其中一个节点吸引新连边的概率正比于此节点的度。基于这个思想就提出了偏好依附指标，在偏好依附指标里面，节点 i 和节点 j 的相似性分数是：

$$S_{ij}=k_i k_j$$

式中，k_i 和 k_j 分布是节点 i 和节点 j 的度。两个节点连接在一起的概率和它们度的乘积成正比。

4.2.2.2 共同邻居数指标（CN）

共同邻居数指标（François and White，1971）考虑的是两个节点共同邻居数目的指标，如果两个节点有更多的共同邻居数，则它们连接在一起的概率也比共同邻居数少的节点对大。共同邻居数指标是最简单的一种考虑邻居重叠数的指标，它的定义为：

$$S_{ij}=\Gamma(i)\cap\Gamma(j)$$

式中，$\Gamma(i)$ 是节点 i 的一阶邻居集合。

4.2.2.3 局部路径指标（LP）

局部路径指标（Zhou et al.，2009；Lü et al.，2009）考虑的是节点局部路径长度，它的定义是：

$$\boldsymbol{S}=\boldsymbol{A}^2+\alpha\boldsymbol{A}^3$$

式中，$\boldsymbol{A}$ 是网络的邻接矩阵，$\boldsymbol{S}$ 是相似性矩阵，相似性矩阵的元素是相似性分数，这个矩阵是对称的。α 是一个自由参数，可以调节大小，它主要用来控制长路径的权重。当 α 取 0 的时候，这个指标就变成了共同邻居数指标。

4.2.2.4 Katz 指标（Katz）

Katz 指标和局部路径指标一样都是考虑路径的指标，局部路径指标只考虑到了 3 阶路径，而 Katz 指标考虑全部的路径长度（Katz，1953）。从最短路径上来说，节点对之间如果可以通过短路径到达，则认为它们彼此之间更具有相似性，因此将会被赋予更大的权重，反之，被赋予更小的权重。基于 Katz 指标的相似性矩阵为：

$$\boldsymbol{S}=\sum_{k=1}^{\infty}\alpha^k\boldsymbol{A}^k=(I-\alpha A)^{-1}-I$$

式中，$\boldsymbol{A}$ 是网络的邻接矩阵；α 是一个自由参数，它的大小控制着路径的权重。当 α 越小的时候，Katz 指标就越接近于 CN 指标，因为此时长路径所作的贡献比较小。这个相似性矩阵还可以写成 $(I-\alpha\boldsymbol{A})^{-1}-I$，$I$ 是和网络邻接矩阵 A 规模相同的单位矩阵。为了使这个公式收敛，自由参数 α 必须比邻接矩阵 A 的最大特征根的倒数小。

4.3 小结

在网络科学的思想、理论和方法的大框架下，无论从微观上还是宏观上，人们都可以从全新的网络的角度、观点和方法来探讨世界万物的复杂性问题。复杂网络作为网络科学的表现形式，为人们研究网络科学提供了一条路径。

随着对网络的研究，人们发现许多实际网络都有一个共同的性质，即具有社团结构，也就是说整个网络是由若干个“群”或“团”构成的，每一个社团内部的节点之间连接相对非常紧密，但是各个社团之间的连接相对比较稀疏。尽管网络是系统高度抽象的离散数学描述，但是其规模的庞大和系统连接的多样性也使得研究其结构和功能变得复杂。社团化是一种揭示系统结构和功能之间对应关系、降低对复杂系统认识难度的方法。在社交网络中，用户相当于每一个点，用户之间通过互相的关注关系构成了整个网络的结构，有的用户之间的连接较为紧密，有的用户之间的连接较为稀疏，反映在网络中，连接较为紧密的部分可以被看成一个社团，其内部的节点之间有较为紧密的连接，而两个社团间的连接则相对较为稀疏。社团划分就是划分出上述的社团。研究复杂网络社团结构对分析复杂网络的拓扑结构、理解复杂网络的功能、发现复杂网络中的隐藏规律和预测复杂网络的行为不仅有十分重要的理论意义，而且有广泛的应用前景。

链路预测是指如何通过已知的网络节点以及网络结构等信息，预测网络中尚未产生连边的两个节点之间产生连接的可能性。这种预测既包含了对未知链接（也称丢失链接）的预测，也包含了对未来链接的预测。

链路预测是将复杂网络与信息科学联系起来的重要桥梁之一，它所要处理的是信息科学中最基本的问题——缺失信息的还原与预测。链路预测相关研究不仅能够推动网络科学和信息科学理论的发展，而且具有巨大的实际应用价值，譬如可以知道蛋白质相互作用实验、进行在线社交推荐、找出交通传输网络中有特别重要作用的连边等。

5

物流系统科学及物流复杂网络研究

现代物流学最为重要的观点之一，是物流的各环节之间存在着相互关联、相互制约的关系，它们是作为一个有机整体的一部分而存在的，这个有机整体就是物流系统。因而，系统性是现代物流最基本的特性，尤其是在物流系统的规划、管理和决策过程中，各子系统之间存在着大量的“效益悖反”现象，只有充分运用系统科学的思想和方法，才能寻求物流系统总体效益的最佳化。这正是物流系统科学的基本思想。

物流系统科学的基本原理就是以物流系统作为组织管理的研究对象，以物流系统整体最合理、经济和最有效为目标，综合运用相关学科和技术领域的理论和方法，实现物流系统的最优规划、最优管理和最优控制。物流系统科学主要解决物流系统的分析、规划、评价、决策、预测、优化、控制等问题。

5.1 物流系统科学概述

5.1.1 物流与物流系统的概念

物流概念的发展经过了一个漫长而曲折的过程。随着物流概念的国际化，不同国家根据需要，提出了不同的定义，下面给出几种代表性的定义。

（1）日本通产省物流调查会在20世纪60年代提出的定义为：物流是制品从生产地到最终消费者的物理性转移活动，具体由包装、装卸、保管以及信息等活动组成。

（2）美国“物流管理协会”（2004年已更名为“供应链管理协会”）在2000年所下的定义是：物流是为满足客户需要，对商品、服务及相关信息在源头与消费点之间的高效（高效率、高效益）正向及反向流动与储存进行的计划、实施与控制的过程。

（3）在我国国家标准《物流术语》中，物流是指物品从供应地到接收地的实体流动过程，根据实际需要，将运输、储存、装卸、搬运、包装、流通加工、配送、信息处理等基本功能实施有机结合。

现代物流理念本身随着企业经营管理理念的不断变化也在不断发展变化，物流概念的内涵和外延随着时间的推移也在不断发生变化。现代物流不仅要考虑从生产者到消费者的货物配送问题，而且还要考虑从供应商到生产者的原材料采购，以及生产者本身在产品制造过程中的运输、保管和信息等各个方面，全面地、综合性地提高经济效益和效率的问题。因此，现代物流是以满足消费者的需求为目标，把制造、运输、销售等市场情况统一起来考虑的一种战略措施。

物流系统是指由物料、物流设施设备、物流线路、物流人员、物流信息、物流技术等相互制约的动态要素构成的，通过执行仓储、运输、装卸搬运、包装、流通加工、配送等功能实现物流效益的有机整体。物流系统的直接目的是实现物资的空间效益和时间效益，在保障社会再生产顺利进行的前提下，实现物流活动中各环节的合理衔接，并取得最佳的经济效益。

物流节点和线路结合在一起，构成了物流的网络结构。节点与线路的相互关系和配置形成了物流系统的比例关系，这种比例关系就是物流系统的结构。

物流系统的功能指物流系统所具有的基本能力，这些基本能力有效地组合、连接在一起，形成了物流系统的总功能，这样便能合理、有效地实现物流系统的总目标。物流系统是一个包括仓储、运输、装卸搬运、包装、流通加工、配送、信息处理七大功能要素的复杂系统，是企业运作系统的重要组成部分。其中运输及保管功能在物流系统中处于主要地位。

5.1.2 物流系统科学概述

物流系统科学从整体出发，把物流和信息流融为一体，运用系统科学的理论和方法对物流系统进行规划、管理和控制，以最低的物流费用、最高的物流效率、最好的顾客服务，达到对物流系统的最优控制、最优设计和最优管理。

（1）物流系统分析。物流系统分析就是运用科学的分析工具和方法，对物流系统的目的、功能、环境、费用、效益等进行充分的调查研究，并收集、分析和处理有关的资料和数据，提出实现物流系统目标的若干可行方案，通过建立物流系统模型，进行仿真实验、优化分析和综合评价，最后整理成完整、正确、可行的综合资料，作为决策者选择最优化物流系统方案的主要依据。

（2）物流系统建模。建立物流系统模型，然后借助模型对物流系统进行定量或者定性与定量相结合的分析，才能对物流系统进行有效预测、优化、评价和决策，并得到有效的结果。因此，物流系统模型是物流系统分析、预测、优化、评价和决策的工具和基础。根据研究目的不同，可以建立物流系统的分析模型、优化模型、预测模型、评价模型、决策模型等。

（3）物流系统评价。物流系统评价就是借助科学方法和手段，针对各种可行方案中的物流系统的目标、结构、环境、输入、输出、功能、效益等要素构建指标体系，建立评价模型，经过计算分析，从物流系统的经济性、社会性、技术性、可持续性等方面进行综合评价，为决策提供科学依据。因此，物流系统评价是物流系统决策的基础和依据。物流系统评价包括指标体系构建、评价方法选择等。

（4）物流系统决策。物流系统决策就是运用系统理论和决策技术，对可以互相替代的物流系统优化方案进行排序，寻求满意方案，由决策者根据更全面的要求，对物流系统方案做出最终选择。物流系统决策问题有不同类型，包括确定型决策、风险型决策以及非确定型决策，一般都需要建立决策模型，如规划论法、决策表法、决策矩阵法、决策树法、贝叶斯决策法、悲观决策、乐观决策等。

（5）物流系统预测。物流系统预测就是根据物流系统发展变化的实际数据和历史资料，运用现代的科学理论和方法，以及各种经验、判断和知识，对物流系统在未来一定时期内可能发生的变化进行推测、估计和分析，从而减少对物流系统未来认识的不确定性，以指导决策行动，减少决策的盲目性。物流系统预测包括定性预测、定量预测和因果关系预测，具体方法有德尔菲法、时间序列预测、回归预测、系统动力学预测等。

（6）物流系统控制。物流系统控制就是运用系统控制理论，通过控制物流系统，调整物流系统实际或仿真运行结果与物流系统期望目标之间的偏差，使物流系统运行在期望的状态。物流系统控制的主要内容包括成本控制、质量控制、流程控制等。

（7）物流系统优化。物流系统优化就是运用优化理论和方法，解决物流系统资源使用、配置以及方案的评价和优选等问题。物流系统优化的常用方法是规划论，如线性规划、整数规划及动态规划等。

（8）物流系统规划。物流系统规划就是运用规划理论和方法，根据需要构建物流系统的输入条件（物流系统的范围及外部环境）以及物流系统的输出结果（物流系统的规划目标），在收集、整理分析物流系统原始数据的基础上建立规划模型，进行系统分析，提出若干物流系统可行的规划方案，通过系统评价和决策，确定并实施最终规划方案。物流系统规划包括战略层、战术层和运作层的规划，以及国家级、区域级、行业级和企业级的规划，如网络规划、设施规划、供应链规划等。物流系统规划的主要方法包括规划论、决策论等。

（9）物流系统仿真。物流系统仿真就是运用系统仿真理论和技术，通过建立物流系统的计算机仿真模型，对物流系统的某些功能、过程或规律进行仿真实验，以寻求某些问题的解决方法。物流系统仿真包括连续系统仿真、离散事件系统仿真等，经常采用专门的仿真语言和软件仿真。

5.1.3 物流系统科学的内容

物流系统包括库存控制子系统、运输配送子系统、装卸搬运子系统、包装子系统、信息处理子系统等。

5.1.3.1 仓储作业管理

仓储（warehousing）是指通过仓库对暂时不用的物品进行储存和保管。根据《物流术语》（GB/T 18354—2006）的定义，仓储是利用仓库及相关设施设备进行物品的入库、存贮、出库的活动。“仓”即仓库，为存放物品的建筑和场地，可以是房屋建筑、大型容器或特定的场地等，具有存放和保护物品的功能。“储”即储存、储备，表示收存以备使用，具有收存、保管、交付使用的意思。

仓储作业是指以保管为活动中心，从仓库接收商品入库开始，到按需要把商品全部完好地发送出去为止的全部过程。仓储作业一般包括入库作业、存储作业、出库作业以及其他作业。入库作业指商品从送抵仓库开始至搬运到指定存储位置的一系列作业的集合，入库作业是储存的准备工作。存储作业或称（商品）保管作业是仓储作业的中心工作，它体现了储存对商品所有权和使用价值的保护功能。出库作业与入库作业要求基本上是一致的，即要求对出库商品的数量、品种、规格进行一次核对，经复核与发货凭证所列项目无误后，当场与收货单位办妥交接手续，以明确责任。

5.1.3.2 库存管理

储存管理的关键是库存控制问题，而库存控制的中心是如何确定合理的库存量。库存管理的内容包括以下几个方面：

（1）确定库存据点的数量、场所。库存据点数量要根据服务水平决定，库存据点的场所应根据配送中心数量、配送服务水平以及物流费用三者之间的关系做出决定。

（2）库存分配。解决了建立库存的地点问题后，接着就是确定在哪一个库存点库存哪一种商品的问题，这就是通常所说的库存分配。

（3）库存控制方法。库存控制方法的核心是订货方法，具有代表性的订货方法有定量订货控制法和定期订货控制法。定量订货控制法以库存费用与采购费用总和最低为原则，事先确定一个相对固定的经济订货批量和订货点，每当库存量降至订货点时，即按预定的经济订货批量组织订货。定期订货控制法同样以订货费用和采购费用总量最低为原则，与定量订货控制法不同的是，定期订货控制法是事先确定一个相对固定的订货周期（相邻两次订货之间的时间间隔）和订货水准（订货后应达到的库存数量），届时再根据当时的实际库存量来确定每次具体订货数量。

（3）ABC 分类法简介。在库存管理中，运用 ABC 分类法，把商品按其种类数量多少、价值高低及出入库频率加以分类。一般情况下，将那些商品数量很少、价值很大的商品分为一类，称为 A 类商品，实行重点管理；把那些品种数量很多、价值很小的商品，分为一类，称为 C 类商品，实行一般管理。其余介于两者之间的商品，称为 B 类商品，根据情况可实行重点管理，也可实行一般管理。

5.1.3.3 运输与配送

运输是用设备和工具，将物品从一个地点向另一地点运送的物流活动，其中包括集货、分配、搬运、中转、装入、卸下、分散等一系列操作。按照运输设备和工具的不同可以将运输分为铁路运输、公路运输、航空运输、水路运输、管道运输五大类。商业部门的商品运输工作，要遵循“及时、安全、经济”的原则，做到加速商品流通，降低商品流通费用，提高货运质量，多快好省地完成商品运输任务。

我国于 2006 年发布实施的《物流术语》国家标准对配送的表述为：在经济合理区域范围内，根据客户要求，对物品进行拣选、加工、包装、分割、组配等作业，并按时送达指定地点的物流活动。与运输不同的是，配送主要由物流据点（配送中心、仓库、商店等）完成，产品批量相对较小，属于支线运输或末端运输，属于服务性供应。

配送有两方面的含义：一是配货，即把用户所需要的多种不同的商品组合在一起；二是送货，即把用户需要的商品送到用户手中。至于这两者中以哪个为主，则视不同情况而定。一般在经济发达地区，“配”的比重可能大些，而在经济落后、运输不方便地区，“送”的比例则大些。

5.1.3.4 供应链协调

供应链是围绕核心企业，通过对信息流、物流、资金流的控制，从采购原材料开始，制成中间产品以及最终产品，最后由销售网络把产品送到消费者手中的，将供应商、制造商、分销商、零售商、最终用户连成一个整体的功能网链结构。它不仅是一条连接供应商到用户的物料链、信息链、资金链，而且是一条增值链。物料在供应链上因加工、包装、运输等过程增加价值，给相关企业带来收益。

在供应链中，经济主体之间合作化的伙伴关系替代了传统的竞争性关系；各方的决策偏好和行动目标不再完全集中在价格等短期目标上，而是集中在行动协调一致、提高整体效率和产品质量、维系灵活性和整体竞争力等方面，将更好地响应和服务于消费者需求作为行动指南，致力于共赢的真正实现。市场竞争不单单是企业之间的竞争，而是逐步拓展为供应链之间的竞争。于是供应链协调就显得至关重要。

协调供应链的目的在于避免分布式供应链中各节点企业各自为政，效率低下，减少冲突竞争、内耗，使信息能无缝、顺畅地在供应链中传递，减少因信息失真导致的过量生产、过量库存现象，使整个供应链能与顾客需求相一致。供应链协调以合作竞争为指导思想，采用各种协调理论分析工具和技术实现手段，基于供应链成员之间物流、资金流和信息流等要素，设计适当的协调激励机制和渠道，通过协商、谈判、约定、协议、沟通、交互等方式和管理手段加强供应链企业之间的沟通与合作，并控制系统中的参数，使之从无序变为有序，合理分配利润，共同分担风险，提高信息共享程度，减少库存，降低总成本。供应链协调是供应链合作关系的关键，供应链协调机制就是为提高供应链系统整体效率而设计的各种解决方法。

5.1.3.5 物流信息化与物联网

（1）物流信息化。物流信息化是指物流企业运用现代信息技术对物流过程中产生的全部或部分信息进行采集、分类、传递、汇总、识别、跟踪、查询等，以实现对货物流动过程的控制，从而降低成本、提高效益的管理活动。

物流信息化是现代物流的灵魂，是现代物流发展的必然要求和基石。

信息技术是管理和处理信息所采用的各种技术的总称，主要应用计算机科学和通信技术来设计、开发、安装和实施信息系统及应用软件，也常被称为信息和通信技术，主要包括传感技术、计算机技术和通信技术。

根据信息化系统的应用范围与广度，目前的物流行业 IT 应用系统大致划分为以下几个层次：第一层次是单点应用（针对具有个别功能的各种软件工具和单点系统的建设）；第二层次是流程优化（针对物流企业的个别业务流程或管理职能，实施部门级的信息系统建设）；第三层次是综合管理（针对整个企业的综合管理，实施企业级的信息系统建设）；第四层次是公共平台（物流公共信息交换平台、全球定位系统、地理信息系统、EDI 网络服务中心等）。

（2）物联网。物联网（The Internet of Things，IoT）指通过射频识别（Radio Frequency Identification，RFID）、红外感应器、全球定位系统（Global Positioning System，GPS）、激光扫描器等信息传感设备，按约定的协议，把任何物品与互联网连接起来，进行信息交换和通信，以实现智能化识别、定位、跟踪、监控和管理的一种网络。物联网就是“物物相连的互联网”。这里包含两层含义：第一，物联网的核心和基础仍然是互联网，是在互联网基础上延伸、扩展的网络；第二，用户端延伸和扩展到了任何物品与物品之间进行信息交换和通信。

通过物联网可以实现三大 M2M 业务，包括物对人（Machine to Man）、人对物（Man to Machine）以及物对物（Machine to Machine）的互联互通，具有全面感知、可靠传送、智能处理的特征。物联网的精髓不仅仅是实现了对物的连接和操控，还通过信息技术赋予网络新的含义，实现人和物之间的互动、交流和沟通。可以说物联网并不是互联网的翻版，而是互联网发展的更高阶段。

目前，国际上存在的三大类物联网应用（基于 RFID 的物联网应用架构、基于传感网络的物联网应用架构和基于 M2M 的物联网应用架构）之间存在着很大的不同。国内物联网相关产业链主要由设备商（芯片、通信模块、外部硬件、应用设备等）、软件商（应用软件、平台软件、嵌入式终端软件）、系统集成商、电信运营商和物联网服务商等构成。

物联网已经成为全世界关注的焦点，物流信息化可以借助物联网，在新一轮的技术革新中，积极构建统一信息平台，形成物畅其流、快捷准时、经济合理、用户满意的产业物流服务体系，促使物流业走向高端服务业。

5.1.3.6 物流系统规划

物流系统规划是通过分析各类物流系统的现状水平和发展条件，以及调查、预测物流需求的发展变化规律来确定物流系统的目标，按照物流系统规划的基本原理，制定物流发展规划、布局规划、项目规划等方案，并进行评价，为设计、建设、运营、管理提供决策依据。物流系统规划的好坏直接影响整个物流过程的一体化、信息化、敏捷化、规模化与精益化的实现。从系统的角度来讲，物流系统规划应遵循开放性、物流要素集成化、网络化和可调整性等原则。

（1）物流系统规划需要解决的问题。第一，客户服务目标设计。当客户服务水平要求高时，可以保有较多的库存，利用较昂贵的运输方式，特别是当服务水平接近于企业能力的上限时，物流成本的上升比服务水平上升得更快。因此，物流系统规划的首要任务是确定客户服务水平。第二，设施选址战略。好的设施选址应考虑所有物品的流动过程及其相关成本。在保证客户服务水平的前提下，寻求利润最高、成本最低的配送方案是选址战略的核心所在。设施选址的工作内容主要包括：确定设施的数量、地理位置、规模，并规划各设施所服务的市场范围等。第三，库存规划与管理。库存规划的主要内容有仓库内部的布局设计、安全库存水平的设定、订货批量的确定以及供应商的选择等。库存管理分为将存货分配到需求点的推动式库存管理和通过补货自发拉动库存的拉动式库存管理。第四，运输网络规划与设计。物流系统上的各个节点主要是通过运输连接起来的，运输规划设计主要包括运输方式、运输批量的选择，运输时间和运输路线的确定等。

（2）物流系统规划步骤。物流系统规划是物流系统从规划设计到实施评价的详细设计过程，特别适用于宏观物流系统的规划过程。物流系统的规划大体上按以下六个阶段进行：调查分析、需求预测、规划设计、方案评估、方案实施、实效评估等。

5.2 复杂网络在京津冀物流系统中的应用

中国，这个拥有 960 万平方千米的大国，拥有 23 个省、4 个直辖市、2 个特别行政区、5 个自治区。由于城市分布分散，不同的地理环境因素使得每个城市在经济、文化、教育、科技、信息等方面都拥有自己的特点。这种复杂性使得各省市在城市管理上一直处于依据自身特点发展的状态中。这样的城市建设方式限制了城市之间的交流沟通，过于封闭与自给自足，对城市的长远发展来说，弊大于利。

非均衡发展理论认为，同一个区域内的经济增长并不是同步的，发展初期，政策出发点周围地区的经济增长将非常快，出现明显的增长极，区域差异逐渐扩大；当经济发展到一定阶段后，增长极附近的经济效应会快速向周边地区扩散，带动周边地区经济增长，区域内经济发展差异逐渐较小。经济增长带来的区域发展不平衡是一个不可避免的现象，要正确对待。

区域经济一体化，即在一个国家、一片区域范围内，空间位置相似、地理环境相近的省份和城市，为了提高某一因素的共同发展，在经济上进行联合和调节，打破行政区域之间的约束，进而形成一片的经济贸易区域。在统一的政府决策和经济贸易制度下，各个城市之间错位发展，实现功能互补、互利共赢的共同目标。研究区域物流一体化，就是希望将区域内不同地区之间的物流资源整合起来，充分发挥各地在物流方面的比较优势，开展合理的分工合作，形成优势互补，将分散的物流行为有机结合起来，最终形成高效的区域物流一体化体系。

京津冀区域辽阔，经济发展不平衡由来已久。北京是中国的首都和经济、文化、政治中心。2017 年北京市统计局发布北京市常住人口已高达 2 170.7 万人，而由社保部门数据估算得出的北京常住人口更是高达近 3 000 万。庞大的人口规模导致北京“大城市病”突出，承载力逼近极限。在北京周边，河北省的土地面积是北京市的十倍，但人口数量却只是北京的两倍多，河北省、天津市的城市资源还有待开发，津冀面临着产业转型升级的瓶颈，而协同发展、协调迈进，则是化解的不二良方。

京津冀地区作为中国的“首都圈”，包括北京市、天津市以及河北省的保定、唐山、廊坊、石家庄、秦皇岛、张家口、承德、沧州、邯郸、邢台和衡水 11 个地级市。推动京津冀协同发展是一个重大国家战略，2015 年 4 月 30 日中共中央政治局审议通过了《京津冀协同发展规划纲要》，其核心是有序疏解北京非首都功能，要在京津冀交通一体化、生态环境保护、产业升级转移等重点领域率先取得突破。

在京津冀一体化进程中，物流先行已经成为各方共识，业内普遍认为，如果没有流通产业的一体化，所有都是空的，包括工业、农业，还有服务业，也就是说流通一体化是京津冀良性发展的先导和基础，在京津冀一体化没有形成统一的流通市场时，其他一体化也会失败。区域物流一体化正是随着物流业的不断完善发展而提出的，随着社会发展，不同地区物流业发展水平出现差异，为了获得更大的整体效益，区域物流一体化应运而生，区域物流一体化是现代物流业发展到一定阶段后的必然趋势。

习近平总书记指出，要把交通一体化作为京津冀协同发展的先行领域，加快构建快速、便捷、高效、安全、大容量、低成本的互联互通综合交通网络。交通物流一体化建设对于京津冀协同发展的重要性可见一斑。物流一体化需要“先行”，是京津冀协同发展的突破口。

现实世界的复杂系统经常通过模型来抽象和简化，复杂网络模型就是其中一种，它使研究者可以更好地理解系统中事物间的关系。复杂系统是由部分（或组件，或子系统）构成的，这些部分以及它们之间的相互关系决定了整个系统的功能和性质。复杂网络中的节点可以代表人、计算机、城市、电子元件等任何事物，边则表示节点之间的关系，例如，两个人相互认识，利用两台计算机可以通信，两个电子器件相互连接等。随着复杂网络理论的发展，复杂网络结构和鲁棒性分析被广泛应用于现实世界各个网络系统中，如电力网、交通网、生物分子网等。

物流作为一个有着关联效应的复合型产业，除了涉及交通、运输、仓储、通信等产业，还涉及农业、工业、商贸业、服务业，甚至银行、保险、税收等各个方面，其发展不仅会带动这些相关产业领域生产要素的自由流动，还可以深层次地推动区域经济增长方式的改变以及新的产业形态的形成。

近年来，随着国家宏观政策调整、物流业产业地位的确立、区域投资与市场环境日益改善，区域物流一体化已成为京津冀物流界广泛关注的焦点。

5.2.1 物流复杂网络研究概述

随着物流业的进一步发展，现代物流种类越来越多。物流的各个领域和空间都被城市物流业覆盖在内，影响城市快速发展的各个行业。各个城市、各个产业的发展程度和各个行业的侧重点都有所不同，每个城市之间的供给和需求、物流的规模和产业的布局都有很大的区别，城市物流系统提供的服务类型和城市物流产业的结构也发生了变化，城市物流系统的设施设备、运作过程、功能实现也各有不同。物流网络的运作是以软硬件环境作为基础的，软环境主要指维持物流运作的看不见的资源，硬件环境则指的是基础设施、网络化程度等看不见的资源。不同城市的经济发展水平、管理者决策思维也有所不同，这使得各个城市的物流网络的运作具备其独特的运作环境。京津冀物流复杂网络协同管理的复杂性，对现行物流管理的研究方法提出了挑战，既要超越对复杂性的哲学思辨式的议论，进行实证性研究，又要求把物流管理科学地定位于复杂性科学的不同层次，从而运用适宜的研究方法。

众所周知，绝大多数复杂网络功能的实现和作用的发挥，都是靠网络中的个体和个体之间的相互作用。譬如通过主机、路由器等传送信息，高压输电网络中通过变电站来传输电力，电子电路系统中通过电子元件实现信号放大与传送。因此，优化网络的传输效率成为网络动力学研究的一项重要内容。另外，在一些特殊情况下，也会出现信息拥堵、电力网络大面积停电、电子电路系统崩溃等。某些事件的发生导致网络结构和宏观动力学特性发生急剧改变，直至出现全网崩溃。在工程实际中，2003 年 8 月 14 日发生的北美大停电就是一个典型的例子。事故的原因，据报道是一家发电厂突然出现了故障，电闸自动跳了下来。其他电厂马上自动增加发电量进行支援，这些电厂本来就处于饱和状态，由于一下子超负荷运转，电厂全部发生跳闸进行自我保护。结果在短短 9 秒钟之内，事故以每秒钟一百多千米的速度，先扩散到加拿大，又从那里扩散到纽约。最终，美国 7 州和加拿大 1 省出现了灾难性大停电，停电范围超过 2.4 万平方千米，5 000 万人口受到影响，经济损失约 300 亿美元。这次事故以及后来的多次大停电，引发了人们对电网络结构性质的深入研究。

物流网络是一个由各个层次的节点相互作用形成的系统结构，各个层次内部的紧密关系是物流网络持续发展的关键。同样，物流网络也是复杂网络，运用复杂网络的相关知识来研究城市物流网络，不仅可以分析出整个物流网络中各个节点的关键程度，以此反映城市网络中各个节点相互作用所产生的变化对物流网络的影响，而且还可以找到物流网络中的关键节点，以此有计划地改善整个物流网络，从而达到最大程度的优化。

目前，国外学者对于城市物流网络构建研究的侧重点在于中心城市的选址、路径优化以及辐射方面。国内学者对于城市物流网络构建的研究主要基于主分量分析法、轴辐式理论等。

当网络中的部分节点被移除后，网络仍然包含一个巨大的由大量节点组成的连通集团，这样的网络具有很好的鲁棒性，或者说这样的网络有很好的容错（健壮）性。如果有意识地去除网络中极少量度最大的节点，人为的攻击就会对整个网络的连通性产生极大的影响，甚至造成网络的瘫痪，这被称为网络的脆弱性。研究复杂网络动力学稳定性，可以使人们对自然和社会中各种复杂网络的整体性质、复杂动态行为有更加清晰和深入的理解与认识，了解自然与社会、认识自然与社会是科学研究的最主要的目的。已有许多学者将复杂网络理论应用在物流管理领域，以提高网络效率和稳定性。从网络的观点看，举例来说，复杂的通信网络呈现高度的鲁棒性，常规的局部失效及关键部件的故障很少会导致网络的整体信息承载、传送能力的丧失。各种网络的稳定性常被人们归因于网络的冗余连接。但是除了冗余之外，网络的拓扑结构是否对其稳定性与鲁棒性有一定作用呢？

鲁棒性与网络拓扑结构之间有着很紧密的联系。在随机网络中，若有较大部分的节点被去除，网络必然溃散成彼此没有联系的小型孤岛。但针对无标度网络的模拟结果则展现了全然不同的情况：即使从互联网路由器中随机选择的失效节点比例高达80%，剩余的路由器还是能组成一个完整的集群以及任意两个节点间还存在通路。要打击细胞内的蛋白质交互网络也同样困难，即使在细胞内随机制造较高比例的突变，那些没有被改变的蛋白质还是会正常地继续合作。无标度网络对意外故障具有的这种惊人的稳健性，本质源于这些网络的非同质拓扑结构。由于绝大部分的节点是非集散节点，因而，按大体上是等概率的随机去除方式，所破坏的主要是非集散节点。与几乎连接所有节点的集散节点相比，那些非集散节点只拥有少量的连接，因而去除它们不会对网络拓扑结构产生重大的影响。但是，当遭遇针对集散节点的蓄意攻击时，网络可能不堪一击。通过一系列的模拟，发现只要去除少数几个主要集散节点，就可导致互联网溃散成孤立无援的小群路由器。类似地，对酵母的实验也显示，去除那些高连接性的蛋白质，比去除其他节点更容易导致酵母菌死亡。这些高连接性的蛋白质（集散节点）具有决定性的作用，一旦发生使它们无法运作的突变，极有可能会导致整个细胞死亡。这是无标度网络因存在集散节点而带来的脆弱性的一面。ER随机图和BA网络之间存在极其显著的区别，无标度网络对随机故障具有极高的鲁棒性，对蓄意攻击具有高度的脆弱性等，主要是由于复杂网络的非均匀性造成的。也就是说，少数节点有大量的连接边，而大量的节点却只有少量的连边。这表明了无标度网络所表现出的是一种非平衡、非线性的动态演化的特征。

5.2.2 京津冀物流网络断裂点分析

通过构建城市物流综合竞争力评价体系，用SPSS17.0软件对数据进行主成分分析以测算城市的物流综合竞争力。从城市物流综合竞争力得分排名中，选出排名前四的城市，对选取出的城市做断裂点分析。根据选出的断裂点计算每个城市的辐射半径，从而确定选出城市的辐射半径。

从火车票网（search.huochepiao.com）得到北京、天津、石家庄、唐山到其余各城市之间的里程（单位为千米），同时已知各城市的总人口，带入断裂点理论模型进行分析。

作为京津冀地区物流竞争力排名第一的城市，北京的物流影响力不容小觑。从表5.1可以看出，起点到断裂点的距离占两城市距离的比重基本在0.5以上，这说明北京在物流规模上远远超过其他城市。在断裂点的场强值上，北京在廊坊之间断裂点处的场强达到1.07，是最大值；北京在衡水之间断裂点处的场强只有0.02，是最小值，原因是北京与衡水的距离太远，并且衡水的人口、交通、基本设施等各个方面都比较差，北京对衡水的辐射力很弱。

表5.1 北京与京津冀地区各个城市的断裂点及断裂点处的场强

城市	两城市的距离（千米）	起点城市人口（万人）	终点城市人口（万人）	起点到断裂点距离（千米）	起点到断裂点的距离占两城市距离的比重	起点城市在断裂点的场强
天津	137.00	2 069.00	1 413.00	75.01	0.55	0.37
石家庄	283.00	2 069.00	1 005.30	166.76	0.59	0.07
唐山	200.00	2 069.00	741.80	125.10	0.63	0.13
承德	256.00	2 069.00	376.90	179.42	0.70	0.06
张家口	206.00	2 069.00	468.40	139.58	0.68	0.11
秦皇岛	293.00	2 069.00	291.20	213.07	0.73	0.05
廊坊	64.00	2 069.00	433.20	43.91	0.69	1.07
保定	152.00	2 069.00	1 172.10	86.73	0.57	0.28
沧州	264.00	2 069.00	744.40	165.02	0.63	0.08
衡水	439.00	2 069.00	442.40	300.19	0.68	0.02

续表

城市	两城市的距离（千米）	起点城市人口（万人）	终点城市人口（万人）	起点到断裂点距离（千米）	起点到断裂点的距离占两城市距离的比重	起点城市在断裂点的场强
邢台	387.00	2 069.00	747.70	241.70	0.62	0.04
邯郸	439.00	2 069.00	993.10	259.33	0.59	0.03

天津作为京津冀地区物流竞争力排名第二的城市，公路、铁路、航运设施都比较完善。从表5.2可以看出，起点到断裂点的距离占两城市距离的比重在0.45~0.70，起伏不大，说明天津对京津冀地区各个城市的物流影响力不会特别地悬殊。在断裂点的场强值上，天津在廊坊之间断裂点处的场强为0.98，是最大值；天津在邢台、邯郸之间断裂点处的场强只有0.01，是最小值。

表5.2 天津与京津冀地区各个城市的断裂点及断裂点处的场强

城市	两城市的距离（千米）	起点城市人口（万人）	终点城市人口（万人）	起点到断裂点距离（千米）	起点到断裂点的距离占两城市距离的比重	起点城市在断裂点的场强
北京	137.00	1 413.00	2 069.00	61.99	0.45	0.37
石家庄	387.00	1 413.00	1 005.30	209.93	0.54	0.03
唐山	123.00	1 413.00	741.80	71.32	0.58	0.28
承德	383.00	1 413.00	376.90	252.56	0.66	0.02
张家口	299.00	1 413.00	468.40	189.75	0.63	0.04
秦皇岛	278.00	1 413.00	291.20	191.20	0.69	0.04
廊坊	59.00	1 413.00	433.20	37.97	0.64	0.98
保定	273.00	1 413.00	1 172.10	142.87	0.52	0.07
沧州	126.00	1 413.00	744.40	73.01	0.58	0.27
衡水	269.00	1 413.00	442.40	172.49	0.64	0.05
邢台	532.00	1 413.00	747.70	307.97	0.58	0.01
邯郸	584.00	1 413.00	993.10	317.68	0.54	0.01

石家庄是河北省的省会城市，是京津冀地区经济中心之一。从表5.3来看，起点到断裂点的距离占两城市距离比重在0.4~0.7，标准差为0.07，波

动不大。但是石家庄在断裂点处的场强较小，石家庄在邢台之间的断裂点处的场强最大，为0.27，在唐山、承德、张家口、秦皇岛之间的断裂点处的场强很小，这不仅是因为石家庄与这四个城市之间的距离太远，还因为石家庄本身的物流影响力有待进一步提升。

表5.3　石家庄与京津冀地区各个城市的断裂点及断裂点处的场强

城市	两城市的距离（千米）	起点城市人口（万人）	终点城市人口（万人）	起点到断裂点距离（千米）	起点到断裂点的距离占两城市距离的比重	起点城市在断裂点的场强
北京	283.00	1 005.30	2 069.00	116.24	0.41	0.07
天津	387.00	1 005.30	1 413.00	177.07	0.46	0.03
唐山	510.00	1 005.30	741.80	274.34	0.54	0.01
承德	539.00	1 005.30	376.90	334.30	0.62	0.01
张家口	477.00	1 005.30	468.40	283.49	0.59	0.01
秦皇岛	570.00	1 005.30	291.20	370.56	0.65	0.01
廊坊	334.00	1 005.30	433.20	201.64	0.60	0.02
保定	131.00	1 005.30	1 172.10	62.99	0.48	0.25
沧州	293.00	1 005.30	744.40	157.48	0.54	0.04
衡水	118.00	1 005.30	442.40	70.94	0.60	0.20
邢台	113.00	1 005.30	747.70	60.67	0.54	0.27
邯郸	165.00	1 005.30	993.10	82.75	0.50	0.15

从表5.4可以看出，起点到断裂点的距离占两城市距离比重在0.3~0.7，差距较大，说明唐山对京津冀地区各个城市的物流影响力差距较大，并且唐山在断裂点的场强数值都比较小，说明唐山对其他城市的物流辐射力较小。

表5.4　唐山与京津冀地区各个城市的断裂点及断裂点处的场强

城市	两城市的距离（千米）	起点城市人口（万人）	终点城市人口（万人）	起点到断裂点距离（千米）	起点到断裂点的距离占两城市距离的比重	起点城市在断裂点的场强
北京	200.00	741.80	2 069.00	74.90	0.37	0.13
天津	123.00	741.80	1 413.00	51.68	0.42	0.28
石家庄	510.00	741.80	1 005.30	235.66	0.46	0.01

续表

城市	两城市的距离（千米）	起点城市人口（万人）	终点城市人口（万人）	起点到断裂点距离（千米）	起点到断裂点的距离占两城市距离的比重	起点城市在断裂点的场强
承德	397.00	741.80	376.90	231.78	0.58	0.02
张家口	347.00	741.80	468.40	193.35	0.56	0.03
秦皇岛	154.00	741.80	291.20	94.68	0.61	0.11
廊坊	186.00	741.80	433.20	105.43	0.57	0.09
保定	300.00	741.80	1 172.10	132.92	0.44	0.06
沧州	249.00	741.80	744.40	124.39	0.50	0.06
衡水	392.00	741.80	442.40	221.19	0.56	0.02
邢台	623.00	741.80	747.70	310.88	0.50	0.01
邯郸	675.00	741.80	993.10	312.93	0.46	0.01

综上分析，可以取出每个城市中的断裂点，并将其连线，如图 5.1 所示，可以看出北京、天津、石家庄、唐山这四个城市对周围城市的物流影响力。

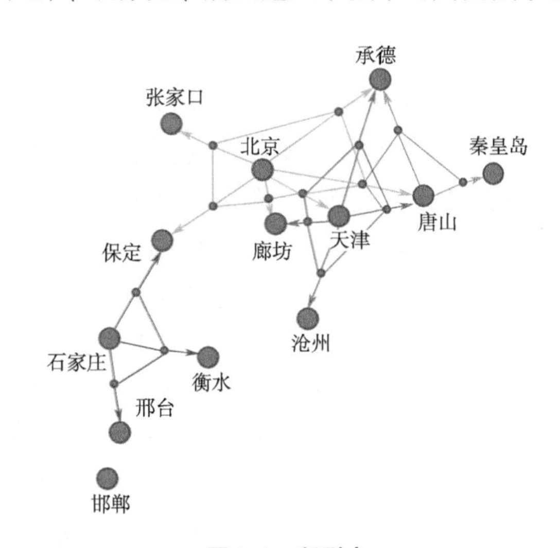

图 5.1 断裂点

以北京为中心，其周围城市为张家口、保定、廊坊、天津、唐山、承德，取这些城市断裂点场强数据，利用辐射半径公式，得到北京的辐射半径约为 70 千米。同理可得天津的辐射半径约为 55 千米，石家庄的辐射半径约为

64 千米，唐山的辐射半径约为 69 千米，如图 5.2 所示。

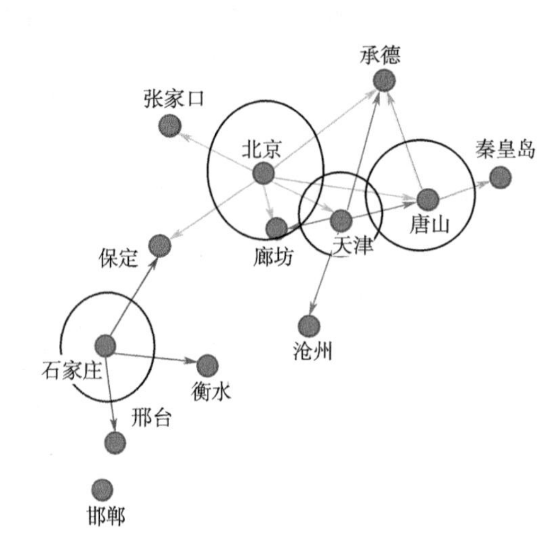

图 5.2　辐射半径

京津冀地区包括十三个城市：北京、天津、石家庄、唐山、保定、廊坊、秦皇岛、承德、张家口、沧州、衡水、邢台、邯郸，这十三个城市在物流业发展进程中，由城市经济发展总体水平、区域物流行业需求状况、区域物流流通能力以及区域物流环境现状这些指标所反映的综合物流竞争力差距悬殊。

（1）关于物流竞争力排名靠前的城市物流业发展的现状。物流竞争力排名中，北京与天津分别居第一、第二，但是二者相差甚多，天津拥有铁路、公路、港口的资源优势，这表明天津有一定的物流基础设施水平和物流环境，但其物流竞争力却不强。河北省作为京津冀地区的一大省，拥有资源、人才、发展空间，而石家庄不仅是河北的省会，还是河北省的经济文化中心，在物流方面却不具有很大的竞争力；唐山借助紧邻北京、天津的优势，物流行业基础设施完善，物流竞争力虽然较弱，但是与石家庄的物流竞争力相差不大。

（2）关于物流竞争力较弱的河北省各城市的物流业发展现状。北京在京津冀地区中物流竞争力最强，张家口、承德毗邻北京，但这两个城市的物流竞争力却非常小，说明北京的物流辐射力没有充分地达到这两个城市。同理，衡水、邯郸、邢台、沧州也没有受到石家庄的物流辐射影响，天津、唐山、秦皇岛是我国重要的港口城市，但是秦皇岛并没有偕同唐山、天津完全发挥出港口城市所具备的物流竞争力。

5.2.3　京津冀物流网络级联失效研究

风险是损失发生的不确定性，也即人们对未来行为的决策及客观条件的不确定性而可能引起的后果与预定目标发生多种负偏离的综合。此节从复杂网络的拓扑统计特性和动力学机制出发，从故障与蓄意攻击两个方面研究了物流网络的稳定性，从而研究物流网络的风险管理。考虑两种情况，一种情况是随机干扰。随机干扰可能会导致物流网络的个别通路的故障，采用随机移除节点来模拟物流网络中受到随机干扰时产生的故障。另一种情况是针对性（preferential）攻击。为模拟针对性攻击，采取每一步移除都选择连接边数最多的物流节点，即移除度值最高的节点，对网络的完整性造成最大的破坏。

通过仿真模拟物流网络的情况，分别从物流网络的最大连通集团开始，每一步移除一个节点，同时移除节点所连接的边。随机移走一个顶点会对网络的性能产生什么样的影响？这个问题对于研究有限规则网络的数学家是有意义的，但对于拥有几十几百个节点、连接方式复杂的真实网络而言，或许“随机移走3%的顶点会对网络性能产生什么样的影响”这个问题更有意义。

所以考察随着移除节点数目占总节点数目比例的增加，网络中最大连通集团的相对规模，即网络中最大连通集团规模占原规模比例的变化；以及随着移除节点数目占总节点数目比例的增加，初始网络被分成的集团数目的变化。图5.3中浅色圈表示随机（random）移除节点的情况，黑色方块表示选择度值最高的节点（preferential）移除的情况。

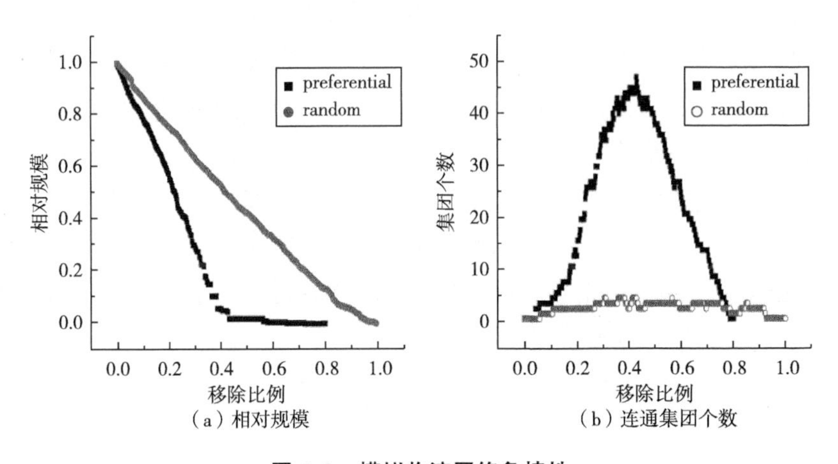

图5.3　模拟物流网络鲁棒性

从图 5.3 可以看出，模拟物流网络的鲁棒性具有以下特点：①对于随机的干扰，网络比较稳定。网络中最大连通集团的相对规模减小得较慢，随着移除节点比例的增加呈现线性减小的规律；网络被分成的集团数目变化缓慢，最多分成的集团数目为 15 个左右。②对于有选择性的移除，网络显得很脆弱。随着移除节点占比的增加，网络中最大连通集团的相对规模迅速降低，当移除 40%~50%的节点时，网络规模只占原来网络的极小部分；移除 80%左右的节点时，网络全部由孤立节点构成，不存在连通的集团。网络中的集团数目也随着移除节点占比的增加而线性增加，网络能被分成的最大集团数目为几十甚至上百。这说明模拟物流网络面对随机的节点故障，显示出高度拓扑稳健性；这种容错力的根源来自它们的无标度的拓扑结构：低连接度的节点数要比高连接度节点多得多，因此随机节点选择的方式更多地影响了那些只在整个网络拓扑结构中起到边际作用的节点，而对网络的整体性质影响不大。而面对核心节点的故障或攻击时，模拟物流网络变得很脆弱，由于网络中存在个别的核心节点与大量的其他节点具有联系，当蓄意攻击这些核心节点或者这部分核心节点失效时会对整个系统造成较大损失，移除那些高连接度的节点对网络的影响非常大。

这里讨论物流网络的风险管理时，其所面临的风险及干扰方式都是静态的，即节点的移除对其他节点的影响仅仅存在于拓扑层面，只是使其他节点与此节点的连接断开，并未考虑移除节点在功能上对其他节点的影响、网络鲁棒性的动态变化。如物流网络中，个别通路的失效导致此通路上的流量重新分配，从而加重其他通路的载荷负担，间接导致通路失效或故障的传递，以及由此引起的级联失效，未在讨论之列。讨论物流网络的抗风险能力（稳健性）时，有学者认为是网络结构中存在的冗余导致的网络稳定性，即网络中存在着很多备选路径，当一部分节点被移除之后，备选路径仍能保持节点之间的连通。这里并没有给出网络鲁棒性的定量解释，而对网络鲁棒性或者抗风险能力的定量刻画，找到在网络中可以定量地衡量网络的冗余程度的统计参量或变量，从而找到网络中影响鲁棒性的因素，定量地度量网络鲁棒性优劣，必定是网络鲁棒性研究发展的趋势。

5.3　小结

随着现代科技、管理和信息技术在物流中的广泛应用，物流行业已经成为适应市场经济发展的覆盖面最广泛的产业。要使物流充分发挥其职能，使其不断完善和优化，就必须使物流合理化，而物流合理化的关键就在于物流的系统化。系统科学在物流领域的应用涵盖了多个方面，包括但不限于物流管理和优化、信息系统和技术、供应链协调与管理、运输与配送管理、仓储与库存管理以及物流咨询与项目管理等。

通过对京津冀物流网络的实证研究，分析物流网络的结构复杂性。然后应用复杂网络理论研究物流网络的物理拓扑特性。通过复杂网络中的级联失效研究，对京津冀物流网络的稳健性和安全性进行了演化模拟分析。在物流网络模型的基础上，模拟对网络中节点和连边的风险攻击，设定了物流网络的鲁棒性结构性能和鲁棒性效率性能评价指标，建立了基于节点的随机攻击和蓄意攻击算法模型，模拟了物流网络遭受风险攻击时的鲁棒性性能变化。在考虑物流网络结构复杂性的基础上，可以为物流网络规划的合理性提供理论依据。

6

系统科学视角下的供应链管理研究

由于科技的进步及市场的迅猛发展，市场需求日益多变且复杂，使得产品的竞争不再仅限于企业之间，而是存在于整个供应链之中。在竞争、合作、动态的市场环境中，企业同时可以属于不同的供应链，企业之间的竞争实际上已经转化为不同供应链之间的竞争。在这样的竞争态势下，企业的运作环境变得更加复杂，这就需要企业从新的视点来重新审视自己的运作模式，在更大的思维空间和时域空间进行资源的优化配置和生产战略决策。供应链必须具备对市场变化快速响应的能力，能够实现整个供应链的优化运行。供应链管理是随着全球制造的兴起以及适应客户需求的快速变化而产生的一种新型的管理模式，它已成为世界各国近几年的研究热点。

随着全球化程度加深，供应链网络涉及的企业越来越多，结构越来越复杂。事实上，目前供应链已经不再是单纯的前后串联关系，而是趋向于更深、更广、更复杂层面的供应链网络。一旦其中某一个环节发生问题，对整条供应链所造成的影响和冲击是相当巨大的。突发事件可能会造成一些基础设施的不可用、原材料供应的中断和巨大的需求波动。1999 年，台湾“9・21”大地震冲击全球电脑业，使得以台湾作为主要供货基地的欧美计算机厂商蒙受严重损失，影响了全球的电子信息产品供应网络；2001 年，“9・11”事件导致福特关闭美国的五个工厂。2000 年 3 月，飞利浦公司位于新墨西哥州的一家半导体生产厂发生火灾，使诺基亚和爱立信立即丧失了供应链中的一个关键环节，诺基亚采取了积极的应对策略，而爱立信选择了等待供货策略，当年，诺基亚公司的全球移动电话市场份额从 27%提高到了 30%，是其最大的竞争对手的 2 倍多，而爱立信公司的损失高达 17 亿美元，并最终将其手机制造业务外包给另一家公司。

在经济全球化、信息化及大量不确定性问题背景下，供应链作为一个网络系统，大多不能抵御不确定性甚至不能抵御风险，至今尚未考虑这一系统能否像因特网一样具有一定的鲁棒性，这是一个重要的实际问题。因此，深入研究供应链管理问题，从网络的角度以系统的眼光审视供应链的结构，从系统科学的角度对供应链进行建模，加强供应链网络的脆性及鲁棒性研究，分析不同干扰情况下供应链网络的脆性及鲁棒性表现形式和特点，对于提高供应链的运作绩效和鲁棒性都具有十分重要的意义。

6.1 供应链网络复杂性研究

供应链（Lee and Billing，1993）是由供应商、制造商、分销商（或配送中心）、零售商及用户等实体组成的供应网络，是跨越企业中多个职能部门活动的集合，它包括从订单的发送和获取、原材料的获得、产品的制造，到产品分配发放给销售商及最终用户的整个过程。

一般来讲，供应链呈现复杂的网状结构，具体包括链状、树状、双向树状和星状等结构（柴跃廷、刘义，2000），实际的供应网络经常呈现上述结构的复合形态。供应链管理不仅涉及上下游相关组织，甚至涉及供应商的供应商、客户的客户，它不只是简单的链条管理，而是管理一个盘根错节的供应网络。

Helbing（2006）认为供应链网络是个复杂适应系统，具有涌现、自组织、动态、非线性和演化等特征。

供应链作为一个系统，由大量的相互联系的企业构成，这些企业之间并不是完全同质的，包含供应商、制造商、分销商、零售商等子系统，分布在不同行业、区域或处于不同发展阶段，在网络中的作用和功能各不相同，构成供应链网络系统的各个子系统是非同质的；这些企业作为子系统又由众多的部分组成，每个子系统又可以被看成一个独立的系统进行研究，子系统内部的结构也很复杂，供应链网络系统具有明显的层次结构；供应链中的子系统之间存在复杂的信息流、物流和资金流的交互作用，存在竞争、协同的关系，各节点企业相互依赖，各工序环环相扣，子系统之间存在着紧密的相互作用；可以说供应链系统是一个具有层次结构的复杂巨系统。

供应链网络中不能依据叠加原理直接累计各个企业的行为得到整个系统的整体行为，整体不等于部分之和。供应链网络在整体上形成了在局部没有的性质特征，供应链网络的拓扑结构是企业之间相互竞争、相互协同合作的发展过程中的涌现。涌现性是供应链系统最重要的特性，是企业通过自组织行为与不断适应环境变化，由单个企业历经不同的复杂变化阶段，向优化、高级的秩序演化形成的，是企业通过竞争、协同发展，在更高的层次上集积了各部分的行为和价值取向。

由于市场的变化和不可预测性，供应链的重要特征之一就是供需过程不断重构的动态性。供应链系统是一个开放型系统，它与环境有着密切的联系，环境的动态变化迫使供应链系统进行动态调整以适应环境，外部环境的任何一种变化都会波及系统整体功能的实现。成员企业可以调整各自的行为，更好地适应整个供应链的要求，那些对外界变化反应缓慢的企业可能就要落后于其竞争对手。因此，供应链系统不是固定的、永久的，而是随着环境的演变不断地进行着动态的调整。

从另外一个角度来看，供应链系统还是一个非线性系统。在非线性系统中，输入的重大变化可能会引起输出的微小改变，而输入的微小变化却有可能导致输出的重大改变（Chaos，1995）。在供应链网络，任何一个环节上的细微变化都可能在另外的环节上带来变化。而这些变化和供应链网络本身的拓扑结构、宏观性质息息相关。在供应链网络中单个企业发生危机，有可能通过网络导致其他企业发生问题，通过网络之间的非线性相互作用，最终有可能导致整个网络的崩溃，形成“蝴蝶效应”。

Perona 和 Miragliotta（2004）对意大利 14 家处于不同发展阶段的家用电器企业的复杂性如何影响企业绩效以及它们的供应链进行了实证研究。问卷的问题集中在销售、进料物流和出货物流，产品和工艺工程以及生产和组织问题等方面。研究结果表明，这些企业运营系统的复杂性对其绩效具有深远的影响。

Bozarth 等（2009）特别关注了细节复杂性和动态复杂性，并将供应链复杂性分为三类：内部制造复杂性、下游复杂性和上游复杂性。利用 7 个国家 209 家制造企业的数据从制造企业层对供应链复杂性进行了实证分析，随后提出了一个概念模型，以研究供应链复杂性和企业绩效的关系。结果表明，更高水平的上游复杂性、下游复杂性、内部制造复杂性都将对企业的计划完成时间和生产成本产生负面影响。而且，动态复杂性的驱动力因素相对细节复杂性对制造企业绩效的影响更大。

6.2 供应链复杂网络建模研究

复杂网络是当前重要的交叉学科研究的热点之一。现实世界的复杂系统经常通过模型来抽象和简化，复杂网络模型就是其中一种，它使得人们可以更好地理解系统中事物间的关系。自然界很多系统都是由高度相互作用的动力学系统构成的，获得系统的全局特性的一个方法就是将这些系统用网络模型进行分析，将动力学的子系统作为节点，子系统之间的相互作用用边表示。网络模型是对系统的近似刻画，它与传统研究方法不同，网络模型忽略了子系统本身的结构，忽略了子系统本身进行的动力学过程；更多的是关心子系统间的相互作用，关心有无相互作用，而忽略相互作用随时间、空间的变化以及其他的细节。这种近似虽然简单，但是在很多情况下仍然能够给出系统的很多重要的性质。复杂网络是人们认识世界的崭新观点，研究者已经发现各种自然和人工网络存在重要的普遍特征，如小世界、无标度、鲁棒性等，展现在人们面前的是一个美丽、神秘而令人惊异的网络世界。

6.2.1 供应链网络结构研究

供应链建模与分析技术是供应链管理研究的重要内容，国内外学者对此问题进行了多方面探讨。从已有文献来看，目前对供应链的结构进行建模大体可以分为描述性建模和形式化建模两大类，描述性建模大多以图形方式表示供应链的构成和要素之间的关系，而形式化建模主要对供应链进行定量分析和设计。例如，邱若臻、黄小原（2007）等对闭环供应链的结构进行了分析，刘波、孙林岩（2007）研究了从供应链到需求网的结构变化，雷延军、李向阳（2006）从军事供应链的角度分析了“超网络”的供应链结构，Sha 和 Che（2006）等从合作伙伴选择和产品配送计划的角度探讨了供应链结构设计，Dong 等（2005）对不确定环境下存在多决策制定情况的三层供应链（制造商、供应商、分销商）网络模型进行了设计。对供应链复杂系统的定量分析方面的研究主要有两类以仿真为手段的分析方法：以数学模型为对象进行的数值仿真和利用多主体系统的仿真，如周庆、陈剑（2004）等学者的研究。

目前国际上主要是以 Helbing 为首的一批物理学家在采用复杂网络理论研究供应链网络。Helbing（2006）研究发现供应链管理中的牛鞭效应，也就是信息放大效应，和供应链网络拓扑结构性质有关。好的供应链结构可以减弱牛鞭效应，同时增加稳定性和抗攻击性。

White 等（2005）对美国生物制药行业的商业关系进行研究后发现，以美国生物制药行业的企业作为节点形成的商业关系网络中，网络中各个节点并不是同质的，在网络中存在着 Merck、pfizer、Myers 等核心，与其他生物制药企业相比它们拥有更多的商业合作伙伴，在网络中拥有大量的连边；在研究这一供应链演化过程中还发现，网络规模在不断增加，企业之间的合作关系即网络的连边增速更加迅速。其研究结果预示着供应链系统的网络结构并非一个均匀的网络，网络中存在的 hub 节点在整个供应链系统中起着关键作用；网络规模和网络中的连接也在非均匀增长。

Kuhnert 和 Helbing（2006）发现，城市的物资供应网络服从无标度分布，即都有少数的核心节点发挥重要的物资调度和配送作用。这是在供应链系统的实证中最早明确证实供应链网络结构中的无标度特性的。而无标度网络是复杂网络中重要的研究结果，也提示了复杂网络模型在供应链系统建模的无限前景。Laumanns 和 Lefeber（2006）把供应链网络看成一个物料在其中动态流动的过程，将每一个节点看成一个变换器，物流通过某个节点的时候发生变化，可以用一阶微分方程模拟，然后用鲁棒最优控制方法实现供应链的最优化目标。

李守伟、钱省三（2006）在对我国产业网络的复杂性研究中也提出我国的半导体产业的供应链网络同样具有无标度的特性。闫妍等（2010）对我国蒙牛乳业所在的供应网络进行了拓扑建模，利用复杂网络的方法，考虑级联效应来评价节点的重要度，识别出了重要节点，用最大连通子图规模衡量了级联效应的后果。上面两个结果通过实际数据的复杂网络构建，实证了供应链系统的无标度特性。

郭进利（2006）考察了网络节点连续时间增加的供应链网络特征，利用更新过程理论对这类网络进行了分析，获得了度分布的解析表达式。研究表明，供应链型有向网络具有双向幂律度分布，并且稳态平均入度和出度分布的幂律指数在区间（2，+ ∞）内。范旭（2006）等针对供应链网络的复杂性和其内外部环境的不确定性，根据复杂网络理论对供应链网络进行了诠释，利用分形理论构造了一个可能的供应链网络，阐述了供应链网络在具备一般复杂网络特点的同时也具有小世界、无标度网络的大多数特性。范旭还根据供应链系统的一些特征，仿真了供应链网络的生成演化过程，对结果进行复杂网络建模，分析了供应链系统的特性，提供了复杂网络在供应链管理上应用的很好范式。

以上这些研究展示了复杂网络在供应链管理方面的宽广应用前景。但是以 Helbing 为代表的研究偏重复杂网络理论，角度比较窄，对供应链本身的研究和思考较少，对供应链应急管理（disruption management）的涉及就更少了，不能广泛地揭示供应链的特质。立足供应链本身，结合复杂网络思想，从全新的角度进行供应链管理研究还有很多可以探讨和深入的余地。

6.2.2　供应链应急管理研究

应急管理的名称最先是由 Causen 等（2001）提出的，而供应链应急管理的研究思想则是来自对航空公司应急管理系统的研究。Tomlin（2006）研究了应对突发事件的各种战略，包括库存、二次采购等，但他考虑的仅仅是简单地接受突发事件的风险，而没有对此采取预防措施，研究显示应当随着突发事件状态的改变而改变最佳战略。Tomlin 和 Snyder（2006）研究当企业预期到了突发事件的发生时，战略应该如何做出变化。Lewis 等（2005）考虑了对提前期和成本设置上限将会产生的效应。Chopra 等（2007）计算了在进行库存决策时由成片的“瘫痪”和产量的不确定性（供应不确定性的另一种形式）造成的误差。Qi 等（2005）、Xu 等（2003）提出了在突发事件造成确定性需求波动的情况下，供应链如何利用数量折扣契约应对突发事件。Yu 等（2005）则研究了突发事件造成随机需求分布变化下的供应链如何应对突发事件，发现了回购契约下的供应链具有很强的鲁棒性。Yu 等（2006）还研究了以批发价为契约的供应链系统在突发事件下的最优应对问题，在突发事件造成零售商面临的随机需求发生变化的情况下，给出了对供应商而言的最优应对策略。

然而目前的供应链应急管理研究主要还是停留在微观层面，主要研究如何设计和管理供应链，使得在危机情况下能快速恢复到正常状态，减少损失。对于供应引起的问题，供应链应急研究中提出了多源供应和应急供应的解决办法；对于市场需求的变化，提出了分销网络设计办法。

随着内部不确定因素和外部不确定因素的逐渐增加，企业将变得越来越愿意实施某种鲁棒性能的供应链策略，以减轻应急风险。供应链的鲁棒性是系统在受到内部运作和外部突发事件等不确定性干扰下，仍然能保持供应链收益和持续运行功能的能力。

某些策略能具备以下两种特殊性质，则称其为鲁棒性能：一是效率性能，即无论扰动是否发生，该策略能使企业有效地管理运作风险；二是弹性性能，即无论扰动是否发生，该策略能使企业在大型扰动过程中维持其运作。

Thadakamalla 等（2004）运用复杂网对供应链网络的存活性进行了分析，Snyder 和 Daskin（2005）就供应链的鲁棒性和可靠性建立了数学模型，给出了相应的算法；徐家旺、黄小原（2007）建立了市场供求不确定条件下的供应链多目标鲁棒运作模型；黄小原、晏妮娜（2007）就供应链鲁棒性问题作了综述研究；朱冰心、胡一竑（2007）将复杂网络理论应用于供应链应急管理中，提出使用节点删除前后网络效率值的变化来识别关键节点。

由上面的分析可知，将供应链应急管理从传统经济管理理论重视微观层面的决策转向重视宏观层面网络整体特性的决策，在供应链管理中研究供应链整体层面问题（如系统鲁棒性等），对于全球化物流供应链、供应链风险运作及对国内企业安全等问题具有理论价值和应用意义。

6.3 供应链网络演化机制研究

很多研究表明复杂网络的结构在很大程度上决定了它的功能，并且对发生在其上的动力学过程的性质至关重要，复杂网络上博弈、合作、同步、搜索、随机游走、疾病传播等动力学行为，在很大程度上受到拓扑结构的影响，不同结构的网络，其上的动力学行为表现出明显、本质的差异。研究复杂网络的演化机制及模型、重现现实网络的主要拓扑性质具有很重要的意义。数学图论的理论模型已经远远不能满足实际需要，这些实证的发现推动了网络模型研究的复苏。这一阶段的研究目的就在于通过对复杂网络结构的认识和网络模型研究可以更好地了解网络演化的机制，得到更有效的动力学和功能的行为。

6.3.1 复杂网络演化模型概述

对复杂网络的研究主要集中在两个方面：一个是静态网络的结构与功能，其中网络结构是基础，是复杂网络研究的焦点。复杂系统的动力学过程（例如疾病传播、谣言或者新闻传播、人类移动等）受到底层网络结构的影响。另一个是网络自身的演化。大部分实际网络的网络结构随时间演化会有新的节点和新的连边出现，同时也有旧的节点和连边消失，这类网络通常被称为增长网络或者演化网络。

早期的网络模型集中于那些结构简单的网络，比如所有节点仅通过一个中心节点相连而成的星形网络、节点完全对等且规则平整的平面 Mesh 网络、所有节点之间建立连边的概率均等的 Erdos-Renyi 随机网络等。后来学者发现，节点选择其他节点产生连边并不是完全随机的，而是受到某种内在机制的驱动或影响的，受经济学家 Herbert Simo 工作的启发，Price 提出了累积优势（cumulative advantage）机制。到了 20 世纪末，"小世界网络"和"无标度网络"的提出，大大刺激了网络科学的发展。其中无标度网络提出偏好依附连接机制，新的连边更倾向于连接到具有较多连边的节点，例如基于局部邻居的聚类机制，相对于连向远方的节点，服从该机制的连边更有可能发生在近邻之间，或者说是有共同邻居的节点之间。对于演化模型的研究，关注如何建立演化机制能够复现实际系统存在的结构特征，例如，节点之间的连边建立也可能会存在一定的倾向性，表现为网络的同配性，其中一种特殊的情况是大度节点与大度节点相连，如此便形成了富人俱乐部的结构。从不同的尺度观察网络结构，会发现不少网络还有一定的自相似性。

而相比于静态网络，网络的增长能够导致许多不同的性质，这一点已经被广泛接受，例如科学引文网中的非循环结构和 Internet 网络中的幂律度分布等。许多实证工作揭示了在增长网络中的富者更富现象和先发优势现象，这种现象可以由著名的偏好依附机制解释，在此机制下可预测节点的年龄与节点度值存在很强的相关关系。由于具有较大的累积度值，相比于年轻节点网络中的老节点具有更大的可能性吸引新的连边，这导致富者更富的现象。在 BA 模型中这种现象的出现与无标度拓扑结构的涌现相一致，该模型是优先链接机制的最直接、简单的实现，但忽略了很多细节，对于真实网络的刻画仍然不够准确。其实，在实证分析的过程中科学家发现了许多不同类型的度分布，而幂率分布只是其中比较有代表性的一种，比如，摩门教徒的熟人关系网络度分布服从高斯分布，在电力网络的研究过程中，发现度分布为指数的形式，科学家合作网的度分布是介于指数和幂率之间的，表现为带有指数截断的幂函数，或者可以用带漂移的幂函数表示。并且偏好依附机制不能解释后加入的节点比老节点更受欢迎的现象。例如，关于 WWW 网络的研究提示网页的年龄和其链接数目不存在相关关系；在引用数据中也发现了节点度值与节点年龄之间的显著的偏差。在 BA 模型基础上，Bianconi 和 Barabasi 提出了 Bianconi-Barabasi 模型，模型中在演化开始为每个节点赋予一个固定的适应性数值（fitness）来刻画每个节点获取新连接的能力。但是这两个模型都没有考虑在演化网络中通常存在的时间效应的影响，例如，在科学家合作网络中科学家的活跃是有限的。后面的动态网络分析中将采用具有时间衰减效应的增长网络模型进行分析。在上面两个模型的基础上，研究者提出了一个新的模型，模型中不仅考虑了常规的节点度值，还考虑了节点的年龄的影响。节点年龄信息是探索网络增长机制的基础。

目前已经有大量的关于社会网络、生物网络的演化模型的研究，研究内容主要集中在重现网络的无标度以及小世界特性。这一节讨论复杂网络数学模型的一些主要结论，探讨两大主要网络生成模型的机制、模型的构建过程和一些有意义的特性。

6.3.1.1　WS 模型

最早的小世界模型是由 Watts 和 Strogatz 在 1998 年提出的，被称为 WS 模型（Watts and Strogatz，1998）。WS 模型是重现复杂网络小世界特性的最为著名的模型，它在随机网络和规则网络之间寻找到了一个平衡点，可以反映真实网络的部分特性。

模型初始是一个规则网络，是一个具有 N 个节点的环，环上的每一节点都与自己两侧的 m 个近邻相连，即每个节点都有 $2m$ 条边；随后每条边都以相同的概率 P 重连（其中去掉与自身的连接和重边的情况），就可以得到跟这个环形规则网络相对应的环形随机网络（见图 6.1）。这些重新连接的边就构成了网络的“长程连接”，大大地减小了网络的平均路径长度，而对网络的集聚系数影响不大。由图 6.1 可知，当 $P=0$ 时，WS 模型得到的是规则网络；当 $P=1$ 时，模型产生的是一个完全随机的网络；对于较小的 P 值，平均最短路径 L 与网络规模 N 呈线性比例，而对于较大的 P 值，两者间则呈对数比例。当 P 取小值时，L 快速下降，而集聚系数 C 却几乎不变，导致网络高度集聚但具有小的平均最短路径，得到了小世界特性的网络（见图 6.2）。

图 6.2 中 $L(0)$ 和 $C(0)$ 分别经过了归一化处理。水平方向采用了对数坐标以分辨 $L(P)$ 的快速衰减。从 $L(P)$ 的迅速变化开始可以看到小世界特性的建立，而这时的 $C(P)$ 几乎是不变的，说明网络局部对小世界是无感知的。

可以看到，WS 模型为规则网络、小世界网络以及随机网络建立了一个统一的模型框架，在这个模型框架中，参数 P 是唯一的可调因素。这也是 WS 模型得到人们推崇的原因之一。

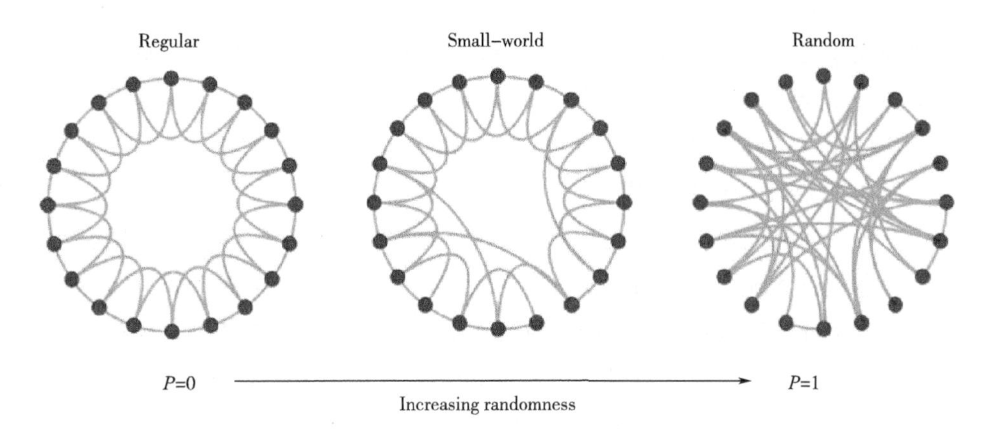

图 6.1　WS 模型生成示意图

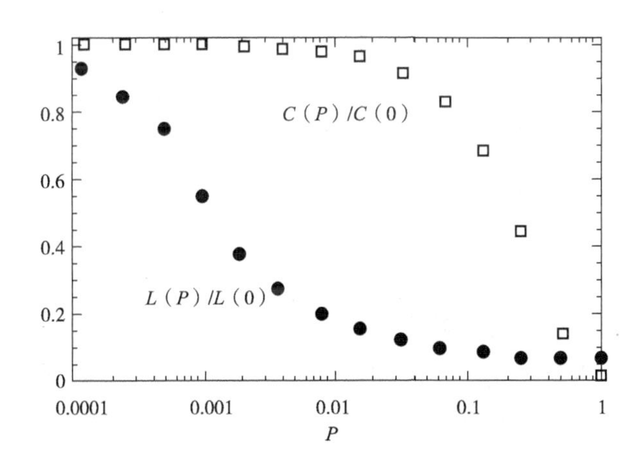

图 6.2　WS 模型的平均最短路径和集聚系数

尽管 WS 模型可以重现真实网络的小世界特性，但是由该模型得到的网络的度分布却类似于随机网络的泊松分布，而不是很多真实网络所具有的幂律度分布。在平均度值附近的节点数最多，大于平均度值的节点的数目呈指数规律衰减。网络的拓扑结构相对单一，所有节点有大约相同数量的边。

Newman 与 Watts 提出了用另一种方式构建小世界网络，即在规则的格子上直接随机地添加连接而不去掉已经有的连接。比如直接随机地从一个规则的任意 d 维格子开始，节点总数满足 $N = N_1^d$，N_1 是一维格子的节点数，于是网络的总连接数为 $E = KN_1^d/2$，其中 K 为初始时格子节点的度。定义 P，使当

$P=1$ 时有 $KN_1^d/2$ 条短接边增加，则网络平均增加的短接边数为 $N_s=PKN_1^d/2$。这种模型避免了 WS 模型可能出现的孤立部分，随后可以进行方便的解析。在 P 较小和 N 较大时这种方式与 WS 模型是等价的。利用加边等机制代替 WS 模型中的重连，同样也可以得到小世界网络。

6.3.1.2 BA 模型及其扩展

从经验研究知道，实际上许多复杂网络的节点的度服从幂律尾以及指数分布，总之偏离随机网络的泊松分布较大，显示了实际复杂网络的自组织性，引起极大关注。可以看到，前面的 WS 模型描述的网络也未必出现这种分布。直接的问题是导致无标度特性的原因是什么，这需要从网络拓扑模型转到网络产生和演化的动态模型上来。

BA 模型是第一个随机的无标度网络模型，是由 Barabasi 和 Albert 两人最早提出的。

实际网络多属于开放的系统，随着新的节点不断出现而增长。WWW 网络是一个示例，从少量的节点开始，通过连续增添新节点而数量扩张的活动贯穿于网络生命周期始终。原来的 WS 模型试图保持网络节点数目 N 不变，网络中随机连接或重新连接节点不改变 N 的大小，所以不能表现网络的增长。另外，WS 模型或者 ER 模型中节点之间的链接或重新连接是完全随机的，独立于节点的度。而实际的网络连接似乎并非如此，比如 WWW 网络中，新的超链接更容易指向名气大的站点；文献引用网络也是类似，更多地会引用影响力大的文献。也就是说，实际网络的连接并不是完全随机的，很多现实网络中连接到某个节点的可能性与该点的度值有关，而呈现强者更强的特性，现实网络具有择优连接的性质。

针对这些情况，Barabasi 和 Albert 建立了 BA 模型，它模拟的是一个开放系统的演化过程，核心机制为网络节点数目的增长和加边的偏好连接，而且这两个机制对于无标度网络的生成缺一不可。BA 模型是重现复杂网络无标度特性的最为著名的模型。

BA 模型中初始时刻网络中有一定数量的节点随机连接，随后每一个时间步内向网络中加入一个新的节点，由此得到网络的增长；每一个新加入的节点都具有一定数量的边，新的节点随机与已有的老节点连接，而连接的概率与被选的老节点的度值成正比，即按照偏好连接的规则建立边的连接，如图 6.3 所示。

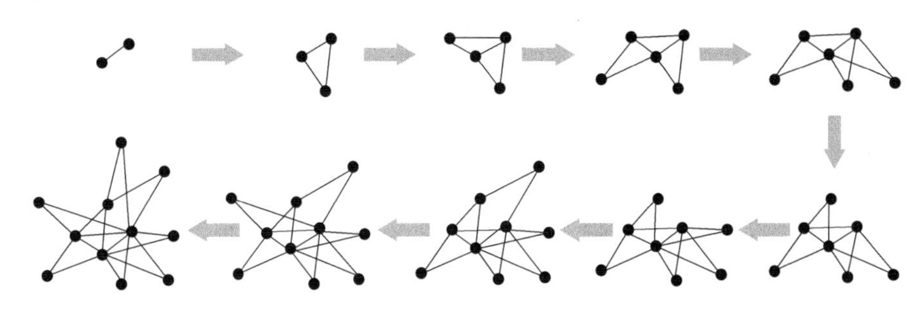

图 6.3　BA 模型网络演化

具体演化过程如下：

（1）初始时有 n_0 个孤立节点，以后每一时间步内系统中增长出一个带有 m 条边的新节点，连接到系统中已有的 $m(m \leqslant n_0)$ 个不同节点上；

（2）新节点连接到节点 i 的概率 $\pi(i)$ 正比于节点 i 的度 k_i，即 $\pi(i) \sim \frac{k_i}{\sum_i k_i}$。

通过使用连续域理论、主方程法或者变化率方程法对此模型进行理论分析，发现该模型在网络规模增长到无限大时，度分布服从幂律分布，且幂指数为常数 3，网络是无标度网络，即与模型的参数无关。

增长和偏好连接作为 BA 模型仅有的两条演化规则，对产生最后的幂律度分布来说是缺一不可的。这个简单的结果令人鼓舞，揭示了偏好连接机制是 SF 网络演化的基本机制。可以知道网络具有相当的复杂性，从局部看网络中的节点和边都随时变化，在整体上度分布却表现出一个简单的幂律函数形式，函数中仅有一个反映系统的参数，这个参数与系统的尺寸、系统的边数都无关，与系统初始参数 m 也无关，对于不同拓扑结构的网络它是一个不同的常数（见图 6.4）。

复杂网络研究的是复杂系统，而复杂系统往往具有这样两个特性：①开放的，即系统中的元素有生有灭，有进有出，不是一成不变的；②系统中的元素是具有适应性的，能够根据系统的宏观需求和自身的需要来调整自己的行为。很显然，BA 模型的增长和偏好连接这两条规则正好与复杂系统的这两个特性一一对应了，而且仅有两个规则也让模型显得简洁干净。事实上，这两条规则也非常符合对真实网络演化过程的客观印象。以因特网为例，网页

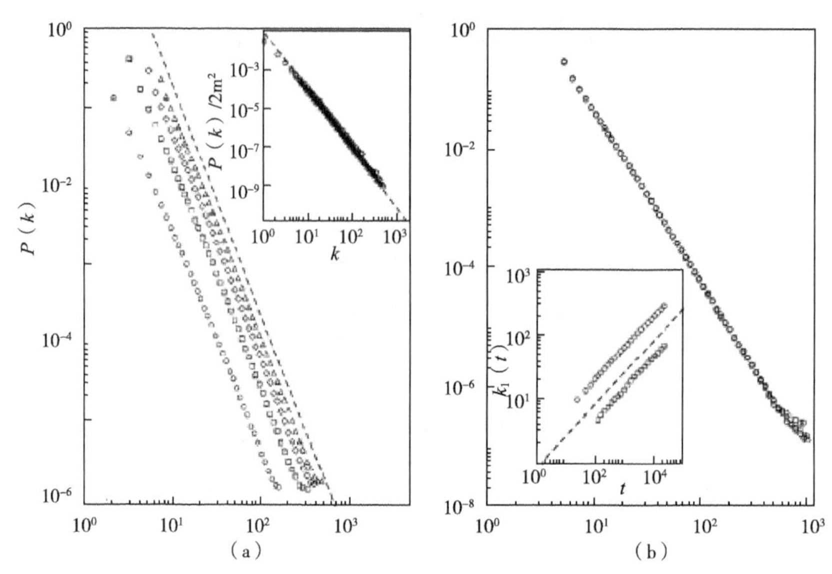

（a）BA 模型的度分布。$N=m_0+t=300\ 000$，○表示$m_0=m=1$，□表示$m_0=m=3$，◇表示$m_0=m=5$，△表示$m_0=m=7$；虚线为最佳拟合直线，其斜率是$\gamma=2.9$。插入的小图表示改变标度为$P(k)/2m^2$后，$\gamma=3$。（b）表示在$m_0=m=5$时，不同网络规模下的$P(k)$；○表示$N=100\ 000$，□表示$N=150\ 000$，◇表示$N=200\ 000$。插入的小图表示两个节点的度变化情况。

图 6.4　BA 模型演化仿真结果

作为网络中的节点每天都在以惊人的速度增长，而新增长出来的网页为了能被更多人浏览到会倾向于与浏览量大的网页相联系。在因特网以及其他真实网络中，这两条规则通常是客观存在的。

BA 模型属于一个特别网络演化模型，较好地解释了网络的无标度特性。但对比真实的网络，BA 模型的限制在于：①仅预测了一个固定指数为 3 的幂律分布，而实际的网络的幂律指数为 1～3。②实际网络的度分布存在非纯幂律分布特征，像指数截断或小 k 值的非幂律现象等。同时 BA 模型只能重现真实网络的无标度特性而不能同时展现真实网络的小世界特性，但这并不妨碍 BA 模型成为网络演化模型领域的经典之作。

BA 模型的提出为人们研究复杂系统提供了新的视角，开创了复杂网络研究的新局面。后来的许多关于网络演化模型的工作都是在 BA 模型的基础之上发展起来的。在现实网络中，加点、加边、去点、去边、和边的重连等一系列基本的细微事件形成了网络的演化，通过不同的机制和方法可以研究现实网络的演化模型。

Dorogovtsev 等（2000a，2000b，2001）对 BA 模型作了修正并用主方程法给出了严格解，他们提出网络中的所有新生节点都具有一定的吸引力，这个吸引力体现了节点本身的固有特性，是节点的各种因素的综合，例如朋友网络中的个人魅力包括相貌、性格、人品和财富等。以参数 α 表示初始吸引子，$\alpha > 0$ 以保证每个节点都能获得不为零的连接概率，节点度是由连接数和吸引子两个参数组成，表示为 $k_i + \alpha$，具有 k 度连接的节点获得新连接的概率应正比于 $k + \alpha$。利用主方程法计算得到当 $k \rightarrow \infty$ 时度分布的渐近解 $P(k) \sim k^{-\gamma}$，幂指数 $\gamma = 2 + \alpha/m$。当初始吸引子 α 的参数等于新节点带入的连接数 m 时，幂指数 $\gamma = 3$，与 BA 模型结果一致。

Krapivsky 等（2000）提出了另一种生长网络模型，决定这种网络生长的基本因素是 A_k，与 SF 模型相同的是增长和偏好连接，但连接时的选择概率不是节点度的线性函数，而是依赖于 k^y。当 $y = 0$ 时，意味着网络中不存在优先粘贴，对应于随机生长模型，度分布指数衰减。$y = 1$ 时对应于 BA 模型，对于一个大的 k 来说，度分布的渐近行为涌现出幂律衰减，且幂指数正好也是 3。$0 < y < 1$ 描述了介于 BA 模型和随机生长网络之间的普遍情况。

BA 模型中的节点和连接的数目增长是线性的，因此网络的平均度是常量。如果采用非线性增长呢？Faloutsos 等（1999）发现，1997 年 Internet 的平均度是 3.42，到 1998 年 12 月增长到 3.96。类似地，Broder 等（2000）对万维网的测量表明，在 5 个月内其平均连接度从 7.22 增长到 7.86。科学家引文网的平均连接度在 8 年内持续增长（Barabási et al.，2002）。不同规模的代谢网络的比较表明，节点的平均连接度几乎随网络规模的增大呈线性增长（Jeong et al.，2000）。这些说明网络中存在连接生长快于节点数增长的现象，这种现象被称为加速生长。

BA 模型仅能够描述网络生长的一个方面的特性，实际网络中还有一些局部行为，如节点或者连接的添加、消亡、移去和限制等。所以人们根据这一点又在模型方面做了许多改良。Albert 和 Barabási（2000）在网络中引入了边的移去机制，而且能够更真实地描述实际网络度分布的细微特性，比如小 k 时的饱和，总体上更贴近实际网络，比如演员共现网络。Dorogovtsev 和 Mendes（2000）研究了一类无向网络，称为发展网络，其中新的边增加的同时，旧的边可能移除。

Amaral 等（2000）则考虑了网络节点的约束，比如演员的档期、神经网络的连接总数受限，建议引入年龄与容量的限制。模型研究了增长和偏好连接，结果显示当节点年龄达到一定值或者其连接数超过一定临界值时，新的连接将不再建立，得到有指数截断的幂律分布。Dorogovtsev 和 Mendes（2000）认为，偏好连接概率应该同时和节点的年龄相关，按照年龄幂率衰减，幂指数是一个可调节参数。研究表明，这种网络度分布的幂律依赖年龄幂函数的幂指数。幂指数大于 1 时变为指数分布。

BA 模型预测年龄大的节点将获得比较多的连接。实际的网络显然不纯粹是这样，比如万维网中，年龄并非节点度大小的唯一衡量因素。Dorogovtsev 等（2001）提出一种加入新节点的机制。新节点加入网络时，其度不是一个常数，而是取决于网络当前的状态。进一步假定新节点的度继承了一个随机选择的旧节点的部分入度。

再举经济网络中的一个例子。网络节点包括个人或单位，在具有经济往来的两节点之间连上一条边。在市场经济下，强大的企业高薪聘任优秀的员工，而优秀的员工也选择能支付高薪的强大企业。一个员工能进入支付高薪的企业的条件应是良好的教育背景、恰当的关系资源与合适的机会，即他获得高薪的条件往往是要预先支付教育成本、关系成本或机会成本，这一特征又会通过亲戚关系、朋友关系进行递归，最终形成富者越富的局面。因此，促使经济网络形成幂律长尾的深层次原因还是与成本有关。地震网络具有无标度性是由于一次强力地震可以引发一系列强度较弱的余震，从而使地震强度服从幂律分布。而食物链网络的无标度性则来源于进化论的学说，即弱肉强食、适者生存。

总之，不同类型复杂系统的无标度性具有不同的根源，但择优连接、强者越强、富者越富等的正反馈因素是其共同的特征，即形成无标度性的复杂系统一定具有明显的“马太效应”。

应当指出，复杂系统在其形成无标度性的动态演化过程中，其个体之间正反馈的“马太效应”不可能是无限制的。事实上，一旦演化过程达到稳态，其严重不均匀分布特性亦已确定，而且用幂律分布来描述，进一步说，用其幂律指数来描述。

尽管 BA 模型和 WS 模型都有各自的独到之处，但它们却都不能体现真实网络的全部特点。因此，关于网络演化模型还有很多工作可以做。

6.3.1.3 其他网络模型

其他研究者针对 BA 模型的不足进行了扩展，研究较多的网络模型有适应度模型（fitness model）、局域世界演化网络模型（local-world evolving network model）等，根据许多实际网络的演化过程同时具有确定性和随机性两种因素，提出了新的模型。

适应度模型是在无标度网络的演化过程中考虑竞争因素而提出的一种模型。在无标度网络的增长过程中，节点的度也会发生变化。在 BA 网络中，越老的节点度值越高。这与实际复杂网络明显不符。节点度值及其增长速度并非与节点年龄有关，而大多与节点的内在性质有关。Bianconi 和 Barabasi（2001）把这一性质称为节点的适应度（fitness），并据此提出了适应度模型。适应度模型中的优先连接概率与节点的度和适应度的积成正比。这样，如果一个年轻的节点具有高的适应度，同样有可能在随后的网络演化过程中获取更多的连接。

BA 模型的生成算法利用了网络的全局信息，即假设新节点进入系统时，掌握了网络中已有节点的度的所有信息，然后根据这些信息进行择优连接。然而，现实网络中很少存在网络新节点能够掌握网络的全局信息的情况，所以，在不完全信息情况下，确定网络增长的连接机制、构造网络的演化模型是十分有意义的事情。

前面介绍的主要是随机网络或广义随机网络。可见，随机性是产生复杂网络小世界效应和幂律分布特性的一个共同机制，但并不是唯一的生成机制。随机性符合大多数现实网络的主要形成特性，但它缺乏一个直观形象地理解复杂网络的形成，以及不同节点间的相互作用的图像。而且，随机模型中概率分析方法和边的随机连接不适用于具有固定节点连通度的通信网络，如计算机网络、电路网络等。确定性网络的一个主要优点是可以解析计算网络的拓扑特性，如度分布、聚类系统、平均路径长度和邻接矩阵等，所得结果可以用来间接验证随机模型与方法的正确性。随机性与确定性是构造复杂网络的两大方式，也可以说，只有随机性与确定性的混合和统一才能够更好地描述真实世界的网络。

到目前为止描述的大多数结果是与静态的拓扑连接结构有关的情况，即它是固定的或者一旦生长永远进行下去，并且动力学程序是关于静态连接方案引出的元素之间的相互关系的。另一种可能性是把网络本身看作动态实体。

这意味着允许拓扑结构在外部或内部因素的驱动下，遵从预定的演化规则，随时间演化和适应。这无疑是由实际情况适当建模的需要，如基因调整网络、生态系统、金融市场、社会和生物的突变和进化现象，以及为恰当描述从移动和无线连接个体涌现出的一系列科技问题推动的。

一个比较早的例子是 Jain 和 Krishna（1998）的研究文献介绍的相互作用物种模型，其自身动力学塑造了图的拓扑结构。这里作者考虑了两类动态变量（快的和慢的）。确切地讲，引入快的变量来建模物种种群动力学，而慢的变量用于描述有向图的边，表示不同物种之间接触反应的相互影响。Bornholdt 和 Rohlf（2000）研究文献提到的一个相关结果是通过最不适应物种的突变使图进化。这种现象最终引起自身催化集合的产生，它能够引起一连串的呈指数递增的连接的出现，直到生成整个图，产生高度非随机网络。

Derrida（1987）的研究文献考虑了另一个较早的拓扑演化的例子，目的是理解具有非对称连接的阈值网络结构，即在弱非对称自旋玻璃体和弱非对称神经网络中遇到的情况。为了达到该目的，非对称连接阈值网络的拓扑结构通过一组局域连接规则进行演化，根据规则一些点及时得到新边而另一些点失去它们的部分边。有趣的是非常简单的规则却能导致在热动力学极限中的平均网络连接趋于临界值，并且在网络中产生自组织。

Paczuski 等（2000）的研究文献考虑了一类自适应布尔（Boolean）分布网络，其中代理服从所谓的少数者博弈随时间演化的二元状态，并且在一个动态环境下运行。Zimmermann 等（2004）的文献提到了相似网络的自适应现象，作者考虑了考夫曼随机布尔分布网络的情况。在整个博弈过程中不同代理通过在不同布尔函数中选择和从一种函数转换到另一种函数来适应它们的动态变化，依靠它们自身的实际容量来预测取胜的群组。在这个意义下，一个明显的结果是在这种动态环境中，代理们利用网络拓扑结构的局部信息比利用全局信息更有效，这可以解释在对分布式资源的分配过程中多代理系统中出现的现象。

另一个研究模拟了合作演化（Wang and Zhang，2004）。通常在社会的、经济的和生物的情况下观察到的这种现象是通过一组相互作用的元素表现出来的。相互作用遵循空间博弈且连线连接演化以使自身适应博弈结果（例如促进持续集体合作状态的分层结构的形成）。当局部邻居选择作为连接的动力学规则时，网络显示小世界属性，并且结果表明高度连接的点的分层结构对合作动力学的稳定性起重要作用。特别地，考虑了外部干扰作用于这种分层结构的情况，作者指出这种情况可能会引发全局崩溃，从而完全重塑整个网络结构。

研究者研究了社会合作网络（如电影演员合作网、科学家合作网等）演化的一些自组织机理。连接演化程序也可以在加权复杂网络中进行研究。类似地，将建立新边、新点与权的动态演化相耦合的加权演化网络，表明点的属性的非平凡演化和权的无标度行为、强度和度的分布都是由这种模型决定的。

6.3.2 供应链网络演化模拟算法

下面通过建立模拟供应链网络演化来了解供应链合作机制，首先，通过随机连接建立网络，从而建成网络 A。其次，考虑是否与以前的合作网络有联系来建立网络，有两种情况：以前一个合作中是否有合作关系作为建立新网络的条件，按照这种条件合作了 30 次后建成网络 B；以前两次的合作中合作关系的情况作为建立新网络的条件，按照这种条件合作了 30 次后建成网络 C；然后，根据两个企业之间的距离大小来建立网络 D；接着，根据网络中企业的度的大小来建立网络 E；最后根据企业的度和企业间的距离大小来建立网络 F。

具体要求为建立一个供应链合作网络，其中有 225 个节点，即 225 家公司。

规则一：网络 A。随机产生边，即合作关系，以概率 0.5 建立合作关系，生成两个节点之间的连边。

规则二：网络 B。首先，如果在网络 A 中两点有边，以 $P>0.3$ 的概率保持边（可以理解为这两者之间的合作关系比较好，继续合作的可能性非常高）；其次，如果网络 A 中两点无边，以 $P>0.7$ 的概率建边（可以理解企业之间没有合作，以高的概率才建立合作）。重复运行 30 次。

规则三：网络 C。如果网络 B 有边，且网络 A 有边，则以 $P>0.2$ 的概率保持边（可以理解为合作关系更牢靠，继续合作的可能性非常高）；如果网络 B 有边，而网络 A 中无边，则以 $P>0.4$ 的概率保持；如果网络 B 无边，而网络 A 有边，则以 $P>0.9$ 的概率建边（可以理解为从有合作到没合作，要想重新建立合作，就要求更高的概率）；如果网络 B 中无边，且网络 A 中也无边，

以 $P>0.7$ 建边。重复运行 30 次。

规则四：网络 D。如果两个节点之间距离小于均值，即 7.811，则建立边。

规则五：网络 E。首先，在网络 A 中，如果 i 节点和 j 的度都大于度的均值 112.9，则建立边；其次，如果 i 节点和 j 的度都小于度的均值 112.9，则不建立边；再次，如果 i 节点和 j 的度中其中一个大于度的均值 112.9，以 $P>0.5$ 的概率建边。

规则六：网络 F。在网络 A 中，如果 i 节点和 j 节点间距离小于均值 7.811，而且 i 节点和 j 的度大于度的均值 112.9，则建立边（小距离，两个大的节点度）；如果 i 节点和 j 节点间距离小于均值 7.811，而且 i 节点和 j 的度中其中一个大于度的均值 112.9，则以概率 $P>0.5$ 建立边（小距离，一个大的节点度）；如果 i 节点和 j 节点间距离大于均值 7.811，而且 i 节点和 j 的度大于度的均值 112.9，则以概率 $P>0.5$ 建立边（大距离，两个大的节点度）；如果 i 节点和 j 节点间距离大于均值 7.811，而且 i 节点和 j 的度中其中一个大于度的均值 112.9，则以概率 $P>0.5$ 建立边（大距离，一个大的节点度）。

通过上述算法进行供应链网络的生成模拟，仿真供应链网络演化机制，对生成的供应链网络进行拓扑结构分析，主要分析的指标有网络边数、节点的度、网络的节点的度、节点的集聚系数、平均集聚系数、节点的度的相关性、节点的度与集聚系数的关系。

6.3.3 供应链网络演化特征分析

网络 A 是根据随机概率来建立的，如果两者之间随机产生的概率大于 0.5，则建立合作，否则不建立合作。这就形成了网络 A。

对于网络 B 来说，在网络 A 中，有联系的企业中，因为有一部分的企业间关系被认可为很好，所以这种关系会保持，还有一部分的企业间关系因为一些因素而以相对较小的概率被放弃；第一个网络 A 中企业间没有联系，以相对比较高的概率建立网络，这是因为有过一次经历，企业变得谨慎一些。所以按照这种原则运行 30 次，从而建成网络 B。

对于网络 C，是根据前两次的网络情况来建立的，如果前两次都有合作联系，则会以低概率放弃合作；如果前两次都没有合作关系，则以高概率建立合作；如果是先有合作，后来合作解除，那么若建立联系则要更高的概率；

如果是先没有合作，后来又建立合作，那么以相对低一点的概率建立合作。这就形成了网络 E。而网络 E_ 10、网络 E_ 20 和网络 E_ 30 分布就是按照上述说明即规则三运行 10 次、20 次和 30 次得到的。从而建成网络 C。

网络 D 只是根据两者之间的距离来建立的网络，如果两者之间的距离大于均值，就建立合作关系，否则，就不建立合作，从而建成了网络 D。

对于网络 E 来说，它是根据节点的度来建立的，两个节点的度都大于均值就建立合作，其中一个大于均值就以概率 $P>0.5$ 建立合作。从而建成了网络 E。

对于网络 F，如果两者的距离小于均值，而且两者的度都大于度均值，则建立合作，如果两者的距离小于均值，且其中一个的度大于度均值，则以概率 $P>0.5$ 建立合作，如果两者的距离大于均值，且其中一个的度大于度均值，则以概率 $P>0.5$ 建立合作。从而建成网络 F。

从上面的说明可以看出：网络 A 是随机产生的；网络 B 是具有一步记忆的；网络 C 是具有两步记忆的；网络 D 是根据两者之间的距离建立的；网络 E 是根据节点的度值的大小而建立的；网络 F 是根据两者之间的距离和度值的大小建立的。

6.3.3.1　节点的度 K 和度分布 $P(K)$

节点的度说明一个节点与其他节点相连的个数，在供应链网络中表示一家企业和其他企业有合作关系的个数，节点的度越大，说明该企业的合作者越多。

从表 6.1 中可以看出，网络 A、网络 B、网络 D 和网络 E 的平均度值相差不大，在 110~115。网络 C 和网络 F 的平均度值在 90~99。

表 6.1　各个网络的节点的度的描述统计

Network	N	Minimum	Maximum	Mean	Std. Deviation
KA	225	92	137	112.90	7.62
KB_10	225	93	132	111.82	7.28
KB_20	225	93	128	111.71	7.15
KB_30	225	87	133	112.36	7.73

续表

Network	N	Minimum	Maximum	Mean	Std. Deviation
KC_10	225	71	108	90.85	7.36
KC_20	225	68	116	98.60	7.13
KC_30	225	76	121	98.71	7.50
KD	225	55	192	114.83	32.13
KE	225	46	180	111.43	56.11
KF	225	43	167	98.72	44.34
Valid N (listwise)	225				

下面是各个网络的具体情况。

(1) 网络 A 中每个节点的度值如图 6.5 所示，横坐标表示节点编号，纵坐标表示节点的度。从图中可以看出节点的度是随机波动的，波动范围在[92, 137]，均值是 112.9。

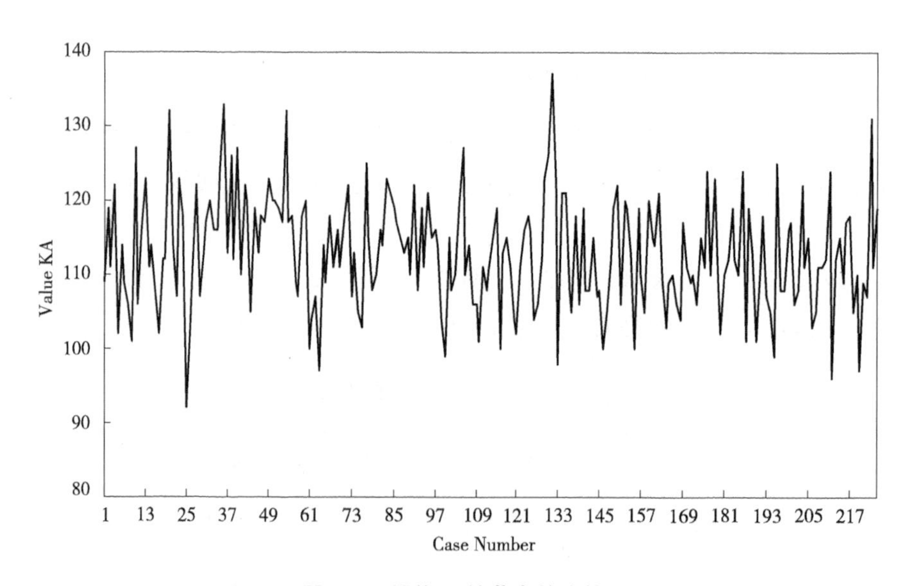

图 6.5 网络 A 的节点的度值

在图 6.6 中，横坐标表示节点的度，纵坐标是节点的度的概率，表示网络 A 节点度分布情况。其中实线是节点的度的概率分布，虚线是拟合的正态分布，其中 $X \sim N(275, 65^2)$。

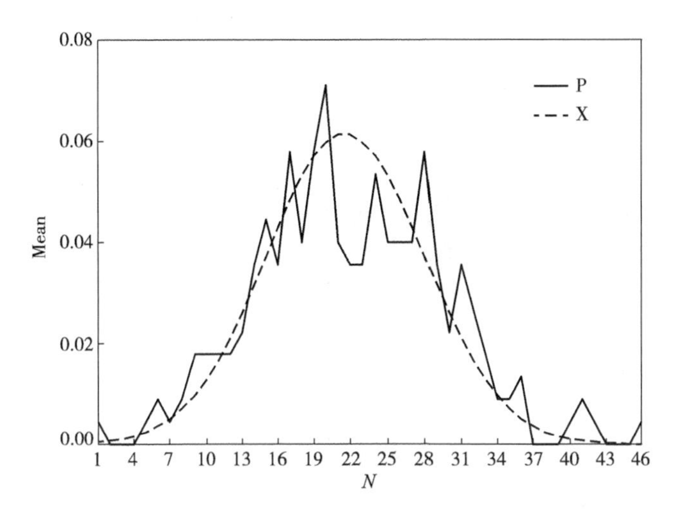

图 6.6 网络 A 的节点的度分布

从表 6.2 中可以看出，对节点的度的概率分布 $P(K)$ 的拟合非常好，有 91.2%的相关度。说明对于网络 A，节点的度的概率分布近似于以均值为 27.5，标准差是 6.5 的正态分布。

表 6.2 网络 A 的节点的度的概率分布 $P(K)$ 的拟合检验

		P	X
P	Pearson Correlation	1.000	0.912**
	Sig. (2-tailed)	—	0.000
	N	46	46
X	Pearson Correlation	0.912**	1.000
	Sig. (2-tailed)	0.000	—
	N	46	46

注：**表示在 1%的水平上显著。

（2）网络 B 中，从图 6.7 中可以看出，红色是合作 10 次的节点的度值，绿色是合作 20 次的节点的度值，蓝色是合作 30 次的节点的度值，从图中可以看出，这三个网络的节点的分布没有太大变化，都是随机波动的，波动范围在［87，133］，均值是112。

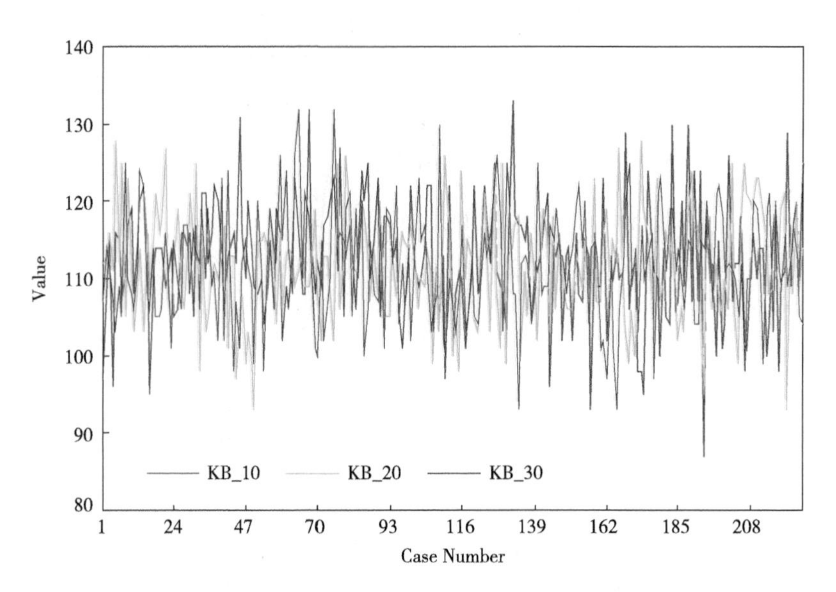

图6.7　网络B中节点的度值（合作10次、20次、30次后的结果）

在图6.8中，横坐标表示节点的度，纵坐标是节点的度的概率。实线是节点的度的概率分布，虚线是拟合的正态分布，其中 $X \sim N(27,\ 6^2)$。

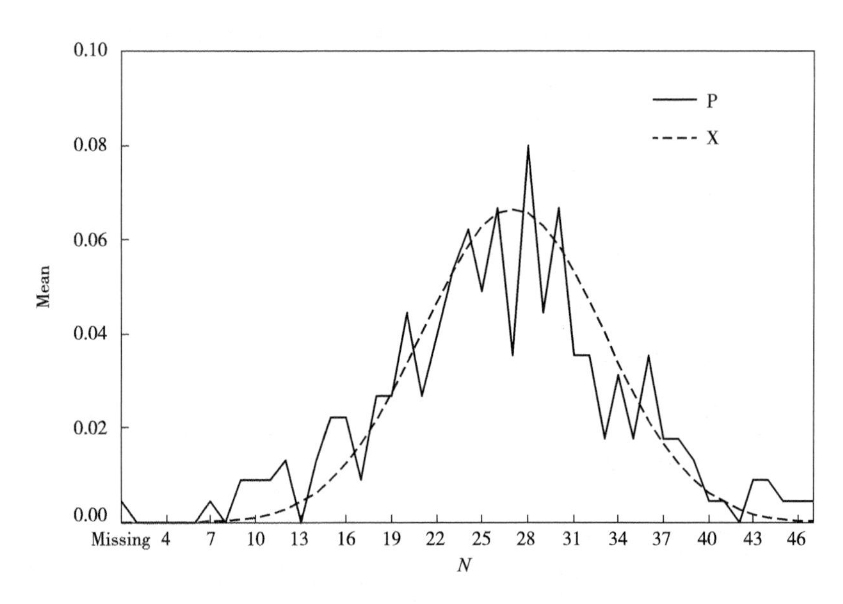

图6.8　网络B的节点的度分布

从表 6.3 中可以看出，对节点的度的概率分布 $P(K)$ 的拟合非常好，有 91.2%的相关度。说明对于网络 B，节点的度的概率分布近似于均值为 27、标准差是 6 的正态分布。

表 6.3　网络 B 对节点的度的概率分布 $P(K)$ 的拟合检验

		P	X
P	Pearson Correlation	1.000	0.912**
	Sig. (2-tailed)	—	0.000
	N	47	47
X	Pearson Correlation	0.912**	1.000
	Sig. (2-tailed)	0.000	—
	N	47	47

注：**表示在 1%的水平上显著。

（3）网络 C 中，如图 6.9 所示，红色是合作 10 次的节点的度值，绿色是合作 20 次的节点的度值，蓝色是合作 30 次的节点的度值，可以看出合作 20 次和合作 30 次的节点的度值相差不大，但与合作 10 次的节点的度值有一定差别。这三个网络都是相差 10 次的，但是有这样的差别，说明经过多次合作之后，网络 C 的节点的度最终会达到稳定（见图 6.10）。

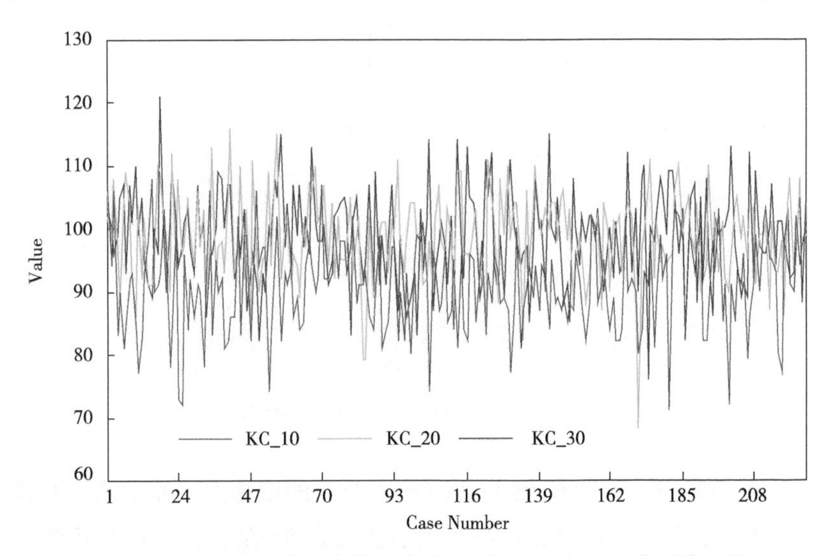

图 6.9　网络 C 的节点的度值（合作 10 次、20 次、30 次后的结果）

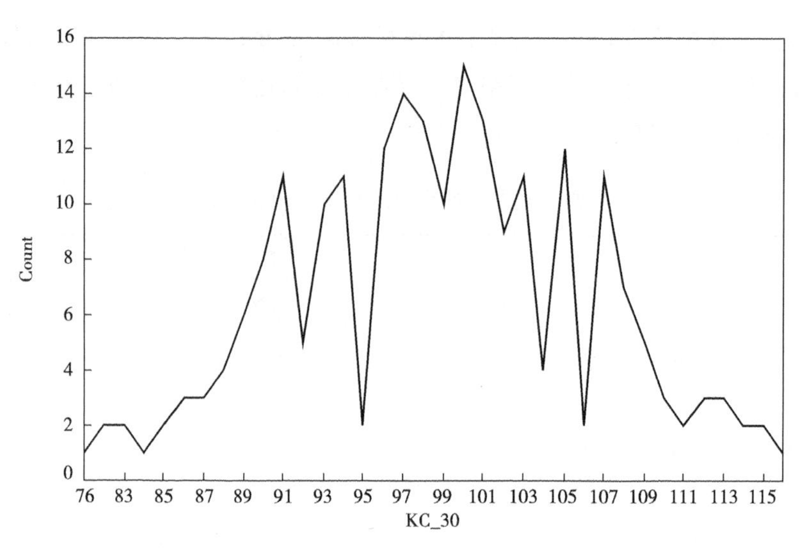

图 6.10　网络 C 的节点的度分布

（4）网络 D 中，从图 6.11 可以看出，节点的度是有规律的，每一小区间都是先增加，后下降，而且从整体上看，也是先增加后下降。节点的度分布类似于均匀分布，不同度值分布相差不大，如图 6.12 所示。

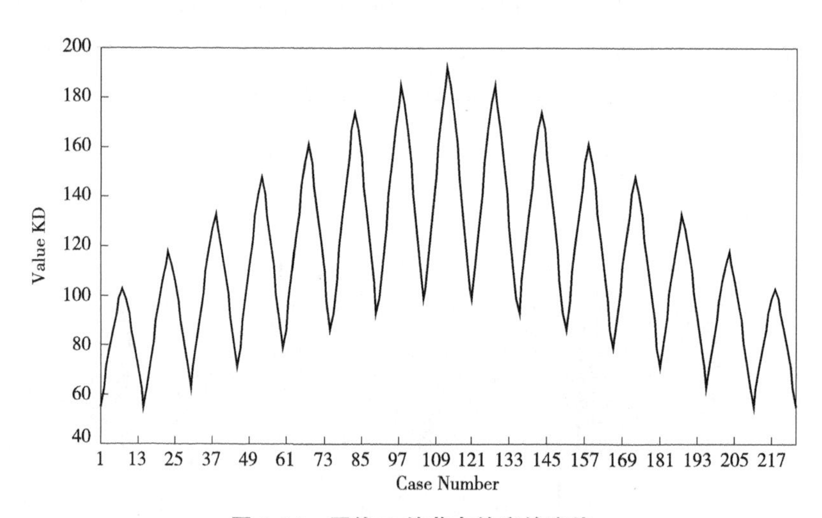

图 6.11　网络 D 的节点的度的度值

（5）网络 E 中，从图 6.13 可以看出，节点的度是上下波动的，而且波动得比较整齐，最大值均在 192 左右，最小值均在 55 左右，而且有几个区间中的度值相差不大。

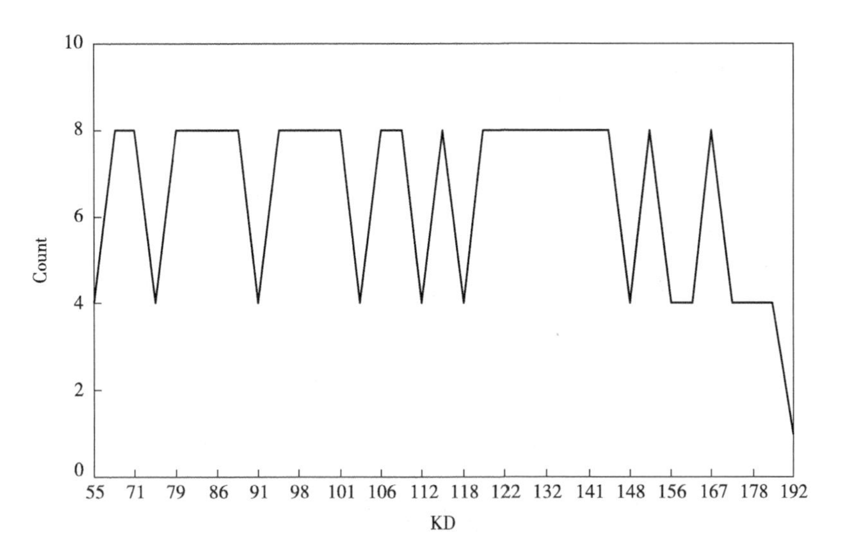

图 6.12 网络 D 的节点的度分布

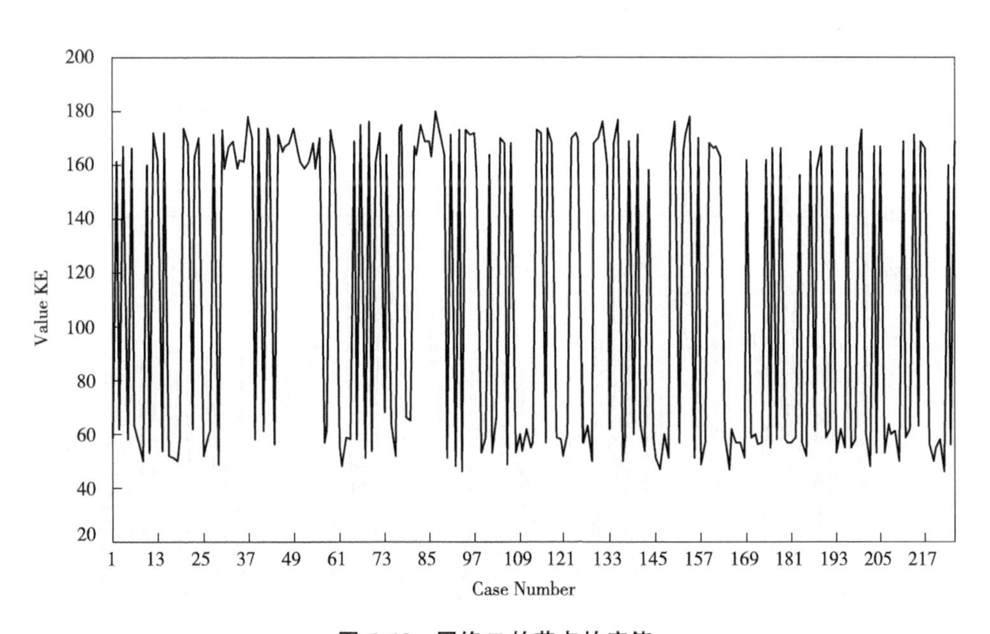

图 6.13 网络 E 的节点的度值

从图 6.14 可以看出，此网络的节点度值为双峰分布，概率分布图中两个区间的变化相似。

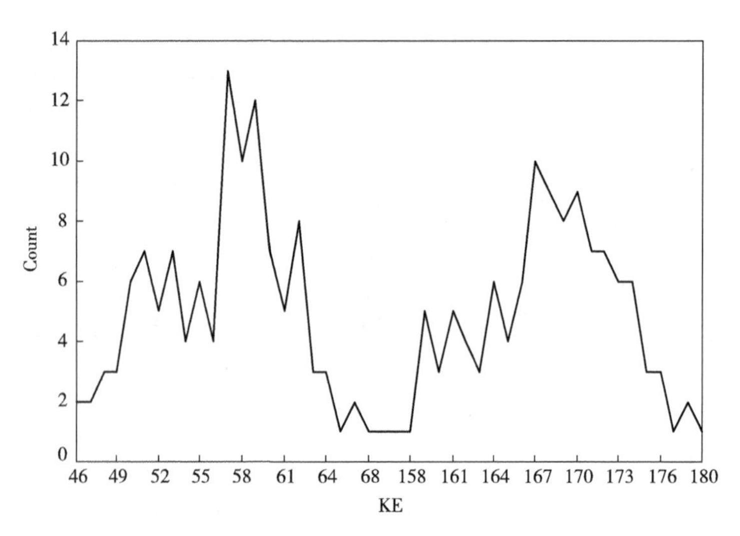

图 6.14　网络 E 的节点的度分布

（6）网络 F 中，从图 6.15 可以看出，节点的度是上下波动的，而且波动得比较整齐，最大值均在 180 左右，最小值均在 46 左右，而且有几个区间中的度值相差不大。从图 6.16 中可以看出，此网络演化结果，网络 E 中双峰分布的度分布，一个峰几乎消失，众数在度值较小的区间，度值较大的区间分布概率相差不大。

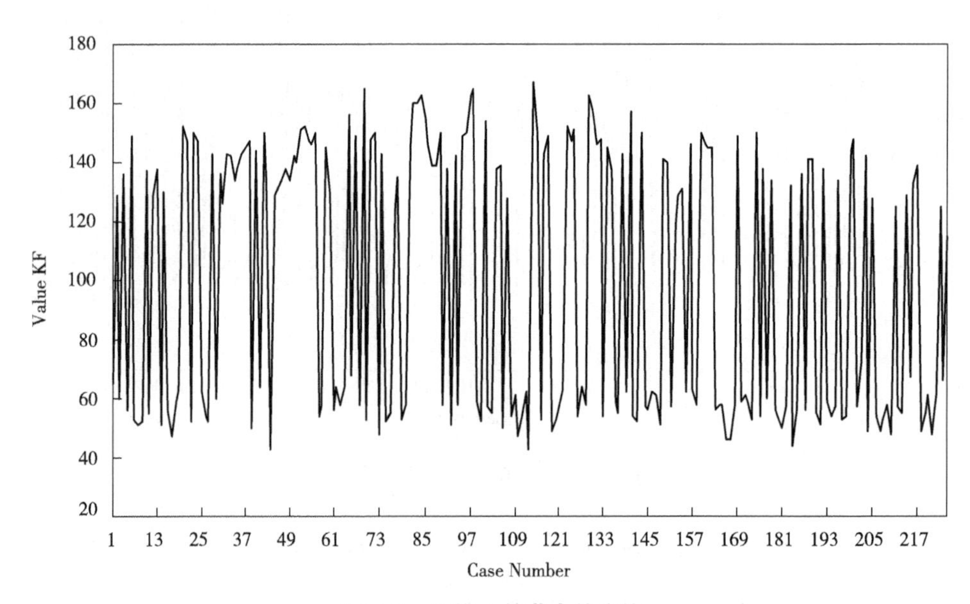

图 6.15　网络 F 的节点的度值

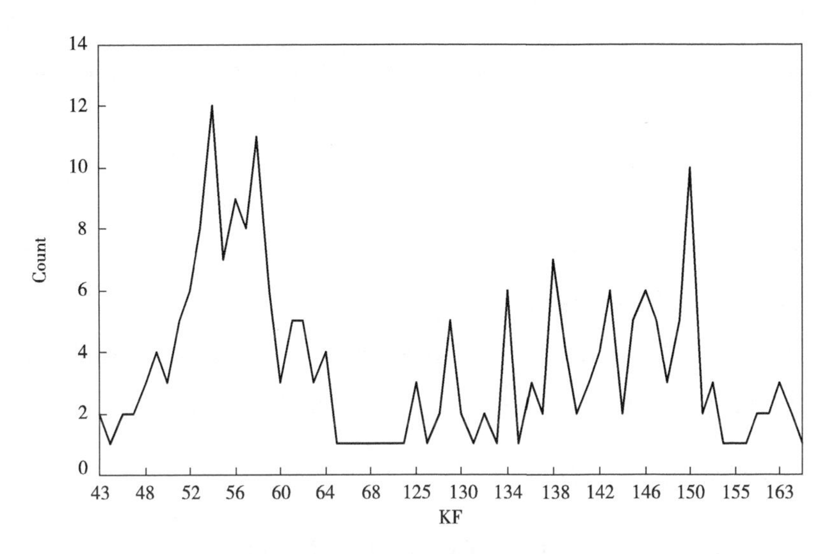

图 6.16 网络 F 的节点的度分布

6.3.3.2 节点的集聚系数 *C*

在供应链网络中，节点的集聚系数表示某个企业的合作伙伴之间存在合作关系的比例。

从表 6.4 中可以看出网络 A、网络 B 和网络 C 的平均集聚系数相差不大，都是在 0.5 左右。网络 D、网络 E 和网络 F 的平均集聚系数和前三个不同，平均集聚系数都比较大，在 0.65 以上。

表 6.4 节点的集聚系数的描述统计

Network	*N*	Minimum	Maximum	Mean	Std. Deviation
CA	225	0.489 1	0.518 2	0.504 307	5.669 00E-03
CB_10	225	0.485 8	0.515 8	0.499 256	5.729 00E-03
CB_20	225	0.485 3	0.512 4	0.498 248	5.472 00E-03
CB_30	225	0.485 5	0.519 1	0.502 006	5.539 00E-03
CC_10	225	0.387 9	0.431 5	0.405 712	6.629 00E-03
CC_20	225	0.422 8	0.456 6	0.439 715	6.138 00E-03
CC_30	225	0.422 0	0.461 6	0.440 526	7.085 00E-03
CD	225	0.579 5	0.984 5	0.774 640	0.100 035

续表

Network	N	Minimum	Maximum	Mean	Std. Deviation
CE	225	0. 613 9	10. 000 0	0. 831 802	0. 171 435
CF	225	0. 459 1	0. 833 7	0. 653 063	0. 126 717
Valid N (listwise)	225				

下面是各个网络的具体情况。

从图 6. 17 中可以看出，网络 A 中节点的集聚系数是随机波动的，波动范围也比较小，在［0. 489 1，0. 518 2］，平均集聚系数是 0. 504 3。

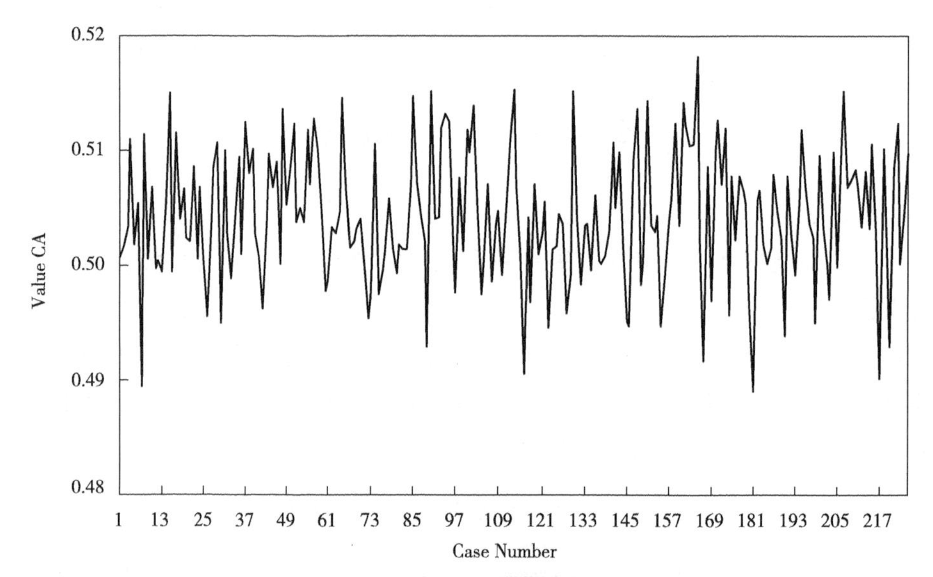

图 6. 17　网络 A 的集聚系数分布

如图 6. 18 所示，网络 B 中，红色是合作 10 次的节点的集聚系数，绿色是合作 20 次的节点的集聚系数，蓝色是合作 30 次的集聚系数，可以看出，这三个网络的集聚系数的分布没有太大变化，都是随机波动的。

图 6. 19 表示网络 C 节点演化过程中节点集聚系数的情况，红色是合作 10 次的节点的集聚系数，绿色是合作 20 次的节点的集聚系数，蓝色是合作 30 次的节点的集聚系数，可以看出，合作 20 次和合作 30 次的网络节点的集聚系数的分布相差不大，但是与合作 10 次的网络节点的集聚系数就相差得比较大，这也说明网络 C 的集聚系数在多次合作之后达到稳定。

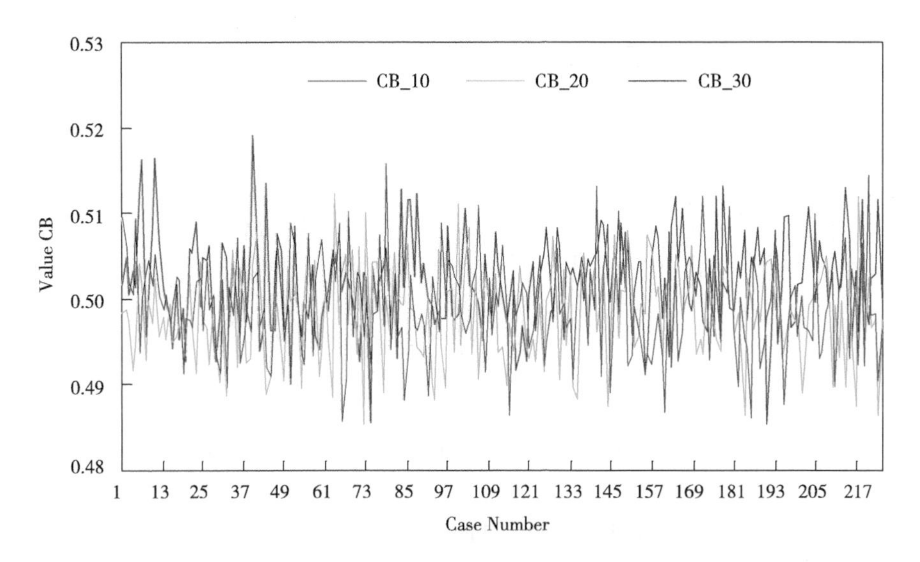

图 6.18　网络 B 的节点的集聚系数分布（合作 10 次、20 次、30 次后的结果）

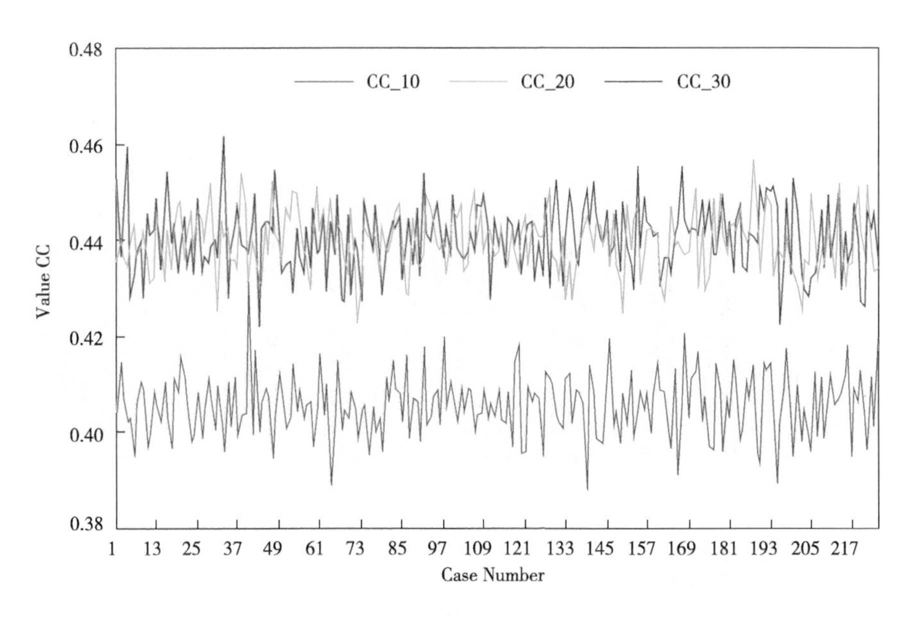

图 6.19　网络 C 的节点的集聚系数分布（合作 10 次、20 次、30 次后的结果）

从图 6.20 中可以看出，网络 D 中节点的集聚系数的变化是有规律的，每一小区间都是先下降，后上升，而且从整体上看，也是先下降后上升的。

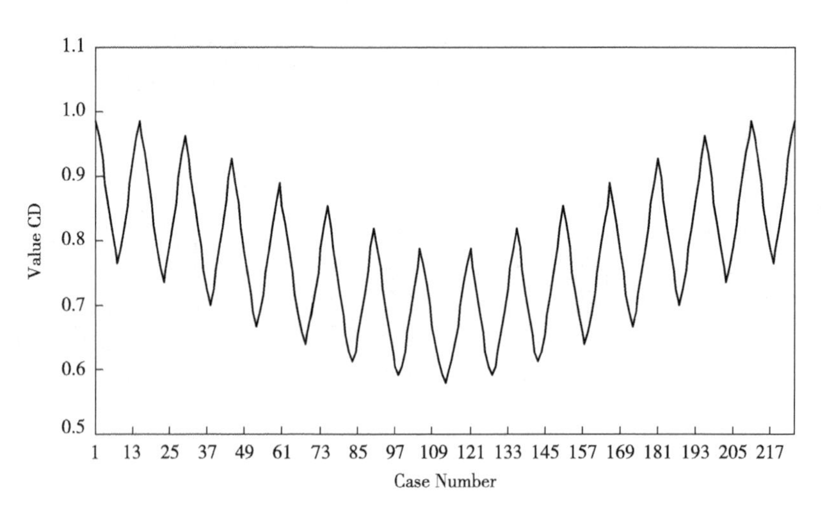

图 6.20　网络 D 的节点集聚系数分布

从图 6.21 中可以看出，网络 E 中节点的集聚系数是上下波动的，而且波动得比较整齐，最大值是 1，最小值均在 0.613 9 左右，而且有几个区间中的集聚系数相差不大。

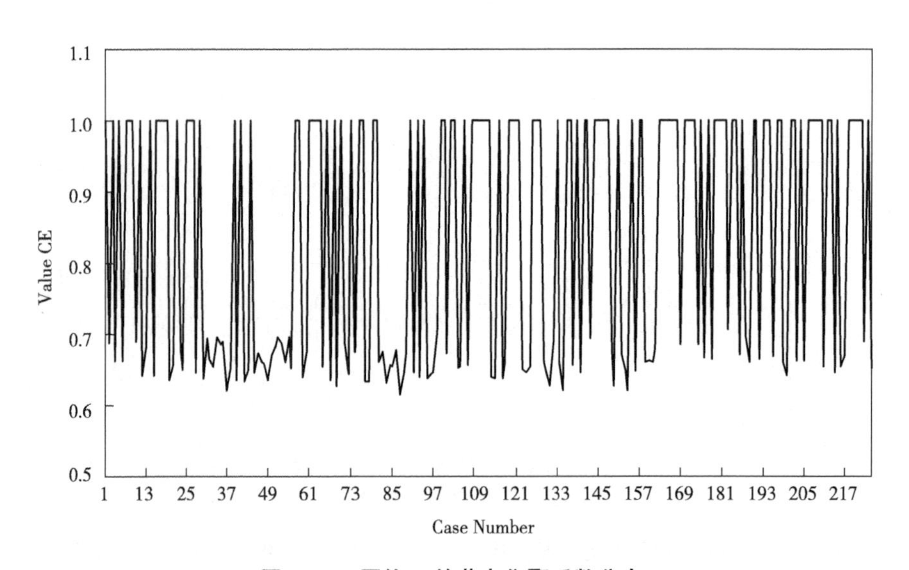

图 6.21　网络 E 的节点集聚系数分布

从图 6.22 中可以看出，网络 F 中节点的集聚系数是上下波动的，而且波动得比较整齐，最大值均在 0.833 7 左右，最小值均在 0.459 1 左右，而且有几个区间中的集聚系数相差不大。

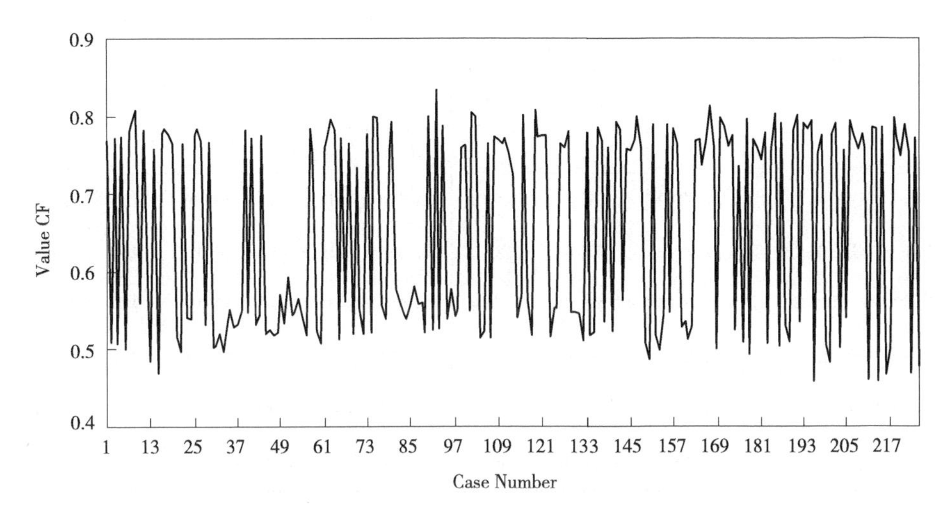

图 6.22 网络 F 的集聚系数分布

6.3.3.3 度度相关性

度度相关性是说明供应链网络中节点之间连接的倾向性的指标。

从表 6.5 和表 6.6 中可以看出，这 6 个网络都具有度相关，且为较大的负相关性。其中网络 E 和网络 F 的相关性非常大，均值在 0.97 以上；网络 A 和网络 C 的相关性在 0.91 以上；网络 B 和网络 D 的相关性就比较小，在 0.85 以下。

表 6.5 度度相关系数

Network	*N*	Correlation	Sig.
Pair 1 KA & RA	225	−0.913	0.000
Pair 2 KB_30 & RB_30	225	−0.843	0.000
Pair 3 KC_30 & RC_30	225	−0.925	0.000
Pair 4 KD & RD	225	−0.730	0.000
Pair 5 KE & RE	225	−0.985	0.000
Pair 6 KF & RF	225	−0.974	0.000

表 6.6　度度相关性检验

Network	Paired Differences					t	df	Sig. (2-tailed)
	Mean	Std. Deviation	Std. Error Mean	95% Confidence Interval of the Difference				
				Lower	Upper			
Pair 1　KA-RA	-21.924 1	17.157 7	1.143 8	-24.178 2	-19.670 1	-19.167	224	0.000
Pair 2　KB_30-RB_30	-19.028 3	17.774 4	1.185 0	-21.363 4	-16.693 2	-16.058	224	0.000
Pair 3　KC_30-RC_30	-22.469 9	17.488 5	1.165 9	-24.767 4	-20.172 4	-19.273	224	0.000
Pair 4　KD-RD	-60.207 3	67.855 0	4.523 7	-69.121 7	-51.292 9	-13.309	224	0.000
Pair 5　KE-RE	-179.654 8	211.663 7	14.110 9	-207.461 9	-151.847 6	-12.732	224	0.000
Pair 6　KF-RF	-130.727 5	155.312 9	10.354 2	-151.131 6	-110.323 4	-12.626	224	0.000

6.3.3.4　节点的度 K 和集聚系数 C 的关系

从表 6.7 和表 6.8 中可以看出，网络 A、网络 B 和网络 C 中节点的度和集聚系数相关性很小；网络 D、网络 E 和网络 F 中节点的度和集聚系数具有比较强的负相关性。

表 6.7　节点的度和集聚系数的相关系数

Network	N	Correlation	Sig.
Pair 1　KA & CA	225	0.006	0.924
Pair 2　KB_30 & CB_30	225	-0.035	0.604
Pair 3　KC_30 & CC_30	225	0.048	0.473
Pair 4　KD & CD	225	-0.984	0.000
Pair 5　KE & CE	225	-0.998	0.000
Pair 6　KF & CF	225	-0.957	0.000

图 6.23 中，横坐标是网络 D 中的节点的度值，纵坐标是集聚系数的均值。从图中可以看出，节点的度和集聚系数之间呈明显的负相关关系。网络中节点的集聚系数和度值之间的关系是：随着节点度值的增加，其集聚系数

减小。集聚系数和度值的图像显示出直线形状，即集聚系数 C 和度值 K 之间存在 $C(k) \sim k^{-\alpha}$ 的关系，也就是说网络 D 具备层次结构。

表 6.8 节点的度和集聚系数的相关性检验

Network	Paired Differences					t	df	Sig. (2-tailed)
	Mean	Std. Deviation	Std. Error Mean	95% Confidence Interval of the Difference				
				Lower	Upper			
Pair 1 KA-CA	112. 393 5	7. 618 274	0. 507 885	111. 392 6	113. 394 3	221. 297	224	0. 000
Pair 2 KB_30-CB_30	111. 853 5	7. 726 990	0. 515 133	110. 838 4	112. 868 7	217. 135	224	0. 000
Pair 3 KC_30-CC_30	98. 270 58	7. 499 133	0. 499 942	97. 285 39	99. 255 78	196. 564	224	0. 000
Pair 4 KD-CD	114. 052 0	32. 230 348	2. 148 690	109. 817 8	118. 286 3	53. 080	224	0. 000
Pair 5 KE-CE	110. 599 3	56. 277 128	3. 751 809	103. 206 0	117. 992 7	29. 479	224	0. 000
Pair 6 KF-CF	98. 066 94	44. 465 236	2. 964 349	92. 225 36	103. 908 5	33. 082	224	0. 000

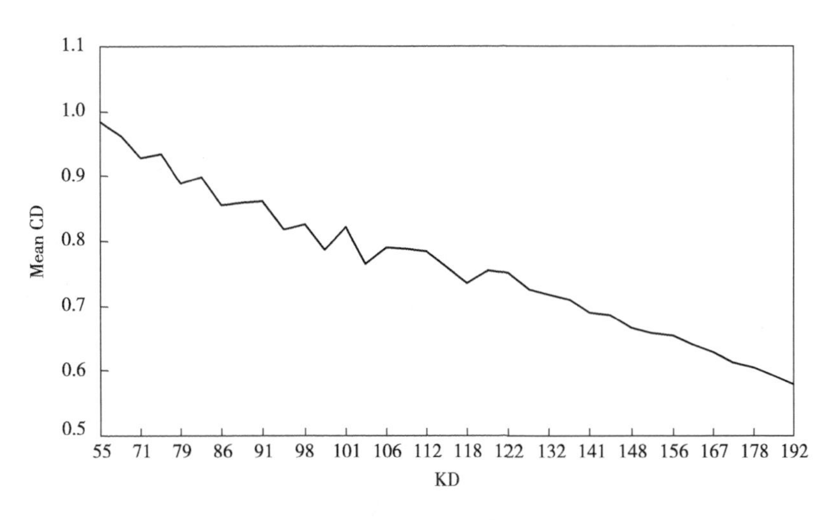

图 6.23 网络 D 的节点的度和集聚系数的相关图

图 6.24 中横坐标是节点的度，纵坐标是集聚系数的均值。从图中可以看出，网络 E 中节点的度和集聚系数之间的关系可以分成两个部分，度值分布在 46～68 的节点，其集聚系数均为 1，即节点的邻居均为全连接，剩余度值

较大的节点随着邻居数量的增加邻居之间的连接可能性降低。

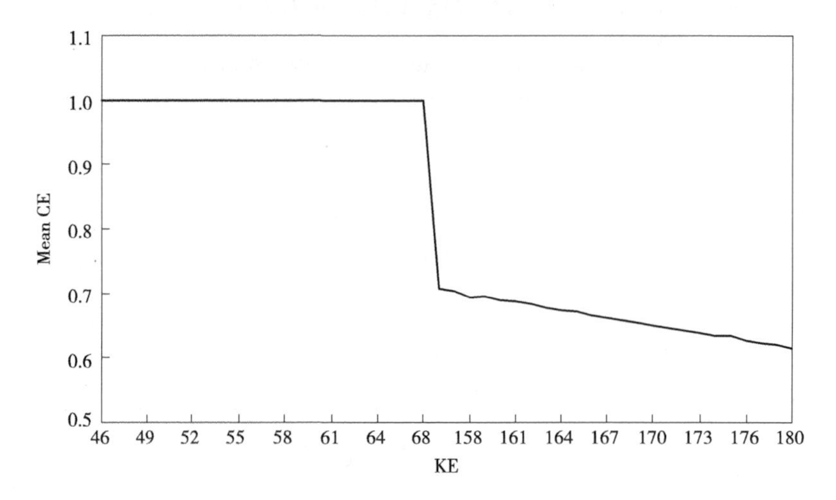

图 6.24　网络 E 的节点的度和集聚系数的相关图

图 6.25 中横坐标是节点的度，纵坐标是集聚系数的均值。从图中可以看出，网络 F 的节点的度和集聚系数之间的关系可以分成两部分，度值较低的一组节点的集聚系数较高，度值较高的节点的集聚系数较低，但组内节点集聚系数相差不大。

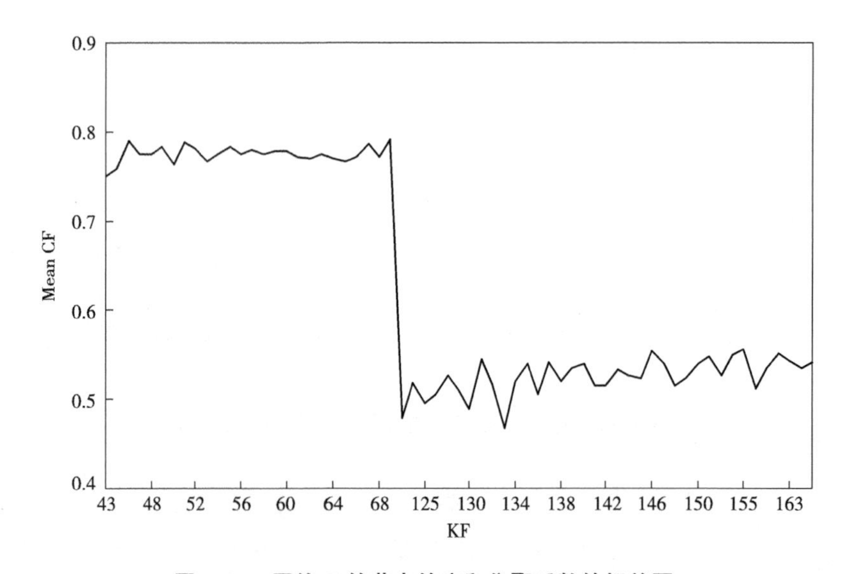

图 6.25　网络 F 的节点的度和集聚系数的相关图

6.3.3.5　对这六个网络的总体分析

从表6.9中可以看到，各个网络的边数都在20 000以上，其中网络A、网络B、网络D和网络E的网络边数都在25 000以上。平均集聚系数较大的是网络D、网络E和网络F，都在0.65以上。就平均度而言，网络C和网络F的平均度比较小，在100以下。

表6.9　六个网络的基本情况

网络名称	平均度	平均集聚系数	网络的边数
网络A	112.90	0.504 31	25 402
网络B_10	111.82	0.499 26	25 160
网络B_20	111.71	0.498 25	25 134
网络B_30	112.36	0.502 01	25 280
网络C_10	90.85	0.405 71	20 442
网络C_20	98.60	0.439 72	22 184
网络C_30	98.71	0.440 53	22 210
网络D	114.83	0.774 64	25 836
网络E	111.43	0.831 80	25 072
网络F	92.72	0.653 06	22 212

从上面的节点的度和度的概率分布、节点的集聚系数、度的相关性和节点的度与集聚系数的关系的分析中可以得到以下结论。

第一，企业网络中的具有一步记忆的网络A和网络B是根据随机概率建立的网络，它们的节点的度的概率分布都近似于正态分布。

第二，对企业网络中的具有一步记忆的网络B和具有两步记忆的网络C进行分析后可以发现，具有两步记忆的网络C趋于稳定，即经过多次合作，企业网络的这些统计量会达到一种稳定状态。

第三，对企业网络中按照距离建立的网络D进行分析后可以发现，其有一定的特征，具备层次结构。

第四，从网络E和网络F中可以看出，如果建立网络时考虑节点的度，那么节点的度和集聚系数的相关图分成三个区间。

从上面的分析总结可以看出，供应链网络建立时考虑的因素不同，网络的统计性质就不同。只是根据随机概率建立的网络，它的度的概率分布近似正态分布；有记忆的网络中，具有两步记忆的最后节点的度分布和集聚系数分布将会趋于稳定；根据节点间的距离建立的网络具有层次结构；根据节点的度建立的网络的节点的度和集聚系数的相关图有明显的三个区间。根据这些因素建立的企业网络，它们的节点的度与集聚系数都是负相关。

6.4 小结

经济全球化的趋势日益加强，企业在全球市场中不再作为单个实体去参与竞争，而是作为供应链的一部分参与竞争，企业之间的竞争已经转变成了供应链之间的竞争。随着人类进入了网络时代，网络化一方面提高了供应链运作的效率，另一方面也给供应链的健康运行带来了很大的挑战和威胁，供应链能否健康稳定地运行逐渐成为一个突出的问题，对供应链的研究日益引起了学者们的重视，开始广泛地从复杂网络的角度来研究供应链网络。

研究网络演化的主要目的就是通过建立动态模型，识别并捕捉对网络拓扑结构有影响的因素，了解网络的动态变化过程，从而更深刻地认识网络的拓扑结构。现实网络在演化过程中，各种微小的变化都有可能影响网络的拓扑结构，而且不同的现实网络受到诸如老化、成本、竞争等因素的影响，演化差异很大，所以对不同的现实网络建立具体的网络模型很有必要。

研究供应链网络的动态演化特点，由此掌握新的方法与策略以提升供应链网络的运行效率和商业利益。基于复杂网络理论，对复杂网络模型在节点进入、连接规则和节点退出上加以改进，构建供应链网络演化模型，对供应链网络演化模型进行节点度分析并对供应链网络中初始、上升、稳定、衰退四个阶段的演化过程进行仿真模拟。演化结果的统计分析表明对构造的供应链网络演化模型的分析结果与供应链网络实证研究结果是一致的，证明了模型的有效性。通过仿真结果分析供应链网络演化过程中的特点，从而针对性地提出了全过程、初始阶段、上升阶段、稳定阶段、衰退阶段的治理策略。本研究基于对供应链网络演化模型的建立和分析提出关于供应链网络的演化治理策略，为现实中供应链的动态演化管理提供管理建议，为提升供应链系统运行能力提供参考。

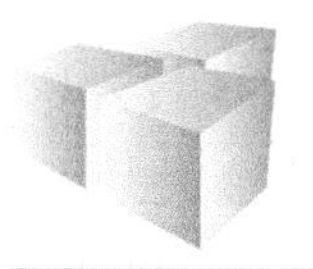

7

在线系统的复杂网络应用研究

复杂网络已经成为研究复杂系统的重要工具，许多实际系统都可以抽象为网络形式，结点表示个体，连边表示个体间的相互作用。如社会系统中的人际关系网用来描述人与人之间的社会关系，论文引用关系网用来描述科研文章之间的引用关系，互联网中的万维网用来表示网页之间的超链接，生物系统中的神经网络用来描述神经元突触之间的连接作用等。

7.1　二分网和符号网络概述

复杂网络模型有多种构造的方法，按照边的类型可分为无向无权网络、有向无权网络、无向加权网络、有向加权网络。

无向无权网络指的是没有自环、没有重边的简单图，即任意两个节点之间至多有一条边，且不存在一个顶点为起点和终点的边。这类型网络的特点是具有对称性。例如，朋友关系网络是根据人们之间的朋友关系所建立的一种典型的社会网络，以人为节点，两人之间若有朋友关系则连接一条边。

有向无权网络指的是网络中的边是有向的和无权的。边的无权指的是所有边的权重都相等，通常情况下设为 1。而边的有向性指的是连边中存在箭头，即连边从一个顶点到另一个顶点。实际生活中有向网络的例子有很多，如科学引文网、电话网、生物中的化学反应等。具体来说，包括万维网的超链接从一个网页到另一个网页沿着一个方向运行；食物网络中的能量从猎物到捕食者流动；引文网络的引用指向从一篇文章到另一篇文章。在某些情形下，无向网可看作双向都存在连边。因此，网络中边的方向性的存在使得有向网络具有不对称性。

无向加权网络中，邻接矩阵的每个元素表示两个节点间的边权值大小。一般地，无向加权网络中每个节点对间的权值是等同的，因而权值矩阵是对称的。例如，在国际航空运输航线网络中，以机场作为节点，以两个机场间的直飞航线作为边航线所能提供的旅客座位数量作为边的权值。

有向加权网络中，节点间相互作用有明确方向且可能不对等。例如，在高压输电网络中，在采取并行恢复策略时，将所有高压输电线路和变压器之路抽象为网络中的加权边，权重为同一电压等级下的输电线路或变压器之路的充电电容。在药物作用网络中，以药物分子和病毒蛋白作为节点，若药物分子对某种蛋白有作用，即被赋予有向边，作用效果则被赋予加权。在道路交通网络中的单项车道对应的就是有向边，边的权值常常对应于连接两地的道路的长度或者车辆通行需要的时间等。

按照网络内节点类型的数量，可以把复杂网络分成单顶点网络、多层网络和二分网络。

多层网络是一个由多个单顶点网络组成的网络集，每个单顶点网络对应一个网络层，网络连边不仅包含网络层内连边，还包含不同层间连边。例如，互联网与电网、电信网、金融网、社会网构成的 5 层超网络。互联网以电力网为支撑，电力网通过电信网得到指令进行所需操作，电力、电信、金融银行都必须登录互联网进行网上互动，交流各种信息，完成各种任务。

二分网络有两类节点，连边只存在于不同类型的节点之间，许多实际网络自然呈现二分性，例如广义合作网中演员–共同参演的电影的网络、科学家–论文网，两类节点中一类可以归结为个体或者参与者，即演员、科学家等，另一类是事件、项目或者场合，如电影、论文等。再比如在线系统中用户购买商品或对商品进行评价打分，构成在线系统中的用户–商品网络。二分网络不仅具有普遍性，而且也是复杂网络中的一种重要的网络表现形式，已经成为复杂网络的重要研究对象。

二分网络的一种重要的研究通常是把二分网络投影到单顶点网络，然后进行网络分析。从二分网络到单顶点网络的投影方式有多种，分为无权投影和加权投影两类。二分网络已有研究工作集中在同质网络中，部分考虑异质性，主要从带有权重和方向两个方面考虑。例如人与人之间的关系有亲疏远近，科学家之间的合作关系有一次合作和多次合作；如论文间有引用和被引用的关系，网页间有链接和被链接的关系等。

值得注意的是，复杂网络的连接还可以是有正负的，正向边和负向边分别代表积极和消极的作用，在社会、生物和信息等领域，很多复杂系统中都存在着这种正负关系，如人与人之间的朋友和敌人关系、国家与国家之间的竞争与合作、社交网络上用户之间的支持与反对等。研究带有正负连接的网络对准确认识复杂系统和其上的应用具有重要意义，例如在线系统根据评价进行用户–商品二分网络到单顶点投影时，如果将所有评价信息都考虑到研究问题中，根据好评和差评等用户之间对于商品的喜好或评价的不同态度构建出带有正负的异质关系网络，正边表示用户的观点一致，负边表示用户之间的观点相反，由此构建的用户异质关系网络更加准确，结合负边信息能在社交网站上更有效地进行推荐和信息过滤。

正负相互作用网络在现阶段具有重要的研究意义和应用价值，并已引起不同领域研究人员的关注，其中“负边的作用和意义”是这种异质网络研究的重点和难点。

下面从网络的表现形式及性质、网络模型的应用两个方面来简述国内外研究现状和发展动态。

（1）正负相互作用网络的表现形式及性质，主要是网络的静态拓扑结构分析。

在社会、信息领域把正负相互作用网络称为符号网络（signed network），程苏琦等（2014）对相关研究工作进行了综述。与之相关的有两个基础理论：结构平衡理论和地位理论。结构平衡理论最早由社会学家 Heider（1946）提出，该模型把人与人之间的关系分为积极和消极两种类型，并通过实证分析阐述了关系类型的演化规律，之后 Cartwright 和 Harary（1956）用正、负数学符号进行了表述，Davis（1967）放宽了 Heider 结构平衡理论的约束条件，提出了“弱结构平衡理论”。地位理论由 Leskovec 等（2010）提出，适用于有向网络，边的符号取决于节点地位的差异，如一条由 A 到 B 的正边（负边）表示 A 认为“B 的地位比 A 高（低）”，而这种地位高低关系具有传递性。

Bonacich 等（2004）把无向的符号网络表示成链接矩阵 A，矩阵中的每一个元素 a_{ij} 代表节点 i 与节点 j 的连接，当节点 i 与节点 j 间连接为正向连接时则 $a_{ij}=1$，当两个节点间连接为负向连接时 $a_{ij}=-1$，否则 $a_{ij}=0$，以此为基础研究了具有平衡结构的矩阵 A 的性质（网络可以分成两个子集，分别包含正向边和负向边）。Kunegis 等（2009）把 Slashdot Zoo 语料库抽象成有向符号网络，并表达成链接矩阵 A，其中的元素 $a_{ij}=1$ 代表用户 i 把用户 j 标记成朋友，而 $a_{ij}=-1$ 表示用户 i 把用户 j 标记为敌人。类似地，Higa 等（2011）在限制性布尔网络条件下将基因间的调控关系表达成链接矩阵 A，其中的元素 $a_{ij}=1$ 表示基因 j 对基因 i 为正向调控，$a_{ij}=-1$ 表示表示基因 j 对基因 i 为负向调控，$a_{ij}=0$ 表示基因 j 与基因 i 之间没有关系。

微观尺度上网络拓扑研究主要研究节点的中心性度量。Kunegis 等（2009）用 FMF（节点正、负度值之差）来衡量网络中节点的受欢迎程度，以及用 PageRank 和各种谱排序来衡量结点的中心性，并定义了集聚系数、点的流行度、边的距离和相似度等指标。Bonacich 和 Lloyd（2004）定义了特征向量中心性、c（β）中心性。Kerchove 和 Dooren（2008）设计了符号网络的 PageRank 变种算法 PageTrust，用来评价含有负链接的页面网络中的页面可信度。

整体性质上网络拓扑的已有研究集中在分析网络的平衡（尤其是在社会系统中），其中统计网络中平衡三角形数量占全网三角形数量的比例的方式被广泛使用。Kunegis 等（2009）将其数学化称为符号聚集系数，通过增加方向性的约束将其进一步扩展到有向无权符号网络中。Leskovec 等（2010）发现局部的平衡性比全局的更强。Szell 等（2010）通过收集指纹构造了约 30 万人的在线游戏社交网络，通过他们之间的正负关系构造三角模型，发现了负相互作用比正相互作用更少，形成的社团更弱，且度分布胖尾现象更明显。另一种方式（Harary，1959，1960）是度量可使普平衡网络转变为平衡网络需要移除或修改符号的最少边数，其中对应的边集合被称作“negation-minimal”。

（2）正负相互作用网络的应用，集中在社交系统、信息系统等。

在社交领域，Bonacich 和 Lloyd（2004）分析了一个修道院中修道士网络的组成结构及重要节点，用特征向量中心性去度量节点在对立派系中的重要性。Leskovec 等（2010）讨论了积极和消极的相互作用如何影响在线社交网络的结构，在多个在线社会网络上进行地位理论的实证分析，统计显示当忽略边的方向时，满足结构平衡的三角形（三边全正、两负一正）数量显著多于不满足结构平衡的三角形数量。Szell 等（2010）研究大型在线游戏社交网络，把友谊、交流和贸易当作正相互作用，敌意、武装侵略和惩罚作为负相互作用构造多个三角结构，发现了正、负相互作用在统计性质上的区别。

在信息领域，研究集中在态度预测、用户特征分析和聚类、个性化推荐等方向。Guha 等（2004）最早研究了信任网络中边的符号预测问题，他们分析了信任关系和不信任关系的传播行为，结果表明不信任关系仅传播一次的机制更为有效。Zolfaghar 和 Aghaie（2010）对用户间的信任和不信任关系进行预测。Mishra 和 Bhattacharya（2011）针对信任网络设计了指标，用于识别网络中用户的偏好性和权威性。Ma 等（2009）将用户间的信任与不信任关系直接建模为用户观点间的相似与不相似属性，正边和负边信息直接作为正则项加入用户-项目的矩阵分解对应的目标函数中，证明了用户之间的不信任关系和信任关系同等重要。

虽然对于正负相互作用网络的研究和应用已经有了一定的成果，但是在研究正负相互作用的异质关系网络中仍旧存在一定挑战和难点。首先在网络构建过程中有关负相互作用的界定并没有严格和统一的定义标准；另外构建网络连边时，通常定义一个阈值，当节点间相互作用大于给定阈值时则建立连边，那么阈值的选取成为影响网络构建的一个重要因素，如果给出一个合理的阈值选取准则，尤其当网络中存在正负异质相互作用时，两类连边则对应多个阈值，增加了网络挖掘的复杂性。此外，尽管有关正负相互作用网络研究有了一定的成果，但对于二分网络投影到单顶点网络中对于存在正负的异质关系的投影研究较少。对于研究的重点和难点——负边的作用和意义，还有很大的研究空间。

7.2 在线系统用户异质关系挖掘

一个二分网络定义为一个三元组 $G=(T, \perp, E)$，其中 T 表示上顶点集合，$\perp$ 表示下顶点集合，$E \subseteq T \times \perp$ 表示边的集合，与普通网络的区别为二分网络顶点集合可分割为两个互不相交的子集，并且网络中的任意一条边所关联的顶点分别属于两个不同的顶点集。例如，在用户话题网络中，一类节点表示网站中的用户，另一类是网站中的话题，两类节点间的边表示用户对于话题的参与关系；在科学家论文网络中，一类节点表示科研工作者，另一类节点表示学术论文，两类节点间的边表示论文与其作者的隶属关系。其他类似网络如电影评分网络、商品评分网络、意见网站等。

现实世界中二分网络的普遍性，使得针对二分网络不同类型节点间的链路预测、信息过滤以及推荐算法的研究具有广泛的应用价值，如分析购物网站用户可能购买的商品、预测论坛用户可能参与的主题等。传统的对于在线社交系统的分析通常基于用户与商品的评价信息，删除用户对于商品的差评，对好评结果进行相似性分析，相似性（similarity，用 s 表示）描述不同节点特征之间的相似程度，节点相似性指标非常重要，在链路预测、节点聚类、个性化推荐、社团挖掘方面应用都很广泛。目前节点相似性的定义非常多，常用的有基于节点共同邻居的共同邻居相似性 common neighbor（CN，$CN=|\Gamma(i) \cap \Gamma(j)|$），在线系统不同的用户对商品进行评价和打分，通过分析打分和评价情况（如果两个用户喜欢很多共同商品，则两者的相似程度比较高）

以及考虑到两个用户本身评价商品数量的影响，相关改进的基于共同邻居的指标被提出，例如 Jaccard 节点相似性：

$$s_{ij}^{\text{Jacc}} = \frac{|\Gamma(i) \cap \Gamma(j)|}{|\Gamma(i) \cup \Gamma(j)|}$$

式中，$\Gamma(i)$ 表示用户 i 喜欢的商品集合，$|\cdot|$ 表示求集合元素的个数。通常来讲，如果两个用户相似程度高，则相似性指标 S 数值比较高，从而由用户-商品的二分网络构建了用户之间的关系网络或用户兴趣相似度网络。通常由此建立的用户关系网络中用户之间的相互作用是同质的，但是这样的分析方法损失了大量的信息，将用户的所有评价进行综合考虑分析更贴近实际。已有的相似性指标并不能衡量用户之间存在的异质关系，根据 Jaccard 相似性，给出描述用户 i 与用户 j 之间具有正负的异质关系相似性定义（s^{sign}），正相似表示两个用户对商品喜好相同或相似，或者对商品评价或打分相似；负相似表示两个用户对商品的喜欢相异，或者对商品的评价或打分相反。

$$s_{ij}^{\text{sign}} = \frac{\sum_{\alpha \in \Gamma(i) \cap \Gamma(j)} \text{sign}(\text{rating}(\alpha, i), \text{rating}(\alpha, j))}{|\Gamma(i) \cup \Gamma(j)|},$$

式中，$\text{rating}(\alpha, i)$ 表示用户 i 对商品 α 的打分（喜欢或不喜欢）；

$$\text{sign}(\text{rating}(\alpha, i), \text{rating}(\alpha, j)) = \begin{cases} 1, & \text{if } \text{rating}(\alpha, i) = \text{rating}(\alpha, j) \\ -1, & \text{if } \text{rating}(\alpha, i) \neq \text{rating}(\alpha, j) \end{cases},$$

即若用户 i 与用户 j 对同一个商品都喜欢或都不喜欢，则为 1，若二者对同一商品态度或评价相反则为-1。

如图 7.1 所示，(a) 表示用户-电影评价二分网络，传统投影方法为删除差评，根据好评信息，若两个用户同时喜欢一部电影则两个用户建立联系，如 (b) 所示，此时投影到单顶点的用户关系网络，网络的边是同质的，此时用户关系网络被分为独立的三个子图，而应用符号相似性（s^{sign}）建立的用户关系网络如 (c) 所示。由于保留了差评信息，投影的关系网络成为一个连通集团，用户之间更多样、更丰富的相互关系得到体现，通过挖掘用户之间的异质相互关系，投影的用户关系网络的边具有正负号，此时的用户关系网络能够更全面、更准确地展现二分网络的面貌。

图 7.2 显示了二分网络投影到用户关系网络（以 Movielens 为例）时，正负相似性（s^{sign}）与 Jaccard 相似性（s^{Jacc}）指标结果的相关情况，图 7.2 (a) 为用户关系的相似性累积分布图，插图为概率密度图，可以看出正负相

似性与 Jaccard 相似性均成指数分布，用户之间的相似程度大多强度不高，随着相似关系强度的提高成指数衰减，但是同时正负相似性与 Jaccard 相似性分布也具有不同性质，随着指数的增加衰减指数不同，可以看出正负相似强度的绝对值比 Jaccard 相似性绝对值的分布范围要小。由于剔除了评价中的差评只保留了好评，使得用户态度之间相似性强度提高，这一结果在图 7.2（b）中更明显，总体来看 Jaccard 相似性与正相似性呈现正相关的关系，但是二者分布范围不同，从图中框出部分可以看出，正相关性不为零，但是 Jaccard 相似性为零，有可能是由于用户同时给出差评，实际两个用户观点相同，但是传统投影过程中删除了差评，从而无法反映由于共同给出差评而带来的用户意见相同的联系。图 7.2（c）显示了负相似性与 Jaccard 相似性的相关关系，数据分布在下三角的位置，但明显呈现异方差特性，即随着 Jaccard 相似性的降低负相似性离散程度增加、分布范围增加，用 Jaccard 相似性的强弱无法准确衡量实际负相似性的强弱。

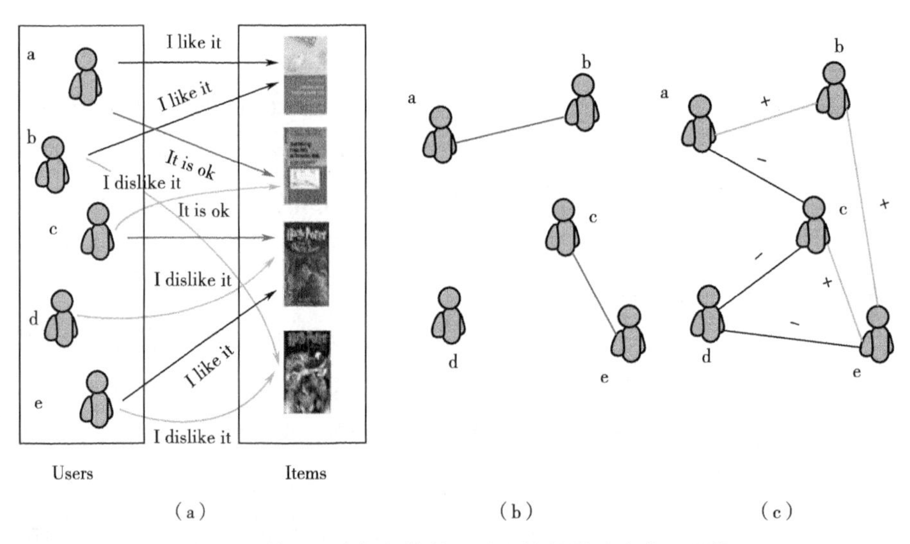

图 7.1　基于用户相似性的二分网络投影用户关系网络

本章所分析的二分网络包括 Movielens，RYM，意见网络（Epinions）和豆瓣网络。Movielens 是电影-用户评分网络，使用的是明尼苏达大学 GroupLens 研究中心从 Movielens 网站上收集来的信息。Movielens 是一个推荐系统，在网站中给用户推荐电影。它通过收集网站上影迷给电影打的评分，并利用协同过滤技术达到推荐的目的。根据网站会员对电影的评论内容来给会员归类：

将对相同电影有类似评论的会员归为一类，并利用这些信息来给会员做个性推荐。电影用户评分二分网络中包含了用户和电影类节点，用户对某个电影发表了意见或评分就会形成该用户到电影的连接。

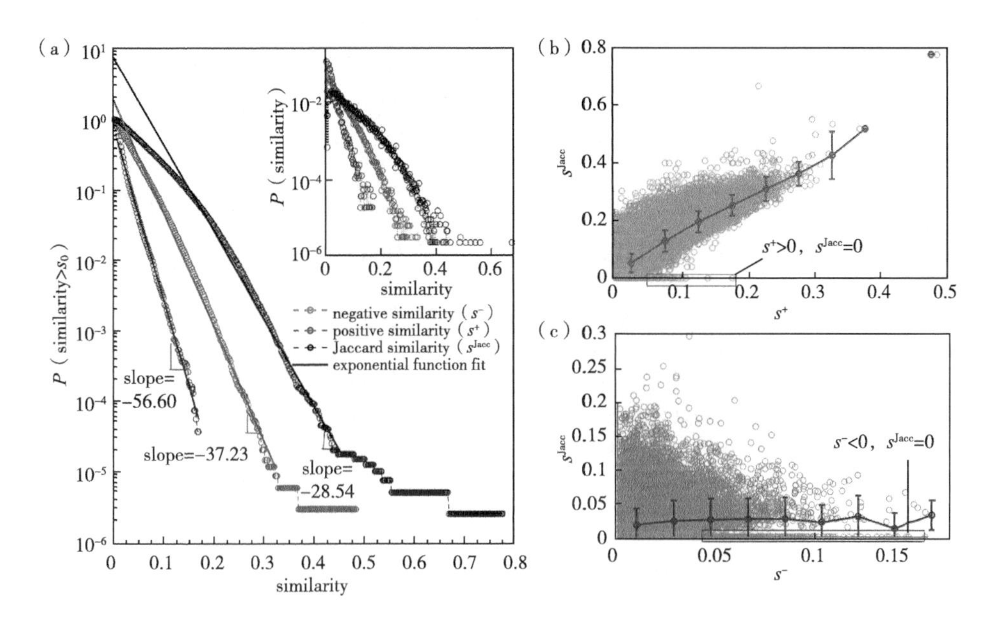

图 7.2 符号相似性与 Jaccard 相似性相关图

Rate Your Music（RYM）是由 rateyourmusic. com 网站提供的数据产生的网络，是一个在线协同元数据（collaborative metadata）的数据集，是一个关于音乐和音乐专辑以及电影的分类、用户的评价与评论的网站。RYM 是一个社区网站，二分网络中包含了用户和音乐专辑类节点，用户对音乐专辑的评分或者意见形成用户到音乐的连接。

意见网络（Epinions）是由 Epinions 网站提供的数据产生的，它收集会员对已买物品的评价数据并对此进行挖掘分析，根据分析结果为潜在的消费者提供有价值的需求、无偏的建议、深度的产品体验和个性化购买决策支持等。评分的物品涉及社会生活的各个方面，例如汽车、楼房、其他生活日用品等，每种物品都有大量的用户评价，网站中的数据和信息被广泛应用于各类推荐系统。在用户-商品的二分网络中，用户对某件商品的评分或评论形成了两类节点之间的链接。

豆瓣是由豆瓣网站数据产生，该网站提供图书、电影、音乐唱片的推荐、评论和价格比较，根据用户对产品的评价形成推荐和排名等。在此二分网络中有用户与音乐唱片两类节点，由用户对某一专辑的打分形成两类节点之间的链接。

表 7.1 给出了本书中选取的四个实证网络投影到用户形成的异质关系网络的基本情况，其中 Movielens 是对电影的评价，RYM 和豆瓣是对音乐的评价，Epinions 是用户对商品的评价，从表中可以看出 RYM 负边比例 4.4%、豆瓣负边比例相对较少，为 1.67%有可能对于音乐而言用户的评价趋向于一致，总体用户之间意见不同的比例比较低，相对而言，对于商品的评价意见不同的比例最高，可能商品的重点用户的个人体验和评价更趋于多样性。

表 7.1　实证网络统计性质

Network	Node (N)	Links (E)	positive links (link+)	negative links (link-)	Positive sim (s^+)	Negative sim (s^-)
Movielens	943	379 456	327 687 (86.39%)	51 769 (13.61%)	(0, 0.483 9]	[-0.166 7, 0)
Rym	24 775	70 842 622	67 727 932 (95.6%)	3 114 690 (4.4%)	(0, 1]	[-1, 0)
Epinions	28 422	16 309 761	12 555 677 (76.98%)	3 754 084 (23.02%)	(0, 0.5]	[-0.4, 0)
Douban	20 677	32 271 899	31 732 778 (98.33%)	539 121 (1.67%)	(0, 1]	[-0.393 9, 0)

7.3　在线系统用户异质关系网络的渗流分析

在构建用户关系网络过程中，当两个用户相似程度的强度足够大时，通常在大于给定阈值时才在用户之间建立一条连边。那么用户关系网络的拓扑结构就与给定的阈值有一定关系，不同阈值选取的策略可能带来不同的结果。而对于阈值选取的准则，现阶段并没有一个统一标准。

在同质关系网络中，当需要给定节点间相关强度阈值以建立节点间连边时，这样的一个阈值建立过程，可以自然地映射到 $N \times N$ 晶格上的渗流过程（percolation）。渗流是一个分析随机网络上连通集团相变过程的模型。

当选择比较小晶格占据概率时，渗流过程的最大连通集团保持较小规模，网络中形成无限大连通集团的概率为0，渗流理论的关键概念是存在一个临界概率或临界阈值，在临界概率发生相变，网络中最大连通集团的规模急剧增加，此时网络中形成单一的连通晶格上下左右边界的最大连通集团，出现无限大连通集团的概率突变为非零的常数。

但是当用户关系网络中存在异质相互作用时，原渗流模型不能直接适用，因为此时网络中存在正负两类关系，由于负边在网络中比例比较低，而负边在网络中的作用与正边可能存在不同，正负两类关系的阈值不是相同的。所以将原来的渗流模型进行了扩展，讨论正负相互作用强度的阈值分别变化时，用户关系网络形成的第一大连通集团规模的变化规律，具体如图7.3所示。从图中可以发现，最大连通集团规模在正负相似性阈值变化过程中并不是连续变化的，并且固定其中一类相似性阈值仅改变另一类相似性阈值时，发生了渗流模型的相变过程。

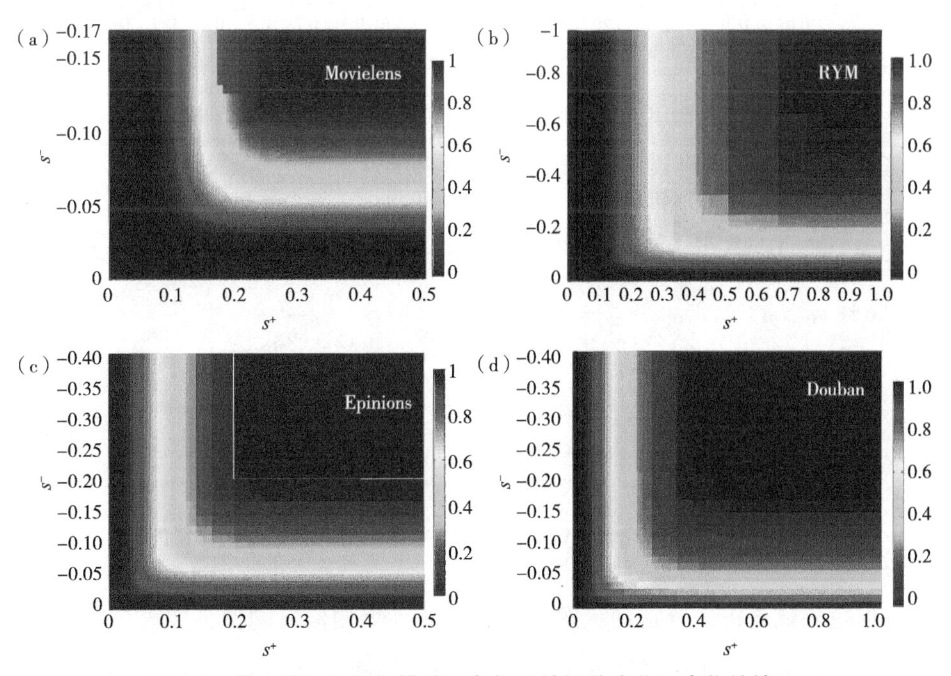

图7.3 最大连通集团规模随正负相似性阈值变化而变化的情况

在图7.4中，红色曲线表示固定负相似性取值范围，仅改变正相似性阈值时连通集团规模变化，蓝色曲线表示固定正相似性阈值，仅改变负相似性阈值时连通集团规模变化情况，圆圈表示最大连通集团占总结点比例的变化，正方形表示次大连通集团占总结点比例的变化。可以看到固定一类相似性阈值，当降低另一类阈值时最大连通集团的规模增加，但此变化存在不连续的跳跃，此时意味着发生了相变，最大连通集团通过与其他连通集团或模块的合并，使规模增大，最终形成占据几乎所有节点的唯一的最大连通集团。同时由图 7.4 的插图可以看出，随着阈值的降低，当第一大连通集团规模跳变增加时，次大连通集团规模同时急剧下降。

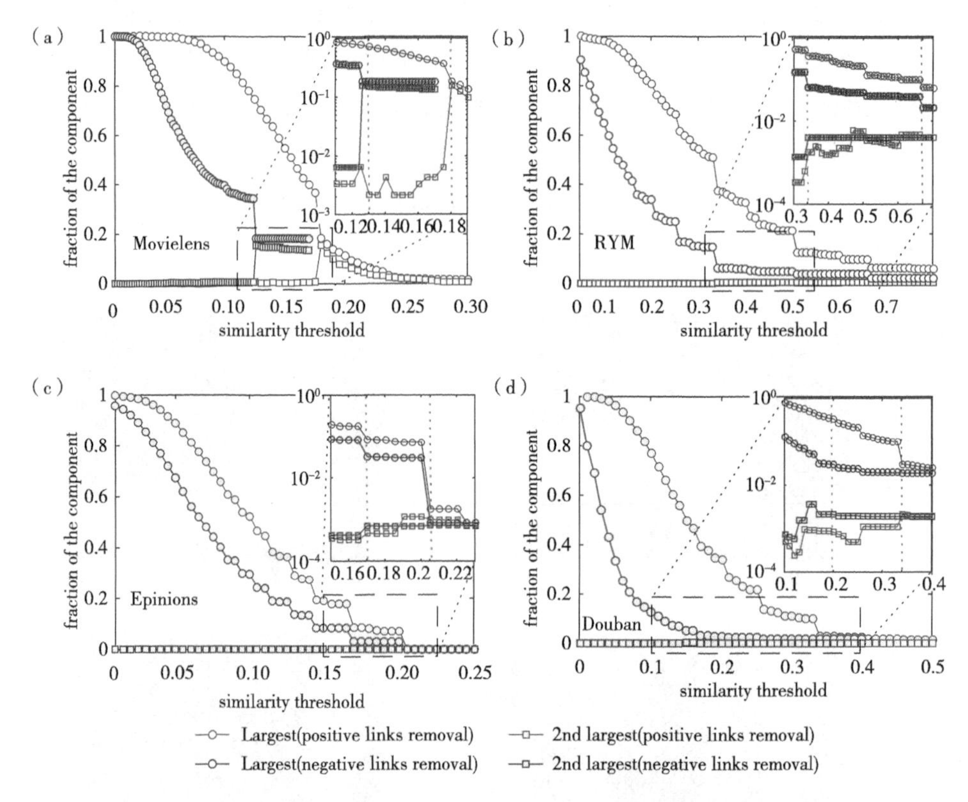

图 7.4　仅改变一类相似性阈值时最大与次大连通集团规模变化情况

通过渗流分析，分别确定发生相变时的正负相似性阈值，如表 7.2 所示，由此当正相似性大于给定的 p_c 时，两个用户之间存在正的连边，表示两个用户意见相同或者兴趣相同；当负相似性小于给定的 n_c 时，两个用户之间存在负的连边，表示两个用户对电影、音乐或者商品的喜好不同、意见相反，从而构建了四个强相互作用下的用户异质关系网络。

表 7.2 正负相似性阈值

Network	positive threshold (p_c)	negative threshold (n_c)
Movielens	0. 180	−0. 13
Rym	0. 670	−0. 34
Epinions	0. 205	−0. 17
Douban	0. 340	−0. 20

7.4 在线系统用户异质关系网络分析

7.4.1 阈值变化时网络拓扑性质的变化

正负相似性阈值选取绝对值由低到高变化过程中，网络中的连边逐渐减少，呈现指数衰减的规律，如图 7.5 所示。

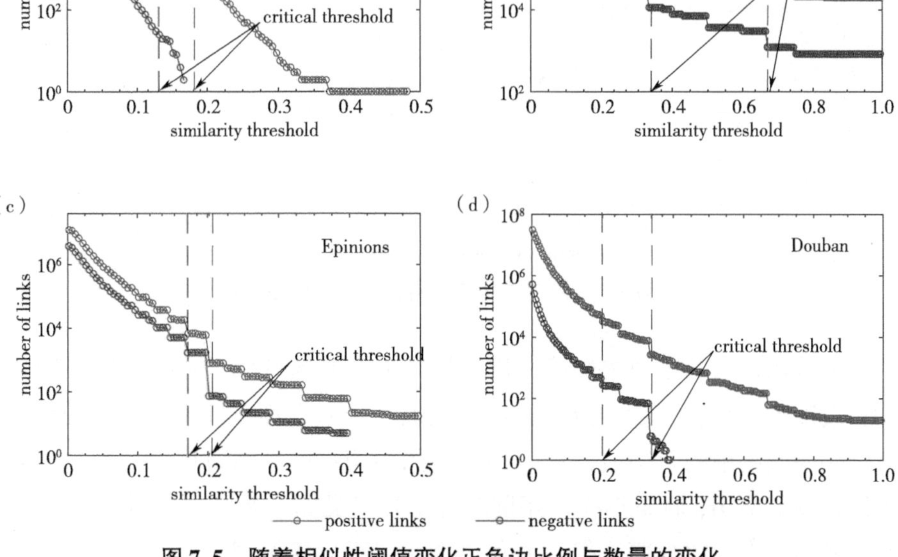

图 7.5 随着相似性阈值变化正负边比例与数量的变化

根据结构平衡理论，如图 7.6 所示，图（a）和图（b）（用 tri_ p_ nn 表示）所示的三角形关系为结构平衡的（用 tri+表示），图（c）（用 tri_ n_ pp）和图（d）所示三角形为结构不平衡的，讨论在线系统的用户异质关系网络的结构平衡性时，计算平衡三角形在所有三角形中所占比例，可以发现强连接情况下用户关系完全平衡，正边的加入不改变网络结构平衡性，加入负边时，用户关系网络平衡性降低，但实证中网络仍保持较高的平衡性（见图 7.7）。

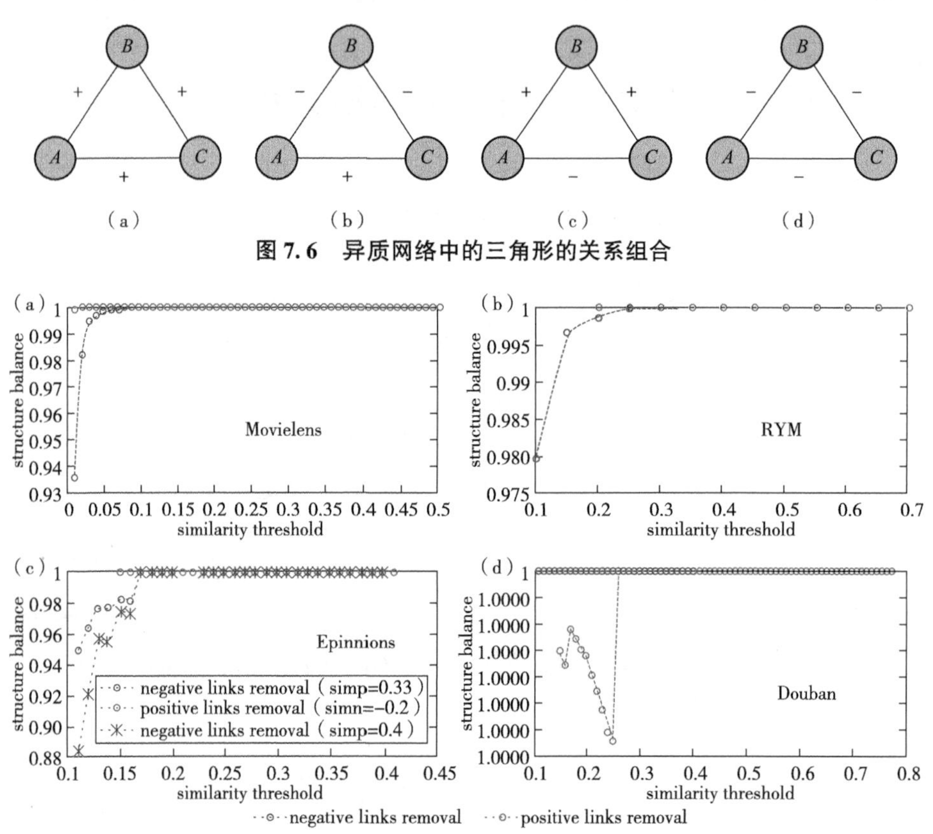

图 7.6　异质网络中的三角形的关系组合

图 7.7　用户异质关系网络结构平衡性情况

随着网络中的正边的删除，用户异质关系网络形成的最大连通集团的平均正度逐渐减少，正度的分布范围急剧缩小，而平均负度没有明显变化；当逐渐删除网络中的负边时，最大连通集团中用户的平均负度随之减少，分布范围也逐渐缩小，而同时平均正度略有上升（见图 7.8）。可以推测网络中正边更倾向于在集团内部连接，而负边更倾向于连接集团之间，当正边逐渐删除时，最大连通集团内部正边的减少快于最大连通集团规模的减小，而删除负边时强连接情况下的小集团更易于从最大连通集团上剥离，使得最大连通集团内部的正边密度增加。

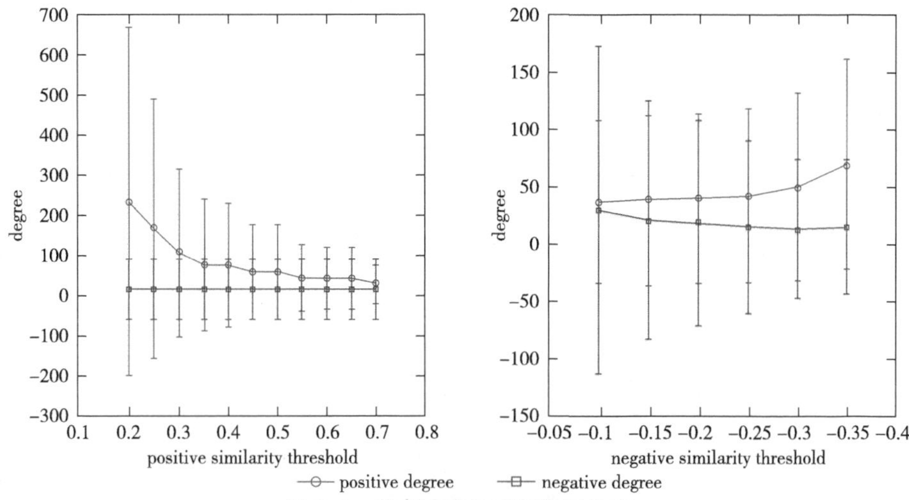

图 7.8 用户异质关系网络正负度

由图 7.9 可以看出用户异质关系网络中正的集聚系数显著高于负的集聚系数，在局域中意见相同的用户更容易形成聚集，相比之下，意见不同的用户较难形成集聚。

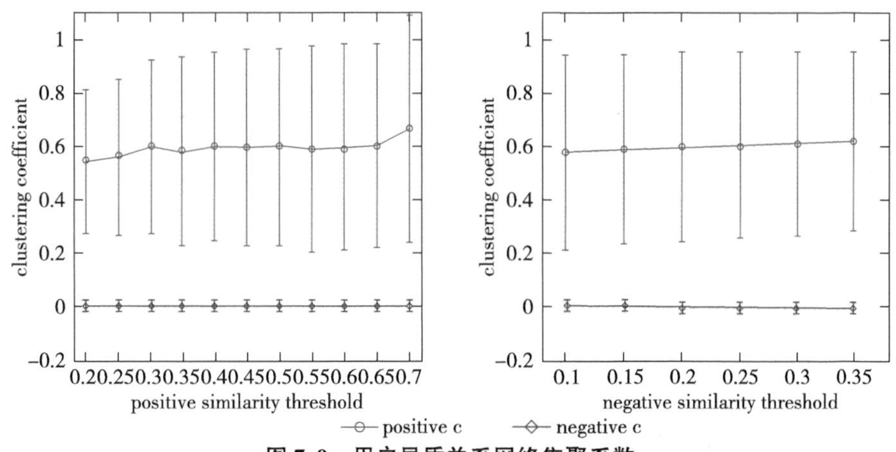

图 7.9 用户异质关系网络集聚系数

7.4.2 用户异质关系网络拓扑性质分析

在强连接情况下用户异质关系网络拓扑性质如表 7.3 所示。

表 7.3　强连接下用户异质关系网络拓扑性质

Network	N	E_ all (E −)	Ntri (tri +)	tri_ p_ nn	tri_ n_ pp	Mean(k +) (std(k +))	Mean(k −) (std(k −))	Corr (k +, k −)	Mean(C +) (stdC +)	Mean(C −) (stdC −)	maxl	Meanl (stdl)
movie_ s	172	788 (1)	2 162 (2 162)	0	0	9. 20 (11. 21)	1 (0)	NaN	0. 428 795 (0. 367)	0 (0)	7	2. 878 (0. 568)
	142	237 (23)	84 (84)	8	0	3. 24 (2. 80)	1. 59 (1. 57)	0. 220	0. 224 395 (0. 343)	0 (0)	13	5. 234 (1. 223)
rym_ s	1 576	33 439 (10 872)	6	364 073	0	44. 55 (57. 66)	14. 71 (58. 68)	−0. 004 2	0. 738 705 (0. 350)	0 (0)	15	3. 309 (0. 899)
	102	5 151 (0)	171 700	0	0	101 (0)	NaN	NaN	1 (0)	NaN	2	1. 010 (1. 12E−15)
	79	183 (144)	156	126	0	2. 79 (1. 97)	3. 65 (5. 42)	0. 627	0. 459 014 (0. 461)	0 (0)	7	3. 091 2 (0. 632)
Ep_ s	999	1 758 (1 393)	184	67	0	2 (1. 71)	3. 54 (4. 35)	−0. 106	0. 212 955 (0. 369)	0 (0)	26	9. 160 (1. 860)
	22	29 (13)	2	0	0	1. 88 (1. 73)	2. 6 (1. 26)	0. 157	0. 161 064 (0. 334)	0 (0)	6	2. 707 (0. 535)
	21	21 (0)	1	0	0	2 (1. 38)	NaN	NaN	0. 028 571 (0. 081)	NaN	7	3. 415 (0. 675)
douban_ s	517	2 095 (140)	8 373	65	0	9. 35 (12. 40)	1. 92 (5. 39)	−0. 087	0. 493 896 (0. 405)	0 (0)	24	7. 810 (1. 672)
	41	81 (1)	67	0	0	4 (4. 21)	1 (0)	NaN	0. 437 217 (0. 405)	0 (0)	7	2. 892 (0. 745)
	27	40 (0)	19	0	0	2. 96 (2. 21)	NaN	NaN	0. 299 118 (0. 387)	NaN	7	3. 232 (0. 702)

为了研究用户异质关系网络的拓扑性质，分析了在强连接情况下（在阈值 pc 和 nc 下）形成的所有连通集团（cluster 或 module）的规模（cluster mass，Nc）与此集团中用户到达其他用户的平均最短路径（mean L）以及集团拓扑直径（diameter）的关系，如图 7.10 所示，在双对数坐标下呈直线，$L \propto N^{d_f}$，其中 $d_f = 0.281 \pm 0.081$。最大连通集团内部任意两个用户的平均最短路径分布如图 7.11 所示，对于这四个实证社交网络中用户之间的关系网络而言，在最大连通集团内部，用户之间的最短距离都在网络平均最短路径附近，最短路径分布尾部均呈现指数衰减。

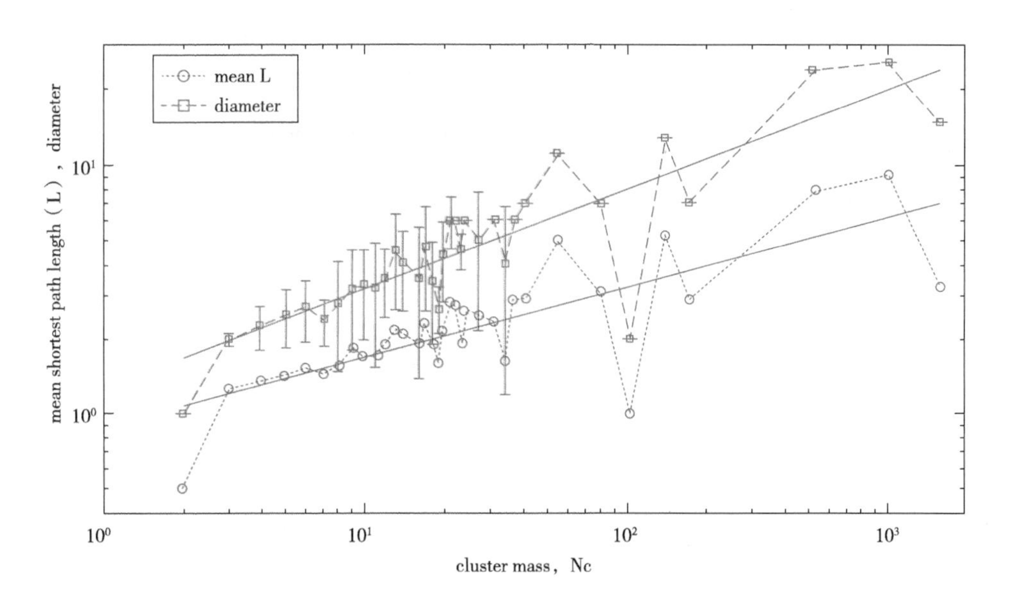

图 7.10　用户异质关系网络连通集团规模与集团直径和平均最短路径的关系

当继续减小正负相似性阈值时，弱连接加入网络使得原来孤立的集团之间连通，弱连接充当了网络集团之间的捷径（shortcuts）。图 7.12 左图显示在强连接情况下（pc 和 nc）用户关系网络中四个集团相互分离（其中红色表示正边，蓝色表示负边，节点的不同颜色表示所属不同社团），当加入弱连接后，如右图所示，四个孤立的集团被弱连接连成连通的集团，灰色节点表示新加入节点（new nodes），弱连接的阈值（pw 和 nw）如表 7.4 所示。弱连接加入后用户关系网络拓扑性质如表 7.5 所示。

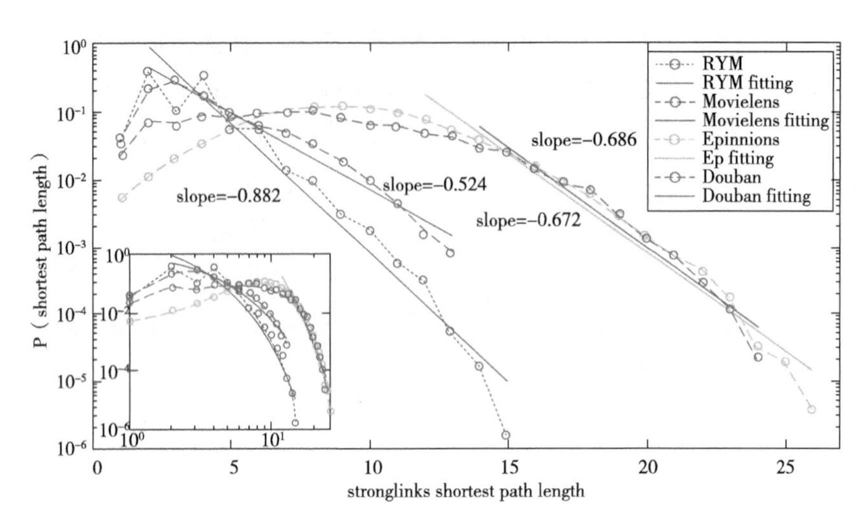

图 7.11 强连接用户异质关系网络中平均最短路径分布

图 7.12 用户异质关系网络可视化图

表 7.4 弱连接的正负相似性阈值

Network	Positive threshold（p_w）	Negative threshold（n_w）
Movielens	0. 175	−0. 100
Rym	0. 600	−0. 200
Epinions	0. 200	−0. 125
Douban	0. 250	−0. 110

表 7.5　弱连接加入之后用户异质关系网络拓扑结构性质

Network	N	E_ all (E -)	Ntri (tri +)	tri_ p_ nn
movie_ w	382	1 344 (126)	3 161	73
rym_ w	4 978	102 816 (2 793)	4 207 511 (4 207 475)	1 024 679
Ep_ w	2 478	5 364 (4 841)	388	250
douban_ w	3 821	14 569 (2 345)	66 289	2 784

Network	tri_ n_ pp	Mean(k +) (std(k +))	Mean(k -) (std(k -))	Corr (k +, k -)
movie_ w	0	7. 27 (10. 13)	2. 05 (2. 90)	0. 036
rym_ w	0	48. 67 (81. 13)	13. 57 (67. 05)	0. 001 2
Ep_ w	0	1. 74 (1. 47)	4. 45 (6. 01)	0. 017
douban_ w	0	8. 45 (13. 42)	2. 54 (8. 68)	-0. 060

Network	Mean(C +) (stdC +)	Mean(C -) (stdC -)	maxl	Meanl (stdl)
movie_ w	0. 358 339 (0. 371)	0 (0)	14	5. 559 (1. 153)
rym_ w	0. 619 118 (0. 365)	0. 000 725 (0. 012 8)	26	5. 254 (1. 679)
Ep_ w	0. 158 188 5 (0. 332)	0. 000 168 6 (0. 003 93)	21	7. 207 (1. 321)
douban_ w	0. 490 178 (0. 407)	0 (0)	20	6. 186 (1. 121)

进一步查看新加入弱连接在集团间与集团内的分布，如表 7.6 和图 7.13 所示，集团内部正边比例高于集团间正边比例，负边更多分布在集团之间。

弱连接所连接的节点最短路径分布呈幂律分布，对比强连接中最短路径分布的指数分布可知，弱连接比强连接有更多的可能连接长程连接（见图 7.14）。

最后分析了强连接下的集团在弱连接加入后形成的新连通集团，同时加入了一些新的节点，由于对于相似性的定义类比于 Jaccard 相似性，符号相似性的取值正比于两个用户共同评价商品中意见相同的个数，反比于两个用户总体评价的商品数，所以对于两对用户来说，尽管共同评价商品的意见相同，有可能由于用户评价商品数量增加使得二者相似性绝对值减少，那么集团之间的连接是否具有这些特征的用户的加入导致的呢？通过图 7.15 可知，用户关系网络的集团之间的区别并不是由于其评价商品数量导致，新加入的用户所评价的商品数与已有集团没有显著差异，并且更细致的分析可以发现真正连接这些集团的连接并不是由新节点多构成。

表 7.6　弱连接在集团间与集团内的分布

		link+	Link-	sum
movielens	Intra	185	59	244
	Inter	29	41	70
	sum	214	100	314
RYM	Intra	30 345	9 529	39 874
	Inter	15 391	7 375	22 766
	sum	45 736	16 904	62 640
Epinnions	Intra	1 514	3 788	5 302
	Inter	79	190	269
	sum	1 593	3 978	5 571
Douban	Intra	8 672	1 702	10 374
	Inter	1 510	448	1 958
	sum	10 182	2 150	12 332

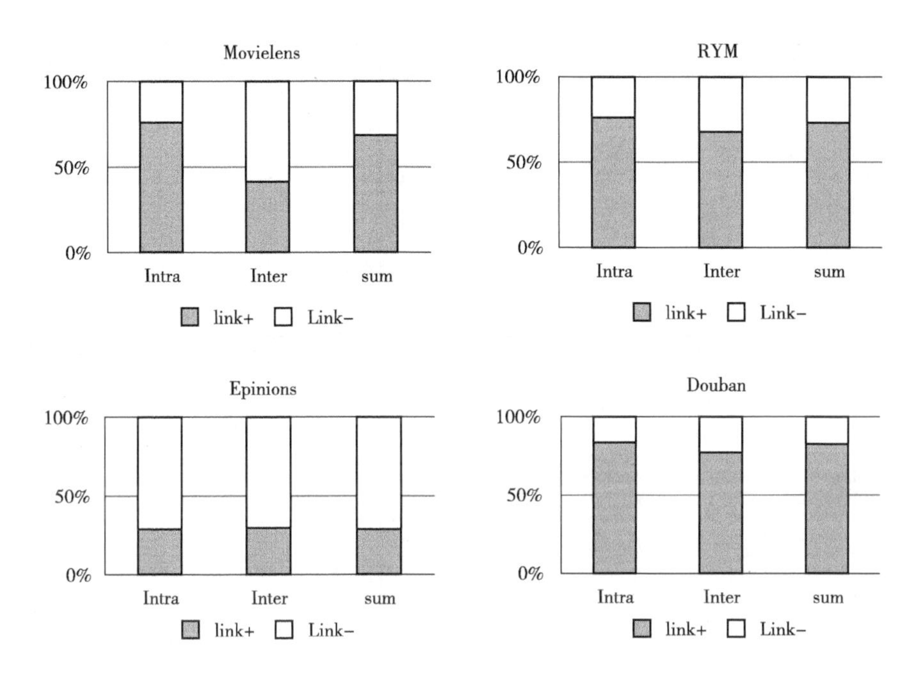

图 7.13 弱连接在集团间与集团内的分布

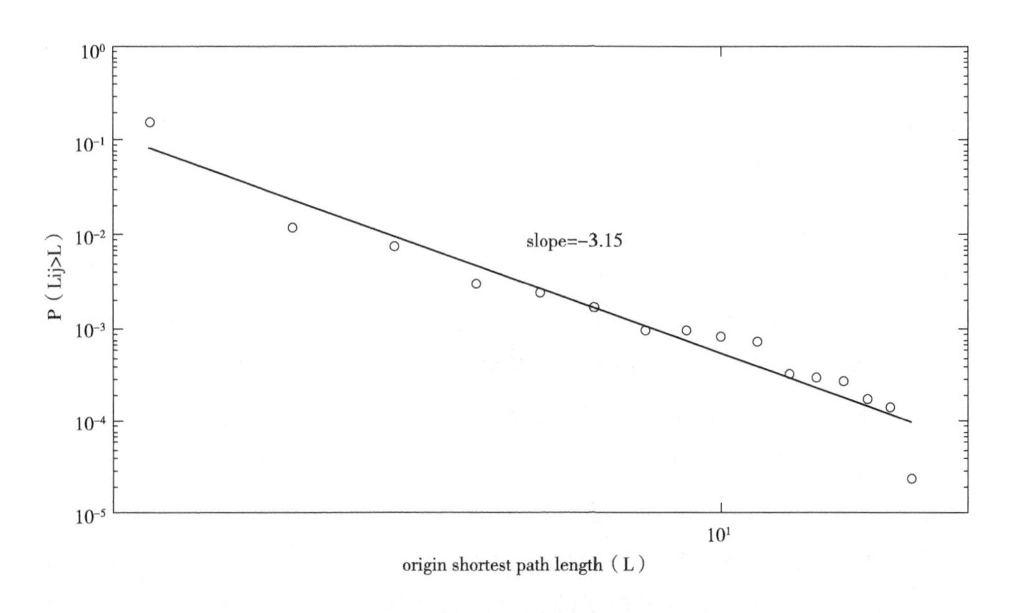

图 7.14 弱连接最短路径累积分布

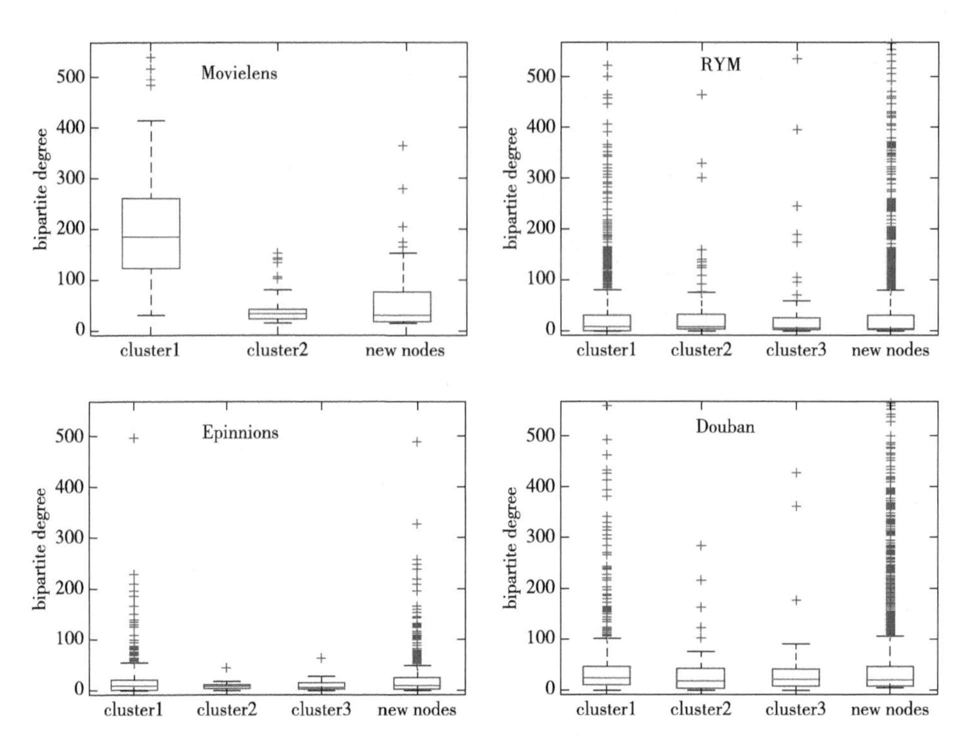

图 7.15　不同集团用户评价商品数（原二分网络用户度值）箱式图

7.5　小结

在线系统是一类非常重要的二分网络，通过对在线系统用户的购买、评价等行为的挖掘，可以分析在线系统中用户的购买和喜好的行为特征，根据用户的偏好，向用户推荐可能感兴趣的信息，从而提供针对不同用户的个性化服务。在线系统的分析具有很高的理论意义和应用价值。

二分网络单顶点投影是研究二分网络的一个重要方法。已有工作集中在删除在线系统用户的差评，仅仅通过好评结果构建用户之间的相似性，从而构建用户的关系网络，此时构建的网络通常是同质的，有些异质性网络也仅是考虑相似性强度的加权网络，用户关系性质本身没有差别。但实际中，对于用户而言差评反而是更有意义的信息，是其他用户在选择和购买商品时更有借鉴价值的信息，而传统分析中删掉差评，丢失了重要信息，所以在本书中考虑更全面的信息，保留好评和差评信息。此时用户对于商品的评价可以有相同意见，也可以有相反意见，从而更能体现用户的多样性和他们之间的差异性。所以投影的用户关系网络是异质性网络，用户之间的连边存在相同评价的正相似性连边，也存在不同意见的负相似性连边，用户相关关系具有正负符号。

而以往对于用户之间关系的正负，尤其是负相似性讨论较少，负边的界定没有一致的标准。本章在 Jaccard 相似性的基础上，提出改进的符号相似性指标，对比了 Jaccard 相似性与符号相似性指标分布与取值的相关性，提出负相似性并不能由原来相似性的绝对强度来衡量，负边的提出给出了描述用户关系的新视角。

在挖掘用户异质关系的过程中，如何确定用户之间存在相似性连边也是学术界争论的焦点之一，通常的做法是给定一个阈值，当强度大于此阈值时，则用户之间建立关系连边；但这一阈值数值的确定缺乏理论依据。本章中引入渗流模型给出阈值选取的准则，并将原来的渗流模型扩展到两个参数同时变化时的情况，认为与传统渗流模型单一相变点不同，在线系统用户关系网络存在多个相变点，相变点不仅跟正相似性有关，也与负相似性有关，即用户不仅可以由相互一致的关系连边连成连通集团，也可以由意见相反的负相互关系构成连通集团。

进一步的用户异质关系网络拓扑结构分析发现，用户关系网络中正负相互作用所起的作用和功能不同。用户关系网络整体呈现结构平衡性，用户更容易由正的相互作用形成集聚局域集团，而负的相互作用显著不具有集聚性。强相互作用下用户关系集团规模与用户之间的最短距离呈幂函数关系，最短路径分布尾部也呈现指数衰减状态。加入弱连接时，正负相互作用在集团间与集团内的分布不同，负相互作用更倾向于集团之间的连接。通过用户异质关系网络的拓扑结构的分析，对于在线系统有了更深刻的认识，给出了更新的研究角度。

不过此部分研究更侧重在用户关系网络的异质关系挖掘和用户异质关系网络拓扑结构的分析上。对于中观尺度上网络的社团划分并没有涉及，而此问题是值得关注和研究的，并且用户关系网络的社团划分对于用户商品推荐和信息过滤也有重要意义。那么如何定义带有正负关系的异质网络的社团结构，是面临的新问题。原有的一些社团结构划分方法，如 Q 函数优化方法、随机游走方法应用到网络时算法会失效或者需要修正和改进，因此后续工作中可以设计新的方法对带有正负相互作用的网络的社团进行划分。

另外，研究在线系统更重要的是对其拓扑结构中是否存在连边进行预测以及反推，类似链路预测，相关研究更多的基于相似性的测度。对于网络中边拓扑和边符号的预测和反推，分别是基于局部信息和全局信息来进行，所以将来要进一步研究用户之间连边的预测，以及基于用户异质关系网络的个性推荐和信息过滤。

8

基于复杂网络的北京交通网络研究

近年来，“大城市病”普遍在我国的各大城市中出现，这是大型城市发展和治理中都不得不面临的严重现实问题。“大城市病”是指随着城市的发展壮大，城市规模扩张后，人口数量与整个城市的基础设施之间由于供需失衡而带来的一系列问题，主要表现为城市人口容纳能力不足所导致的人口拥挤问题、住房设施与人口数量不匹配而导致的住所紧张问题、交通设施的供给不协调而导致的交通拥堵问题以及城市的环境污染等问题。在城市发展的过程中，上述问题，特别是交通拥堵问题一直存在并影响着城市的运行，已经成为“大城市病”的典型特征。同时，交通拥堵也是世界范围内大型城市需要面临的普遍现象，它是在城市发展和扩张中不可避免并伴随发展而来的。为了解决各大城市普遍面临的交通拥堵问题，各国一直在积极进行各种研究。

为了治理交通拥堵问题，北京市逐步确立了“以人为本”的治理理念，以 2018 年北京交通发展研究院开展的《交通综合指数研究与示范研究》为典型代表。为实现交通治理工作思路由“以车为本”向“以人为本”进行转变，将道路交通、地面公交、地铁运行等状况共同并入交通运行的综合性评价指标体系。建立的综合交通出行指数以“人的出行”为核心，同时把衡量距离和时间的指标加了进去。并且综合利用了公交和地铁的刷卡数据以及共享单车等的相关数据对 2018 年度的交通综合状况进行指标设置和运行状况评价。

可以看到，随着社会的发展和技术的进步，数字化治理逐渐在各个领域发挥着越来越重要的作用，交通数据领域亦是如此。交通治理作为一个融合多学科的实践活动，主要包含数据科学、复杂网络、地理信息处理等相关理论和技能。伴随着多源数据的开放，通过手机和在线地图平台等可以更好地获得相关交通数据来研究和服务人们的交通出行。北京市交通发展研究院的研究表明，未来城市交通系统将具有需求响应式预约出行及一体化出行服务；全局调度最优化、系统协同运行的网联化、智慧化；个性化智能服务等特征。

城市交通系统的运行和评估中不仅需要注意各种交通指标的变化，而且还与城市自身的发展规划、城市规模、设施分布和功能区划分等因素息息相关。由于城市交通具有开放性，城市的交通需求往往是在人们的移动和交互中产生的，并且随着城市的发展状态而发生变化，所以交通系统与外界变化之间又存在着相互影响的特征。

对于城市交通的研究会涉及系统科学、城市规划、地理统计理论以及数据科学等的相关理论知识，因此需要利用各种学科的知识进行综合研究。通过梳理相关理论，将各种表征人口移动的数据应用于城市交通方面的研究，有助于完善城市交通系统发展的理论体系。

城市中的日常通勤和节假日出行是居民出行的主要构成部分，与人们的日常生活息息相关。因此，对于公众在通勤和假日交通特性的分析有助于正确引导交通需求和缓解交通拥堵；通过对北京市的人口、交通设施、出行信息等交通影响因素，结合手机数据、GPS、POI 等多源出行相关数据进行分析，可以为北京市的交通发展提供支持。

8.1 交通复杂网络与人类移动行为概述

8.1.1 城市交通复杂网络研究

8.1.1.1 路网与复杂网络研究

对于城市交通的研究是基于城市已有的路网结构开展的。分析城市交通网络的复杂性时不可忽视路网布局这一重要方面。吴凡等（2019）使用 ArcGIS 和 Pajek 软件对城市公共交通出行进行了研究，发现路网布局结构与公共交通的使用程度存在显著的相关性。吴海涛（2011）对国内外的路网模型进行梳理，并对道路网络分析和路线优化展开了研究。

国内外相关研究主要从路网可靠性、路段使用概率、鲁棒性、脆弱性、节点度，以及路段失效的变化等方面进行路段重要性度量，但是交通流的动态特性较少被用于研究路段重要性；使用的交通运行状态预测方法主要有数据统计方法、智能算法、交通仿真预测法、混合法以及其他基于交通流、非线性系统的预测方法。对于路网的关键路段、重要节点的研究也备受重视。苏飞（2017）认为关于路段重要性的度量，大多数研究是通过复杂网络理论对路网特性进行分析；关于北京市五环内重要节点的研究（Guo et al., 2019）表明最具影响力的路段可能与十字路口的密度、道路通行能力和道路周围的土地利用等因素有关。

8.1.1.2 交通流与复杂网络研究

交通复杂网络的研究中，从交通工程角度出发，主要涉及交通流理论、基本图、多源数据等。

李树彬等（2011）采用中观交通流理论进行切入研究，并进行了网络拓扑构建与仿真；粟柱（2017）对交通流理论进行梳理后，介绍了使用微观的元胞自动机模型对车辆交通流进行分析的方法，还对基本图、三相交通流理论、网络输运中的传播动力学等方面进行了研究。关注宏观基本图（MFD）的研究者（马万经、廖大彬，2012，2014）发现在不同路径选择模型对 MFD 的影响中，Wardrop 模型下的网络 MFD 是一致的；在对交通拥挤问题的研究中发现了大城市中存在 MFD 的现象，其中，大的高速公路系统不适用网络 MFD。

近几年交通信息的数据源在可视化和反映人类空间移动方面有极大提升。韦胜等（2017）采用公交地铁的刷卡数据、高铁余票数据、民航网络开放数据、公共自行车刷卡数据，结合复杂网络中的度分布、集聚系数等统计指标，来分析上述提到的交通网络空间结构，采用距离和规模作为优先连接指标研究了人口和距离对航线网络的影响（结果显示影响不显著），但未涉及复杂网络中心性、网络同步；介绍了如何判断度与集聚系数的相关关系、幂律分布的判断及特征，并认为目前影响节点特征的因素研究较少。

8.1.1.3 公共交通复杂网络研究

对于公交复杂网络性能的评估，研究者（Cats et al.，2017）开发了适用于阿姆斯特丹的城轨网络公共交通稳健性评价的评估模型，根据计划减少的运力计算客流分布和网络性能指标。研究者（赵善男，2021）在研究城市公共交通系统性能时，进行了公交-地铁网络级联失效模型的构建和恢复策略的分析。

马金龙等（2019）在构建石家庄的公交网拓扑结构时以各公交站点为网络节点，同一公交线路相邻两站点为边线，两站点间通过的公交数量作为边的权重。通过分析公交站点（节点）度值、度的均值，获得节点间的连接程度；通过分析节点连边的权重获得运输量信息，分析聚类系数，了解节点的连通性、换乘的便捷程度。在同样研究公交网络拓扑结构的万晓静（2014）的文章中，将线路抽象为节点，边表示线路的连接关系，构造出的邻接矩阵可以反映是否能够换乘，并定义了公交网络各节点的度、聚集系数、最短路径、节点介数所表示的现实意义，采用 MATLAB 对公交站点网络的拓扑特性进行分析。由于所得平均路径长度和较大的平均聚集系数以及网络的度分布接近泊松分布，万晓静认为其所研究的公交线路网络结构介于随机网络和小世界网络之间。孔繁钰等（2018）对2015年北京市9 616个公交站和1 220条公交线路构成的公交网络进行研究，发现其度分布基本呈现近似指数分布，整体具有小世界网络的特点；对累积度分布进行曲线拟合，认为其兼具幂律分布与指数分布的特征；并以介数中心性为指标分析站点的流量，反映节点瘫痪、交通拥堵等情况。瞿何舟（2017）介绍了公交的运营模式，并利用logit模型对成都的56路公交进行了定量研究，分析了站站停、站站停与快车组合的运营模式，以更好满足人们出行时间最小化并减少了运营成本和环境污染。

使用复杂网络理论，Shanmukhappa等（2018）主要侧重于研究三个城市即香港（香港）、伦敦（伦敦）和本-加卢鲁（文莱）的公交网络结构的拓扑行为，分析了公交网络（BTN）的结构，考虑了三个城市的网络空间嵌入，提出了一种被称为超节点图结构的新方法，以此来建模公交网络，提出了一种静态需求估计方法，通过考虑兴趣点（POI）和城市中不同局部区域的人口分布来分配节点权重。此外，Shanmukhappa等（2018）还提出了一个新的参数，取代了以往的最短距离度量。借助超节点图对有向加权公交网络的重要参数进行分析。观察到超节点概念在分析固有拓扑行为方面具有显著优势。针对公共交通车辆因与周边车辆一起排队而导致的服务质量变差这一问题，He等（2019）提出了公共交通和汽车的流入独立监管的方案，可以更有效地管理网络交通，更好地做到公共交通优先。关于城市交通系统的研究目前集中在抗毁性、随机性、脆弱性、网络层间的影响等方面。另外，使用地理信息系统辅助交通管理，将其用于道路交通流特性、空间可达性等的研究，在近年多次出现。

8.1.2 人类移动行为研究

8.1.2.1 人类移动行为

随着信息技术的发展，获取人类移动数据的方式逐渐发生变化。人们最初凭借货币、邮件等的移动来反映人的移动行为，后来逐渐采用信用卡记录、通话记录等数据进行研究，现在已经发展到了通过对数据集、多源数据的分析进行人类移动行为挖掘的阶段，这样更能准确地反映出人们的移动特征。

随机游走模型和列维飞行模型是人类移动研究的早期理论，后来出现了许多新的理论。人类出行行为经典研究成果（崔洁，2019）如表8.1所示。

表 8.1　人类出行行为经典研究成果

列维飞行模型	出行距离	幂律分布
居民出行	移动频率	指数截断的幂律分布
	出行距离	指数分布
	行程间隔	伽马分布

王进忠（2019）采用多源交通轨迹数据对城市居民出行进行研究发现，利用对数正态分布来拟合出行距离，比利用幂律和指数分布更好，这一结论不同于表 8.1 中的经典研究成果。研究者（罗艺、钱大琳，2015）通过对列维飞行模型的研究发现，影响人类流动方式的主要因素在于街道网络的结构。通过对群体出行行为在时间以及空间方面的探究（罗艺，2020）可以对交通路网、道路流量规划以及交通设施位置的选取提供优化建议。

8.1.2.2　个体移动和群体移动的复杂性研究

在统计物理领域、复杂系统领域中建立的个体移动模型简化了移动和个人活动方面的关系，而交通领域中则更重视这两者之间的相互联系。个体移动模型多讨论个体的统计特征，而空间交互模型大多体现群体性的特征，目前能够将个体和群体的时空移动整合在一起的模型比较少见。周涛等（2013）的研究表明，人类活动的出行目的对大型街道网络中总体流量分布的影响很小，而且利用随机游走模型对实际公交网络进行仿真，结果表明人类个体的移动行为对站点间客流分布的标度律影响极小。另外，研究人们乘坐公共交通出行的习惯和目的地对交通预测非常重要（闫小勇，2017）。

预测人类移动性的模型主要包括引力模型和介入机会类模型（IO）等（王明生、黄琳、闫小勇，2012）。Liu 和 Yan（2020）建立了一种普遍机会模型，这种模型将人类行为倾向划分为探索和谨慎两种，与以前的 IO 类模型相比，这个模型能够更好地预测人的流动性，还可发掘出不同类型人员流动过程中个人目的地选择行为的内在联系。近年来逐渐开展从智能卡等大数据中挖掘人类移动性、传染病对群体造成影响等方面的研究，这使人类移动性规律方面的理论也得到发展。

8.1.2.3　出行行为研究

人们的出行行为与交通状况息息相关。研究人们出行选择行为的方法主要有交通调查和交通实验。传统的交通调查法可控性差，不能控制影响人们选择出行方式的主要因素；无法观测新交通策略实施将会产生的影响。交通实验法能补充传统方法的不足，但实验法的样本较小，在反映真实的交通复杂巨系统特征方面的作用还有待检验。因此，孙晓燕等（2017）认为，结合实验和实证数据能更深入和准确地对复杂交通系统进行刻画。已有的出发时间选择实验表明，是否提供实时信息、全局信息等对群体行为有一定的影响，也与被试者的自身学习有关；从对出行路径选择的实验研究来看，提供被试者信息有助于个体对路径做出选择，但无法很好地解释群体行为对系统均衡是否有直接影响；采用实验方法可以验证交通均衡理论中的 Braess 悖论（随需求水平提高，增加路段反而使交通状况变差）、Downs-Thomson 悖论（道路通行能力提高，交通更加拥堵）以及瓶颈悖论（提高上游瓶颈通行能力使总成本更多）；关于交通需求管理措施，学者们进行了拥挤收费、电子路票、货币补贴、错时通勤等实验，以使研究系统成本最小。

王晟由（2018）通过问卷调查（含纸质版和网络版）分析得出影响北京市区及周边十个区县居民出行的各关键因素，考虑各区县不同的交通方式，包括汽车、公交、地铁、高铁、火车及长途巴士；运用 logit 模型-NL 分析了北京市区及周边十个区县居民出行特征，最后使用支持向量机对出行方式进行预测。文章提到职住分离严重这一状况影响了人们对交通出行方式的选择。从统计特性的角度，研究者（Roth et al.，2011；王明生、黄琳、闫小勇，2012；陆锋、刘康、陈洁，2014）发现单一交通方式的出行者移动步长一般服从指数分布而非幂律分布。李睿琪（2018）在研究城市结构与功能的交互演化过程中，处理了手机基站数据：界定用户活跃与否、去除噪声、分析用户停留还是只是路过，估计用户出行类型、出行行为。汤文蕴（2017）认为，出行者不选择最短路径的影响因素有出行时间、距离以及随机因素，在研究路径选择行为时，使用了有限理性理论、后悔理论等。

个体出行分析模型中最早使用参数估计分析聚类数据，后来丰富了非集计理论模型，包括传统的二项 Logit、多项 Logit 模型和经过改进的传统模型；出行行为相关的模型有：对个体/家庭日常活动模拟多采用基于活动与基于出行链的出行行为分析模型；对社会经济、人口以及土地利用等因素的分析多用“机会模型与结构方程模型”；关于常用路径选择模型，主要还是 Logit、Probit 模型（《中国公路学报》编辑部，2016）。Bastani 等（2011）提出了一种以数据为中心的方法来解决这个问题：他们开发了一种新的叫作 flexi 的小型公交系统，其路线是通过分析大量出租车轨迹和乘客出行数据灵活地从实际需求中得出的。

随着数据获取渠道的扩展，除了对人们的手机数据进行分析，为使研究结果更好地验证真实的城市路网状况，可以加强对多源异构数据的分析，考虑数据融合，结合普查统计数据、公交 IC 卡、手机基站、第三方数据（手机地图软件）等挖掘出乘客的个体行为特征（沈帝文，2018）。考虑出行者行为可以用于应对城市交通拥堵治理和线网优化（田晟、许凯、马美娜，2017；徐若然，2018），基于复杂网络的 ArcGIS 道路仿真和基于 Python 的 NetworkX 库的研究，近年来多次出现在交通年会论文集中，开源数据也被用于交通研究。

近几年采用的数据源在可视化和反映人类空间移动方面有了极大提升，城市交通数据的主要来源有公交地铁的刷卡数据、高铁余票数据、民航网络开放数据、公共自行车刷卡数据等，关于使用多源异构数据的研究也逐渐增多。

目前研究中主要使用的复杂网络统计指标有度分布、集聚系数，用这些指标来分析交通网络空间结构等。通过分析度分布得知空间结构的变化；将距离和规模作为优先连接指标，分析人口和距离对交通网络的影响；分析度与集聚系数的相关关系、幂律分布的判断及特征。

已有文献研究中使用了 MATLAB 仿真、编程语言等方法，可借鉴网络构建及结构特征分析来研究有向网络（多数文章采用无向网络），借鉴使用 GIS 平台采集数据，使用绘图软件绘制网络拓扑图，可得到公交线路网络、度分布、介数分布图。数据处理后常使用 excel、gephi、notepad++等软件完成建模、绘图及指标计算。

不同的研究者对于人们“在出行中的学习”持不同观点，有人认为认知更新是绝对的，有人认为学习行为仅仅是偶然发生的；在对道路信息的分析上，有学者认为人们对信息的掌握程度对路径选择行为会有较大影响，也有学者认为出行者是有限理性的，不会采用效用最大化的出行决策，也有学者考虑出行行为差异将出行者分为有限理性和完全理性两类进行研究。

基于出行与基于活动的分析方法各有其侧重点，前者主要用于评价交通设施，后者主要反映各因素与个体出行的关系及评估优化交通资源配置的影响。对路径选择行为建模时，各类 Logit 模型被用来建立离散选择模型，如 MNL、C-Logit、GNL、LK 等，除此之外还有建立在各理论，包括有限理性、模糊逻辑、人工神经网络等以及蒙特卡洛仿真等理论上的模型。

然而，目前关于真实地理位置和人们移动因素的相关研究较少，多是从网络拓扑结构和交通工程相关理论着手，针对这一研究现状，本章提出建立基于人类移动特性的城市交通网络并进行特性分析。本章对北京交通发展相关研究、城市交通复杂网络、人类移动的相关理论和方法进行梳理，继而对北京市交通状况进行评估。在研究内容的选择上，主要从日常通勤和节假日的区域交通以及居民区地铁设施的便捷性方面进行研究。首先对 POI 交通设施数据和商务住宅数据，依据人们的步行距离衰减规律，探究地铁设施与居民区之间的交通便利性。然后，通过手机信令数据，依据人口加权效率指标对北京市日常通勤网络进行出行网络分析。在以城市中心为半径统计划分圆形区域，通过分析各个圆环之内的人口数、道路长度等信息，以探究北京市整体上的人口和道路与城市规模的规律性。最后，通过高德地图 API 采集交通实时拥堵数据，并结合 ArcGIS 和 Python 进行批量数据处理，以探究通勤热点地区国贸在春节期间的路网拥堵的时空规律性。

8.2 北京市交通复杂性概况

8.2.1 北京城市复杂性

北京市是我国的首都，也是国家的中心城市和超大城市。作为我国的政治、文化、经济中心，北京也是世界闻名的古都和现代化国际城市。北京地处我国北部、华北平原的北部，东边与天津毗连，其余地区均与河北相邻。北京的城市中心位于东经 116°20′、北纬 39°56′，整个城市呈西北高、东南低的地势特征。

截至 2020 年，北京市下辖 16 个区，总面积为 16 410.54 平方千米。根据第七次人口普查数据，截至 2021 年末，全市常住人口达 2 188.6 万人，从业人员 1 259.4 万人，其中朝阳区和海淀区常住人口在 300 万人以上，丰台区和昌平区常住人口在 200 万人以上，常住人口 100 万人以上的有大兴区、通州区、顺义区和西城区。

本章数据来源于 POI 数据，POI 数据是 point of interest 的缩写，通常称作兴趣点，是在线电子地图中点类数据的泛称，基本包含名称、地址、坐标、类别四个属性，在地理信息系统（geographic information system，GIS）中指可以抽象成点进行管理、分析和计算的对象。

一般情况下 POI 数据主要分为十大类：A 政府机构及社会团体、B 交通设施服务、C 商务住宅、D 科教文化服务、E 公司企业、F 餐饮、G 购物、H 生活服务、I 公共设施、J 金融保险。具体数据保存在 EXCLE 文档中。本章中主要使用的是基于高德地图 API 的北京市 POI 数据，涉及的交通设施服务、商务住宅、公司企业、金融保险 POI 数据示例见图 8.1 至图 8.4。

	A	B	C	D	E	F	G	H	I	J
1	名称	大类	中类	小类	地址	省	市	区	WGS84_Ln	WGS84_La
2	石洞子(公交站)	交通设施服务	公交车站	公交车站相关	H15路;H29	北京市	北京市	怀柔区	116.6341	41.02974
3	帽山(公交站)	交通设施服务	公交车站	公交车站相关	H5路;H15	北京市	北京市	怀柔区	116.6232	41.00247
4	头道穴(公交站)	交通设施服务	公交车站	公交车站相关	H15路;H29	北京市	北京市	怀柔区	116.6141	40.97384
5	胡营(公交站)	交通设施服务	公交车站	公交车站相关	H48路	北京市	北京市	怀柔区	116.568	40.96785
6	黄营(公交站)	交通设施服务	公交车站	公交车站相关	H48路	北京市	北京市	怀柔区	116.5847	40.96185
7	黄甸子(公交站)	交通设施服务	公交车站	公交车站相关	H43路	北京市	北京市	怀柔区	116.4994	40.95244
8	喇叭沟门乡转山子(	交通设施服务	公交车站	公交车站相关	H48路	北京市	北京市	怀柔区	116.6097	40.95892
9	四道穴(公交站)	交通设施服务	公交车站	公交车站相关	H5路;H15	北京市	北京市	怀柔区	116.6271	40.95304
10	孙栅子(公交站)	交通设施服务	公交车站	公交车站相关	H16路;H43	北京市	北京市	怀柔区	116.5095	40.94744
11	西营子(公交站)	交通设施服务	公交车站	公交车站相关	H16路;H43	北京市	北京市	怀柔区	116.5479	40.93521
12	下河北(公交站)	交通设施服务	公交车站	公交车站相关	H16路;H43	北京市	北京市	怀柔区	116.5497	40.93388
13	中榆树甸(公交站)	交通设施服务	公交车站	公交车站相关	H43路	北京市	北京市	怀柔区	116.5676	40.92879
14	下河北(公交站)	交通设施服务	公交车站	公交车站相关	H16路	北京市	北京市	怀柔区	116.5724	40.92782
15	下榆树甸(公交站)	交通设施服务	公交车站	公交车站相关	H16路;H43	北京市	北京市	怀柔区	116.5916	40.92137
16	西府营(公交站)	交通设施服务	公交车站	公交车站相关	H5路;H15	北京市	北京市	怀柔区	116.6187	40.92841
17	郑栅子(公交站)	交通设施服务	公交车站	公交车站相关	H04路;H11	北京市	北京市	怀柔区	116.3556	40.91216
18	下湾子(公交站)	交通设施服务	公交车站	公交车站相关	H15路;H48	北京市	北京市	怀柔区	116.6179	40.9176
19	喇叭沟门乡下湾子(	交通设施服务	公交车站	公交车站相关	H5路;H15	北京市	北京市	怀柔区	116.6178	40.91692
20	上台子(公交站)	交通设施服务	公交车站	公交车站相关	H17路区;H	北京市	北京市	怀柔区	116.686	40.91488
21	温栅子(公交站)	交通设施服务	公交车站	公交车站相关	H11路区	北京市	北京市	怀柔区	116.361	40.90462
22	三岔口(公交站)	交通设施服务	公交车站	公交车站相关	H04路;H11	北京市	北京市	怀柔区	116.3647	40.90297
23	郑栅子(公交站)	交通设施服务	公交车站	公交车站相关	怀柔-道德	北京市	北京市	怀柔区	116.3647	40.90295
24	北辛店(公交站)	交通设施服务	公交车站	公交车站相关	H31路	北京市	北京市	怀柔区	116.5081	40.90643
25	东岔(公交站)	交通设施服务	公交车站	公交车站相关	H15区;H17	北京市	北京市	怀柔区	116.6781	40.90549

Sheet1 Sheet2 Sheet3

选定目标区域，然后按 ENTER 或选择"粘贴"

图 8.1　交通设施服务 POI 示例

	A	B	C	D	E	F	G	H	I	J
1	名称	大类	中类	小类	地址	省	市	区	WGS84_经	WGS84_纬度
2	宫帽山村	商务住宅	商务住宅相关	商务住宅	庄喇路附近	北京市	北京市	怀柔区	116.585	40.89558
3	北沙滩1号院甲20-7号	商务住宅	住宅区	住宅区		北京市	北京市	怀柔区	116.7649	40.8271
4	怀柔·长哨营·赵家湾都	商务住宅	产业园区	产业园区	京加路北5	北京市	北京市	怀柔区	116.7458	40.79592
5	泰和人家山景四合院别墅	商务住宅	住宅区	住宅区	长哨营满族	北京市	北京市	怀柔区	116.7403	40.79377
6	怀柔·长哨营·老西沟都	商务住宅	产业园区	产业园区	京加路北5	北京市	北京市	怀柔区	116.722	40.78432
7	上马沟	商务住宅	住宅区	住宅区		北京市	北京市	延庆区	116.483	40.75174
8	北京繁星小院联排别墅	商务住宅	住宅区	住宅区	庄户沟门村	北京市	北京市	怀柔区	116.6237	40.73184
9	东帽湾村文化活动中心	商务住宅	住宅区	社区中心	东兴街北5	北京市	北京市	怀柔区	116.6185	40.7264
10	老道沟	商务住宅	住宅区	住宅区	宝碾公路西	北京市	北京市	怀柔区	116.5555	40.71815
11	千家店学校温馨小筑	商务住宅	住宅区	宿舍	东围路南5	北京市	北京市	延庆区	116.3388	40.69092
12	东店村38号院	商务住宅	商务住宅相关	商务住宅	东围路与千	北京市	北京市	延庆区	116.3423	40.69427
13	鑫鑫鑫家园	商务住宅	住宅区	住宅区	龙湾村50号	北京市	北京市	延庆区	116.3913	40.69424
14	宝山福地1期	商务住宅	住宅区	住宅小区		北京市	北京市	怀柔区	116.6071	40.69995
15	古北口中学学生宿舍区	商务住宅	住宅区	宿舍	101国道密	北京市	北京市	密云区	117.158	40.6915
16	古北水镇青山明月居	商务住宅	商务住宅相关	商务住宅	河西村西大	北京市	北京市	密云区	117.1447	40.68671
17	南菜园小区	商务住宅	住宅区	住宅小区	西横街与1	北京市	北京市	密云区	117.1572	40.68653
18	长城秀山雅居	商务住宅	住宅区	住宅区	古北口镇古	北京市	北京市	密云区	117.1571	40.68793
19	密云区古北口镇教师公寓	商务住宅	住宅区	宿舍	东横街与西	北京市	北京市	密云区	117.1584	40.68678
20	明德苑	商务住宅	住宅区	住宅区	古北口村西	北京市	北京市	密云区	117.1646	40.68399
21	南上坡10号院	商务住宅	住宅区	住宅区	东队南北街	北京市	北京市	密云区	117.166	40.68396
22	雅安居	商务住宅	商务住宅相关	商务住宅		北京市	北京市	密云区	117.1621	40.6842
23	古北口镇古北口村文化大	商务住宅	住宅区	社区中心	古北口村西	北京市	北京市	密云区	117.1637	40.68423
24	东队新村	商务住宅	住宅区	住宅区	古北口村	北京市	北京市	密云区	117.1726	40.68207
25	狼虎哨村高家大院	商务住宅	商务住宅相关	商务住宅	琉璃庙镇狼	北京市	北京市	怀柔区	116.689	40.67134

商务生活 Sheet2 Sheet3

就绪

图 8.2　商务住宅 POI 示例

	A	B	C	D	E	F	G	H	I	J
1	名称	大类	中类	小类	地址	省	市	区	WGS84_经度	WGS84_纬度
2	红螺寺夏凉宫	公司企业	公司	公司	夏凉宫度假村	北京市	北京市	怀柔区	116.4796148	40.96117709
3	北京恒源旅游	公司企业	公司	公司	喇叭沟门乡孙	北京市	北京市	怀柔区	116.5108996	40.94726722
4	北京市怀柔区	公司企业	农林牧渔基地	其它农林牧渔	喇叭沟门胡营	北京市	北京市	怀柔区	116.6170412	40.89911085
5	安健环科(北京	公司企业	公司	公司	北苑155号院西	北京市	北京市	怀柔区	116.4380475	40.88591876
6	喜鹊登科种植	公司企业	公司企业	公司企业	喇叭沟门满族	北京市	北京市	怀柔区	116.6539897	40.8645802
7	怀柔·长哨营	公司企业	农林牧渔基地	其它农林牧渔基地		北京市	北京市	怀柔区	116.7072055	40.84236003
8	北京银河谷生	公司企业	公司	公司	小梁前村龙潭	北京市	北京市	怀柔区	116.5332352	40.82551068
9	北京大诚农业	公司企业	公司	公司	滦赤路东150米	北京市	北京市	怀柔区	116.8105322	40.82318341
10	乐活农场	公司企业	农林牧渔基地	其它农林牧渔	京加路西200米	北京市	北京市	怀柔区	116.7463306	40.80112897
11	北京嘉途旅游	公司企业	公司	公司	遥岭村6号	北京市	北京市	怀柔区	116.7538774	40.79939596
12	金鑫纺织制品	公司企业	公司	公司	滦赤路南50米	北京市	北京市	怀柔区	116.7588	40.7993422
13	北京翠圃园有	公司企业	农林牧渔基地	其它农林牧渔基地		北京市	北京市	怀柔区	116.7310922	40.78241293
14	北京金地秀美	公司企业	公司	公司	汤河口镇东黄	北京市	北京市	怀柔区	116.6800881	40.76266272
15	北京司营子杂	公司企业	公司企业	公司企业	司营子村一队	北京市	北京市	密云区	116.865869	40.76496063
16	北京正蓝勤业	公司企业	公司	公司	长哨营满族乡	北京市	北京市	怀柔区	116.7560066	40.76010724
17	北京长城酒业	购物服务	专卖店	烟酒专卖店|公	汤河口镇汤河	北京市	北京市	怀柔区	116.6355756	40.73382509
18	汤河口电信局	公司企业	公司	电信公司	汤河口大街8号	北京市	北京市	怀柔区	116.6388336	40.73512891
19	汤河口公路服	政府机构及社	交通车辆管理	交通管理机构	汤河口镇汤河	北京市	北京市	怀柔区	116.6314654	40.73137513
20	北京山水乡情	公司企业	农林牧渔基地	其它农林牧渔	东安街附近	北京市	北京市	怀柔区	116.6192127	40.72448997
21	北京汤河古道	公司企业	农林牧渔基地	其它农林牧渔	京加路西50米	北京市	北京市	怀柔区	116.6305808	40.72801189
22	嘉博文生物科	公司企业	公司企业	公司企业	汤河口镇滦赤	北京市	北京市	怀柔区	116.6111303	40.70733907
23	北京千狼寨民	公司企业	公司企业	公司企业	滦赤路福乐西	北京市	北京市	延庆区	116.3450441	40.69154153
24	北京巧媳妇手	公司企业	公司	公司	宝山大街与宝	北京市	北京市	怀柔区	116.56158	40.69432338
25	北京宝国种植	公司企业	公司	公司	宝山大街北50	北京市	北京市	怀柔区	116.5730483	40.69122493

公司_企业 Sheet2 Sheet3

就绪

图 8.3 公司企业 POI 示例

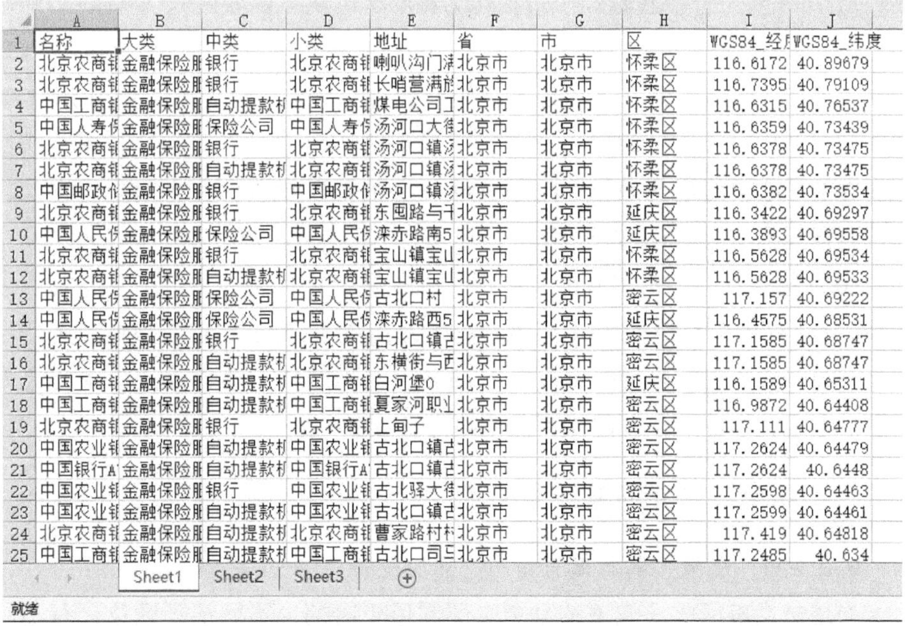

	A	B	C	D	E	F	G	H	I	J
1	名称	大类	中类	小类	地址	省	市	区	WGS84_经度	WGS84_纬度
2	北京农商银	金融保险服	银行	北京农商银	喇叭沟门满	北京市	北京市	怀柔区	116.6172	40.89679
3	北京农商银	金融保险服	银行	北京农商银	长哨营满族	北京市	北京市	怀柔区	116.7395	40.79109
4	中国工商银	金融保险服	自动提款机	中国工商银	煤电公司工	北京市	北京市	怀柔区	116.6315	40.76537
5	中国人寿保	金融保险服	保险公司	中国人寿保	汤河口大街	北京市	北京市	怀柔区	116.6359	40.73439
6	北京农商银	金融保险服	银行	北京农商银	汤河口镇汤	北京市	北京市	怀柔区	116.6378	40.73475
7	北京农商银	金融保险服	自动提款机	北京农商银	汤河口镇汤	北京市	北京市	怀柔区	116.6378	40.73475
8	中国邮政储	金融保险服	银行	中国邮政储	汤河口镇汤	北京市	北京市	怀柔区	116.6382	40.73534
9	北京农商银	金融保险服	银行	北京农商银	东围路与千	北京市	北京市	延庆区	116.3422	40.69297
10	中国人民保	金融保险服	保险公司	中国人民保	滦赤路南5	北京市	北京市	延庆区	116.3893	40.69558
11	北京农商银	金融保险服	银行	北京农商银	宝山镇宝山	北京市	北京市	怀柔区	116.5628	40.69534
12	北京农商银	金融保险服	自动提款机	北京农商银	宝山镇宝山	北京市	北京市	怀柔区	116.5628	40.69533
13	中国人民保	金融保险服	保险公司	中国人民保	古北口村	北京市	北京市	密云区	117.157	40.69222
14	中国人民保	金融保险服	保险公司	中国人民保	滦赤路西5	北京市	北京市	延庆区	116.4575	40.68531
15	北京农商银	金融保险服	银行	北京农商银	古北口镇古	北京市	北京市	密云区	117.1585	40.68747
16	北京农商银	金融保险服	自动提款机	北京农商银	东横街与西	北京市	北京市	密云区	117.1585	40.68747
17	中国工商银	金融保险服	自动提款机	中国工商银	白河堡0	北京市	北京市	延庆区	116.1589	40.65311
18	中国工商银	金融保险服	自动提款机	中国工商银	夏家河职业	北京市	北京市	密云区	116.9872	40.64408
19	北京农商银	金融保险服	银行	北京农商银	上甸子	北京市	北京市	密云区	117.111	40.64777
20	中国农业银	金融保险服	自动提款机	中国农业银	古北口镇古	北京市	北京市	密云区	117.2624	40.64479
21	中国银行AT	金融保险服	自动提款机	中国银行AT	古北口镇古	北京市	北京市	密云区	117.2624	40.6448
22	中国农业银	金融保险服	银行	中国农业银	古北驿大街	北京市	北京市	密云区	117.2598	40.64463
23	中国农业银	金融保险服	自动提款机	中国农业银	古北口镇古	北京市	北京市	密云区	117.2599	40.64461
24	北京农商银	金融保险服	自动提款机	北京农商银	曹家路村村	北京市	北京市	密云区	117.419	40.64818
25	中国工商银	金融保险服	自动提款机	中国工商银	古北口司马	北京市	北京市	密云区	117.2485	40.634

Sheet1 Sheet2 Sheet3

就绪

图 8.4 金融保险服务 POI 示例

1949 年以来，北京依据城市总体规划进行了大规模扩建，城市功能结构比较清晰。北京主城边缘在不断扩大，建成了六条环路。各个环路的长度分别为：二环长约32.7千米，三环长约48千米，四环长约65.3千米，五环长为99千米，六环路长达192千米。各环路包围的面积：二环占62.5平方千米，三环约为150平方千米，四环300平方千米，五环则为750平方千米，六环以内的面积有近2 500平方千米。同时，六条环路形成了同心圆式的圈层结构。

二环以内为老城，三环以内为中心商务区和国家行政中心区，还包括古城文化保护区，以紫禁城、天安门广场、东西长安街、王府井、东单、西单为核心。三环至五环主要是居住区，城市功能区包括西北部的海淀科学城，中关村是北京的西北副核心；北三环至北五环之间的奥体文化中心是北部的副核心；东三环和建外大街为北京CBD，是东部的副中心。沿五环是高新技术产业带，沿六环是卫星城和工业发展轴、北京城市规划中的东部发展轴，构成了北京市空心、环状、扁平的多中心结构。

“十三五”期间北京市提出将城市空间结构转变为“一主、一副、两轴、多点”，“一主”为中心城区（包括作为核心区的东、西城区），“一副”即通州。“两轴”仍是长安街与中轴线，不过长度比原先有所增加。“多点”则是顺义、亦庄、大兴、昌平、房山、怀柔、密云、平谷、延庆、门头沟10个新城，和海淀山后、丰台河西、北京新机场地区3个重要城镇组团。东、西城区所在的核心区将成为政治中心、文化中心的核心承载区，主要限定在二环以内，面积为90多万平方千米。

2020年4月，为落实城市战略定位、疏解非首都功能、促进京津冀协同发展，《北京城市总体规划（2016年—2035年）》要求在北京市域范围内形成“一核一主一副、两轴多点一区”的城市空间结构，着力改变单中心集聚的发展模式，构建北京新的城市发展格局。

8.2.2 北京市内交通系统复杂性

8.2.2.1 交通模式与城市结构之间的关系

交通是城市形成及发展的动力。不同历史时期、不同地理区位具有不同的交通模式，而交通模式又决定了城市发展的空间形态。

交通运输设施是城市供给环节的重要一环，影响着城市的投资环境和投资收入。交通运输设施能够联结消费和生产的场所，实现商品交换，同时还可以实现人员和信息的传递、文化的交流等，最终形成社会生产力并带动工业化生产，而工业化又带动城市化。产业布局的变化也改变城市的结构形态。

随着城市空间演化与交通运输间的联系日益密切，我国城市空间进行着快速的演变。依据交通与城市发展之间的相互依存关系，交通对于城市的持续发展具有重要意义。如今物流产业的发展是以交通运输业的发展为前提，交通模式决定着物流的成本。正是交通的发展带动了相关产业的发展，也带动了区域的城市化进程，如图 8. 5 所示。

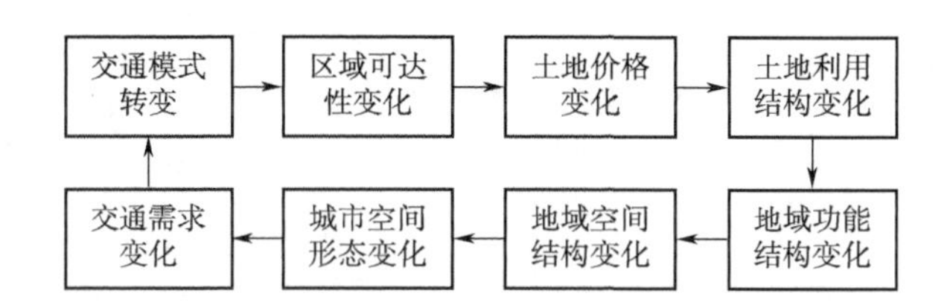

图 8. 5　交通模式与城市结构之间的关系

8. 2. 2. 2　北京市的交通发展阶段

近年来随着我国城市自身的发展更迭，交通问题在各大城市中普遍存在。作为我国首都的北京近年来也持续在交通治理方面进行不断的方案调整和布局优化。

随着城市人口的增多和城市的扩张，为适应北京市的交通发展、解决大城市交通拥堵等重点矛盾而成立的北京市交通委员会，于 2003 年开始综合协调北京全市大交通，举全市之力致力于缓解交通拥堵。从 2004 年始，北京市交通委员会每年都会编制阶段性治理方案，以调整和满足北京的交通供需。北京市治理交通拥堵主要分为四个阶段，主要实施的治理文件和治理措施见表 8. 2。

表 8. 2　北京市交通拥堵治理发展阶段

治理阶段	时间	主要治理文件	主要治理措施
第一阶段	2004—2008 年	《北京交通发展纲要（2004—2020 年）》《关于优先发展公共交通的意见》	建立综合交通管理体系，加大基础交通设施建设和疏堵治理及奥运相关等的交通基础设施建设

续表

治理阶段	时间	主要治理文件	主要治理措施
第二阶段	2008—2010年	《北京市建设人文交通科技交通绿色交通行动计划（2009年—2015年）》《北京市人民政府关于进一步推进首都交通科学发展　加大力度缓解交通拥堵工作的意见》	建设公交城市，机动车总量控制和停车价格调整
第三阶段	2011—2016年	《北京市人民政府关于建设公交城市提升公共交通服务能力的意见》《北京市人民政府关于加快公共交通发展　提高服务和管理水平的意见》	多部门合作综合管理，率先建成“公交城市”，落实公共交通优先发展战略，提高公共交通的便捷性、安全性、舒适性
第四阶段	2017年至今	《北京城市总体规划（2016年—2035年）》	构建综合交通体系、交通建设一体化、智慧交通、绿色交通、交通强国

据《北京统计年鉴2021》，北京市民用机动车保有量达600余万辆，总体数量上较2020年有所下降，机动车数量的变化与城市交通状况有着紧密的关系。这与北京市的城市治理有着千丝万缕的联系。在政策层面上，《北京城市总体规划（2016年—2035年）》提出了将北京的空间布局打造为“一核一主一副、两轴多点一区”的结构，这种结构使北京从具有一个核心的“摊大饼”式的空间结构向建设城市副中心方向发展，并且对北京市进行了新的功能定位，将首都功能表现得更加突出，而其他非首都功能都向周边地区进行疏解，形成北京、天津、河北地区的功能协同和发展。北京是我国超大城市的代表，目前所面临的城市交通问题是北京在发展进程中亟待解决的，良好的治理措施又可以为我国的其他城市树立标准和典范，并可以在世界城市发展方面提供中国经验。

8.2.2.3　北京市道路数据

（1）路网数据获取。本章使用OSM（OpenStreetMap）来获取覆盖北京市的路网数据。OSM是一个开源的世界地图，OSM数据多用于城乡规划等研究中。

（2）路网处理。由于道路和人口是构成交通的主要部分，将所获取的人口数据和道路数据叠加后可以更好地反映交通信息。本章中所获取的北京市二级路网数据是双线的，需要将双线数据转为单线，为后面的交通网络分析做铺垫。

8.2.2.4 北京市公共交通概况

北京市的市内交通系统主要由地面公交、轨道交通、出租汽车、公共自行车等构成。公共汽车是公共交通出行的主要工具，公交是除步行以外最常见的出行选择。北京公交以公共汽电车线路为主体，快速公交、郊区线路、长途线路、定制公交、旅游线路为辅。地铁出行因具有路线长、准点率高和容量大等特点，深受人们的青睐。在远距离出行的选择中，出租汽车是公交、地铁出行方式的补充。共享单车则是慢行系统的主要组成，适合于较短距离出行。

8.3 北京交通设施服务分析

8.3.1 交通设施数量分布特点

本章中使用包含北京市各区县交通设施点数目的交通设施 POI 数据，包括公交站点、地铁站点、停车场、机场及汽车站 POI 数据，共计 5 类。北京市的交通设施分布特点是：交通服务设施在内环数目最集中，此区域内颜色最深；在城市中心之外的设施点很少，颜色浅，但区域面积大（如图 8.6 所示）。从城市交通设施布局来看，市内交通需求远远大于郊区。最少的区域交通设施只有 0~122 个，而设施最多的区域交通设施达到了 1 019~1 693 个，约为交通设施最少地区的 10 倍。

8.3.2 交通设施服务人口状况

交通设施的分布和所在区域内的人口密度关系密切，中心城区的交通设施数量密集，意味着需要服务的人口众多。关于交通设施数量的确定，选择对交通设施服务 POI 进行泰森多边形（Voronoi diagram）划分，来得到各设施点基于最近距离的服务区范围。

泰森多边形是对空间平面的剖分，由连接两邻点线段的垂直平分线所组成的连续多边形构成。其特点是多边形内的任何位置距离该多边形的样点最近，离相邻多边形内样点的距离较远，而且每个多边形里含且仅含一个样点。利用泰森多边形在空间划分上的等分性特征，不仅可解决最近点、最小封闭圆等问题，还可解决邻接、接近度和可达性分析等的空间分析问题。

泰森多边形的数学解释为：

设平面区域P上有一组离散点（X_i，Y_j）（$i=1$，2，3，…，k；$j=1$，2，3，…，k；k为离散点点数），将区域P用一组直线段分成k个互相邻接的多边形，使得每个多边形内含有且仅含有一个离散点。

若区域P上任意一点（x_0，y_0）位于含离散点（x_i，y_i）的多边形内，不等式$\sqrt{(x_0-x_i)^2+(y_0-y_j)^2} < \sqrt{(x_0-x_j)^2+(y_0-y_i)^2}$，在$i \neq j$时恒成立；

若点（x_0，y_0）位于含离散点（x_i，y_i）的两个多边形的公共边上，则等式$\sqrt{(x_0-x_i)^2+(y_0-y_j)^2} = \sqrt{(x_0-x_j)^2+(y_0-y_i)^2}$成立。

由此得到的多边形叫泰森多边形。用直线连接每两个相邻多边形内的离散点形成的三角形叫泰森三角形。

将编号为B（交通设施）的POI数据与北京市人口数据进行叠加，利用泰森多边形进行处理，统计出各交通设施点在最近服务范围内所服务的人口数量，如图8.6所示。图中颜色的深浅代表交通设施所服务人口的多少，最少的为白色，代表服务人口在0~208人，在中心城区交通设施服务的人口数最多，最深的黑色代表服务人口为127 000多人。因此，中心城区的交通运输压力最大，交通设施的使用率最高，是需要关注交通拥堵问题的核心地区。

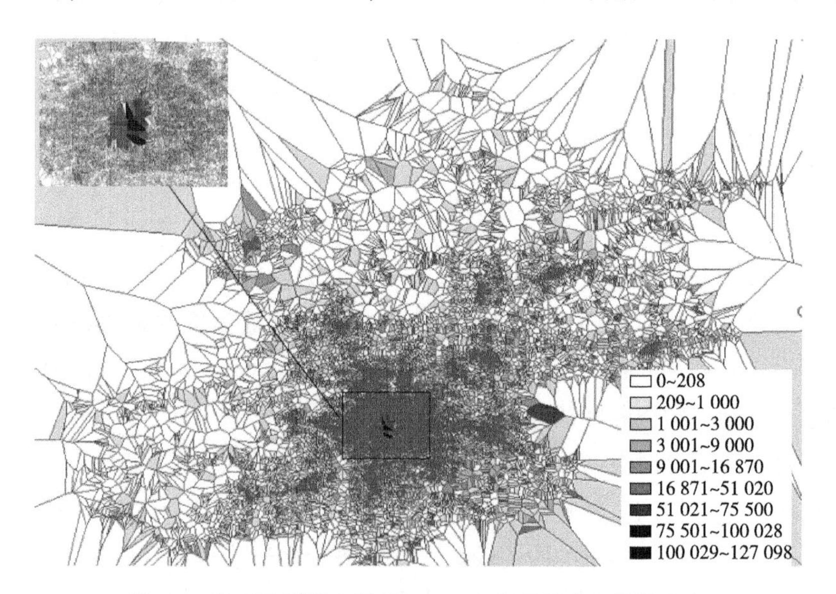

图8.6　基于交通服务设施Voronoi划分的人口数量分布

8.3.3　基于 voronoi 划分的各类 POI 范围

对交通设施（编号为 B）POI 数据采用 voronoi 划分，之后加载其他各类 POI，便于在后面进行居民区可步性研究时，构建其研究区域。下面以与人口有关的 C 商务住宅、E 公司企业为例进行展示，见图 8.7。

图 8.7　基于 voronoi 划分的 C 商务住宅（左）和 E 公司企业 POI 数量分布（右）

通过对 C 商务住宅和 E 公司企业 POI 范围的对比，以及基于交通服务设施 Voronoi 划分的人口数量分布，发现中心城区依旧是需重点关注的对象。

8.3.4　地铁站点的步行指数测度

根据对交通设施等 POI 数据的 voronoi 划分，最终选定本节的研究区域，并进行研究区域内居民小区的可步性度量与交通优化。

8.3.4.1　步行指数的概念

（1）步行指数概述。步行指数是一个常用来描述区域生活便利性的指标，一般将步行指数分为五级。90～100 分：日常生活需求完全可以在步行范围内解决；70～89 分：非常适合步行，大多数日常生活需求在步行范围内解决；50～69 分：步行性一般，一部分生活需求可以在步行范围内解决；25～49 分：步行性较差，大部分生活需求依赖较远距离的出行；0～24 分：依赖小汽车，几乎所有生活需求都依赖较远距离出行。

（2）影响步行指数测定的因素。艾伦·雅各布斯（Allan Jacobs）比较了全球几十个城市的街道形状，发现每平方英里的十字路口数量与步行能力成正比，他认为相邻交叉口中心之间的路段长度是衡量可步行性的重要因素。其中长度在900米以下最好的交通出行方式是步行，长度在1 200~1 500米对于步行方式而言是合适的，长度在1 800~2 400米范围之间已不适合采用步行出行的方式。除了长度和宽度，交叉口数量与路网节点数量的比值（节点连通性）对步行指数的测定也有影响。

（3）步行距离衰减规律。计算步行指数时需要确定各影响因素对应的分值，对于地铁站点来说，它的步行指数可用来衡量在地铁站点附近步行可达范围内人们生活的便利程度。由于不同的步行距离对于人的舒适度不同，因而还要考虑效益的衰减率。

采用的衰减率根据 walkscore. com 中数据采用三次曲线来确定，见表8.3。按照标准步行速度80米/分设置。

表8.3 距离衰减规律表

时间（分钟）	到达范围（米）	距离衰减规律（%）
5	400	不衰减，$d=1$
20	1 600	快速衰减，$d=-153.655\ 8x^3+419.460\ 4x^2-395.970\ 6x^1+201.108\ 6$
30	2 400	缓慢衰减，$d=-92.8x^3+566.6x^2-1\ 153.1x^1+786.6$

8.3.4.2 步行指数的计算

根据人口数及上文提到的交通设施服务的泰森多边形，选取研究范围。其中，研究范围内各类数据如表8.4所示。

表8.4 研究所用数据类型及名称

数据类型	名称	数据说明
居民区点数据	Comuni	点数据
地铁站点数据	B_M	点数据
路网数据	street	线数据
城市区划数据	论文研究区域	面数据

把上述点线面都加载进 ArcGIS 后，需要把道路提取出来用于构建交通网络，直接按属性选择，然后根据分析目标选择需要的道路，并从图层导出数据。

新建个人地理数据库“交通网络”，在“交通网络”下新建一个要素数据集，将之前整理好的道路数据导入到要素中（需先投影，采用 UTM 投影，即通用横轴墨卡托投影）。

打断路网相交线并进行拓扑检查，之后进行 OD 成本矩阵分析：使用网络分析工具（Network Analyst），建立 OD 成本矩阵，加载起始点和目的地点并求解。

采用的起始点 O，源自上文的 C 商务住宅 POI 数据，共含 7 617 个点，将其命名为 Comuni，所属类别为［小类］=‘村庄级地名 | 商务住宅’OR［小类］=‘社区中心’OR［小类］=‘住宅小区’；采用的目的地点 D，源自上文中的交通设施 POI，共含 266 个点，将其命名为 B_M，所属类别为［大类］=‘交通设施服务’OR［中类］=‘地铁站’。

研究区域、路网以及 Comuni 和 B_M 数据显示如图 8.8 所示。

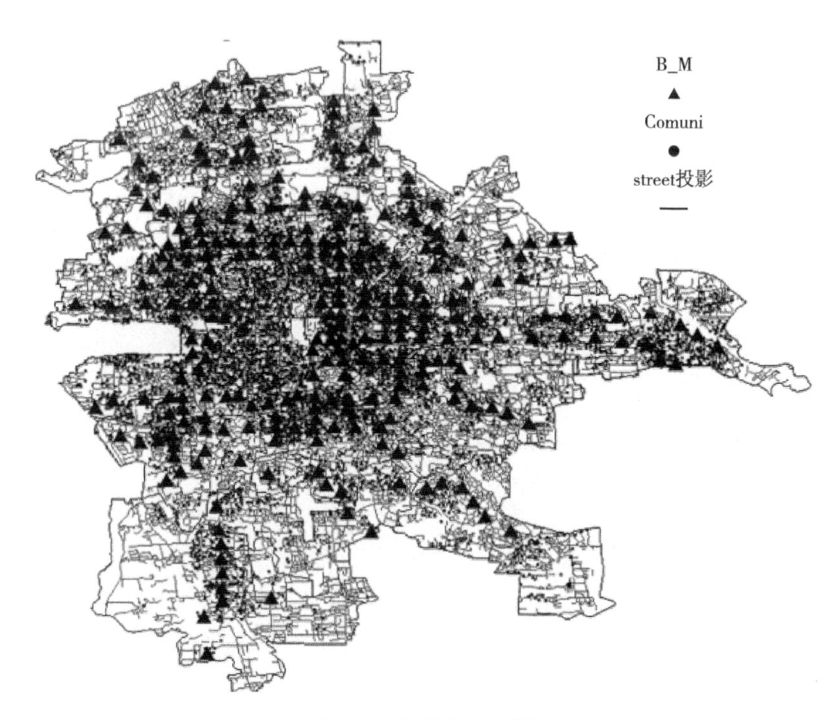

图 8.8 本节研究区域

根据各个居民小区所在地区的交叉口密度和所在街区的长度对基础步行指数进行修正。

（1）基于交叉口密度进行修正。计算小区点 2 400 米范围内交叉口的密度：统计所有路段的交叉口数量 N，使用公式获得交叉口密度 C：$C=N/\pi R^2$，其中 $R=2\ 400$。按交叉口密度和衰减率之间的关系，进行计算。

其预逻辑脚本代码如下：

```
Dim decay
If [CROS_D] <60 Then
decay=0.05
elseif [CROS_D] <90 Then
decay=0.04
elseif [CROS_D] <150 Then
decay=0.02
elseif [CROS_D] <200 Then
decay=0.01
else
decay=0
end if
```

（2）基于街道长度进行修正。将街区长度数据和小区的数据进行空间连接，其预逻辑脚本代码如下：

```
Dim decay
If [区长度] <=120 Then
decay=0
elseif [区长度] <=150 Then
decay=0.01
elseif [区长度] <=165 Then
decay=0.02
elseif [区长度] <=180 Then
decay=0.03
elseif [区长度] <=195 Then
decay=0.04
else
decay=0.05
end if
```

将交叉口密度和街区长度的数据与小区点图层进行连接，并将居民小区点数据进行导出。修正后的小区指数使用公式［Basic_W］＊（100-［cross_deca］）＊（100-［leng_decay］）/100 进行计算。

之后利用最大最小归一化公式将步行结果归一化到 0~100，将 walkbiliy 的值按升序排列，打开 walkbiliy 的字段计算器，再乘以 100，使其变成 1~100 区间。具体操作为：

（［walkabilit］-0）/（191.828 761-0）；［walkabilit］＊100。结果示例如表 8.5 所示。

表 8.5 步行指数结果示例

FID	OriginID	Sum_weight	Bas_W	LEN_decay	Walkabilit
0	10 488	0.066 357 317	0.066 357	0.05	13.177 257 80
1	10 489	0.107 398 171	0.107 398	0.05	20.736 598 97
2	10 490	0.050 221 029	0.050 221	0.05	10.205 104 61
3	10 491	0.050 886 114	0.050 886	0.05	10.327 606 96

从得出的结果来看，研究区域在北部的步行指数普遍高于南部区域，因此就居民区到达地铁站点的便捷性而言，需对南部区域的日常出行进行优化。通过加密地铁站点和扩展线路覆盖面积，能够有效地促使居民选择公共出行、绿色出行方式，缓解道路拥堵。

8.4 基于群体移动特性的通勤网络分析

8.4.1 通勤出行与城市标度律之间关系的研究

城市是一个典型复杂系统，而标度律则能够揭示城市复杂系统中存在的一些简单规则并可表示城市的生长和集聚规律。城市标度律指的是在城市体系中，某些城市指标与人口规模之间的缩放关系，可以反映出城市体系的状态和特征。城市标度律的通常形式为幂函数形式，$Y = Y_0 N^{\beta}$，其中 Y 为城市的某一指标，N 为人口规模，β 被称为标度因子。一般而言，与城市基础设施相关的城市指标（如道路长度、交通设施等）是随着人口规模扩大而呈现出亚线性增长特征的，即标度因子$\beta < 1$。已有的大多数研究都是将某一城市指标与人口规模取对数，然后采用线性函数拟合。

8.4.1.1　人口与城市中心距离的关系

随着北京城市功能结构的不断变化，最初形成的拼图型城市形态逐渐被同心圆型取代。新的城市副中心的出现加剧了城区“摊大饼”式的扩张，使得人口日流动模式呈钟摆式，出现了早晚通勤高峰。在北京上千万的上班人群里大多都居住在五环以外，而上班的地方则主要集中在中关村、西二旗、国贸和望京这四片区域内，这种不均匀性发展到城市方面就形成了标度律。

采用的北京城市区划数据为精度达到了最小单位为乡镇区县级别的 2010 年的数据；使用的人口数据为 2020 年度的北京人口数据，来源于博诚数据。人口数据是街道级别的，包含经纬度位置信息，以数据点的形式存储，每一个人口点都代表一定的人口数。北京市中心区域的人口数量和人口密度很高，其次为怀柔区、昌平区、平谷区以及南部的丰台区等地，这些人口密集的地方正是人口的流动大、交通需求旺盛的重要区域。

以城市中心为圆心画间隔为 500 米的同心圆，如图 8.9 所示，统计所划分的各圆环中的人口数据，探究人口数据与城市中心距离之间的关系。这些同心圆是通过 ArcGIS 的缓冲区功能实现的（高帅，2021），在进行数据处理时缓冲区功能可以设置指定的缓冲距离，在设置的投影坐标系中进行相应的数据统计和处理。

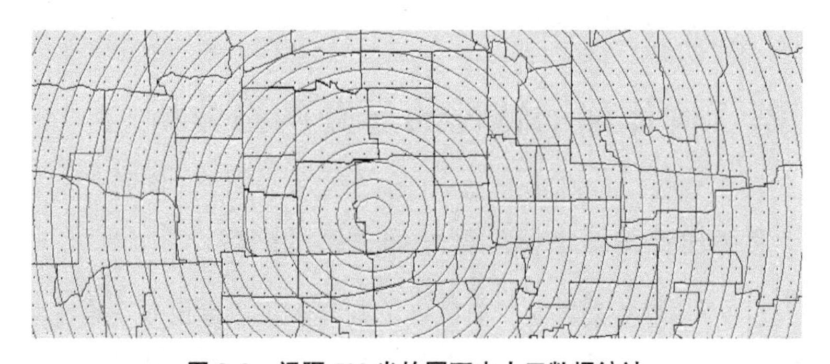

图 8.9　间隔 500 米的圆环内人口数据统计

图 8.9 中以城市中心为圆心，圆心的经纬度坐标为（116.391 349，39.907 375）；图中的点数据为人口数据，面表示的是街道形态。

定义人口密度为μ，表示各圆环上的人口数与所在圆环面积的比值。经处理得到了人口与城市中心距离之间的关系，见图 8.10。

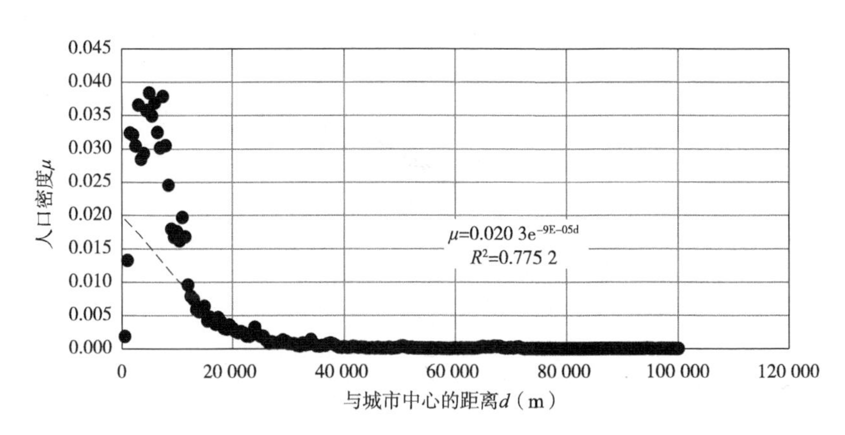

图 8.10 人口密度 μ 与城市中心距离 d 的关系

通过数据拟合，得出 $\mu=0.0203e^{-9E-05d}$，$R^2=0.7752$。从图 8.10 可以看出，与城市中心的距离越近，人口密度越高；与城市中心的距离越远，人口密度越小。离城市中心距离为 20 千米内人口密度比较高，超过此距离后人口密度较低。

将各圆环内人口数量进行累加，得到人口累加量 *P_SumCount* 与城市中心距离 d 的关系，如图 8.11 所示。经数据拟合，得到如下关系：

$$P\_SumCount=5E+06\ln(d)-4E+07,\ R^2=0.9411$$

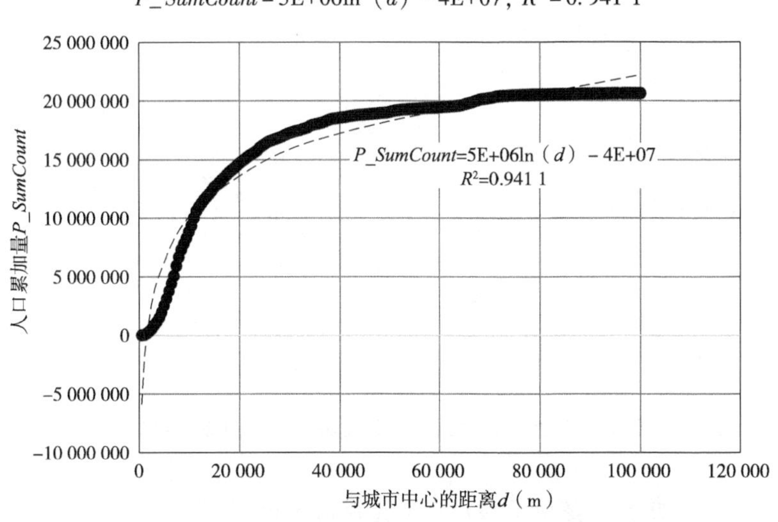

图 8.11 人口累加量 *P_SumCount* 与城市中心距离 d 的关系

对数据进行对数处理得到对数坐标下的图 8.12。

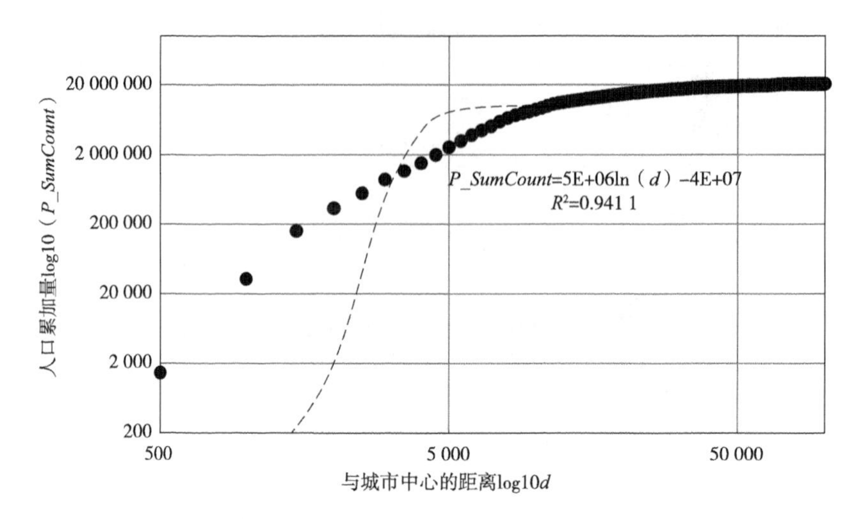

图 8.12　人口累加量 *P_SumCount* 与城市中心距离 *d* 的对数关系

图 8.13 为累计人口量 *P_SumCount* 与城市中心距离 d 的指数关系。由图可以看出与城市中心的距离 $d \leqslant 9\ 000$ 米时，两者服从指数分布。

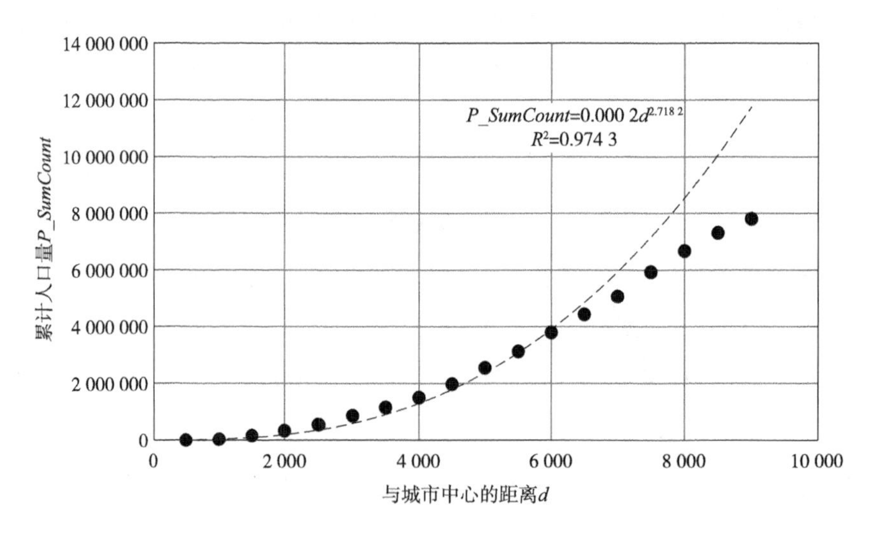

图 8.13　累计人口量 *P_SumCount* 与城市中心距离 *d* 的指数关系

8.4.1.2　北京市路网与城市中心距离的关系

对 OSM2020 年度的路网进行统计，以城市中心为圆心画间隔为 500 米的同心圆，统计所划分的各圆环中的路段长度，探究路网路段长度与城市中心距离之间的关系（见图 8.14）。

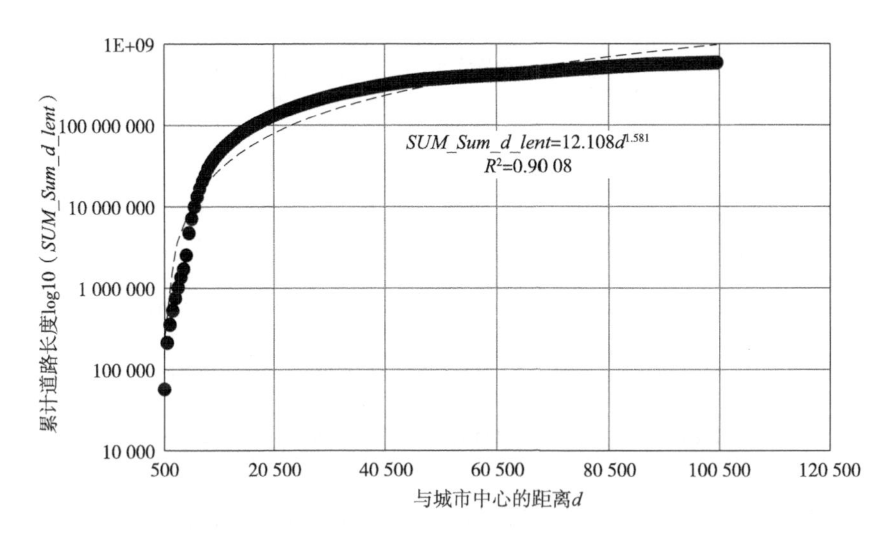

图 8.14 累计道路长度 *Sum_Sum_r3_len* 与城市中心距离 *d* 的关系（2020 年）

累计道路长度 *SUM_Sum_d_lent* 与城市中心距离 *d* 的关系：

$SUM\_Sum\_d\_lent = 12.108\ d^{1.581}$，$R^2 = 0.900\ 8$

人口累加量与城市中心的距离满足：$y = 5E+06\ln(x) - 4E+07$，$R^2 = 0.941\ 1$，而道路长度累加值与城市中心的距离满足：$SUM\_Sum\_d\_lent = 12.108\ d^{1.581}$，$R^2 = 0.900\ 8$。

由图 8.15 可知，在与城市中心相同距离的范围内，随着累计人口数的增加，道路累计长度也在增加，说明道路长度与人口数量以及城市半径等因素密切相关。

8.4.2 通勤出行网络的复杂性分析

据北京交通发展研究院《2021 北京市通勤特征年度报告》，2021 年北京中心城的平均通勤时耗为 51 分钟，平均通勤距离 13.3 千米，全年通勤距离、通勤时耗保持稳定。《2020 年度全国主要城市通勤监测报告》以距离小于 5 千米作为幸福通勤的指标，因此，通勤距离小于 5 千米的通勤人口占比也成为衡量整个城市职住平衡和幸福通勤的指标。如果用这个指标衡量，北京有六成以上的通勤者的通勤距离在 5 千米以上。

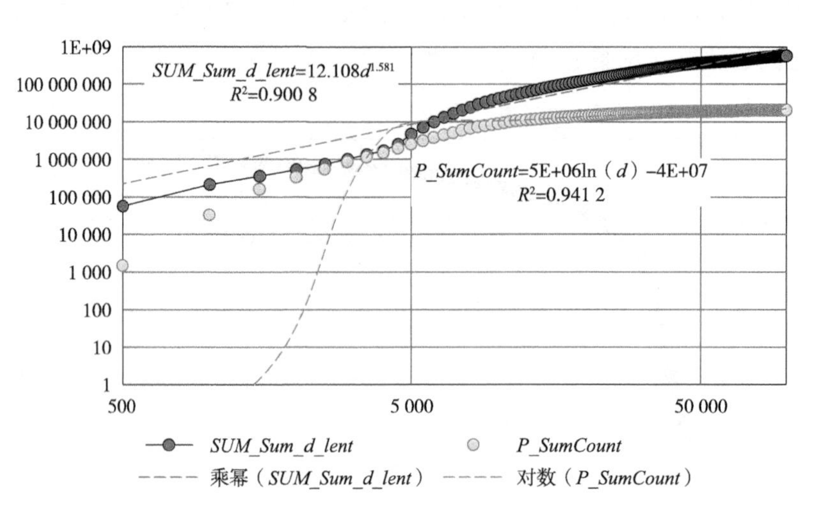

图 8.15　累计人口数、累计道路长度与城市中心距离的关系

据统计，2019 年北京日均出行量为 3 957 万人次。北京市的职住距离达 6.6 千米，而“职住分离”现象意味着通勤距离和通勤时间增长。同年，北京六环范围内居民的平均通勤时间为 56 分钟，平均通勤距离为 12.4 千米。2019 年《北京交通发展年报》显示，道路全年通勤时段交通指数为 5.5，处于轻度拥堵水平，日平均拥堵时间为 2 小时 50 分钟；中心城区城市轨道交通工作日通勤时段的舒适度为 4.05，为“一般舒适”水平，其中 12 条线路达到 8.0 以上的“很不舒适”水平。这样的交通拥堵和拥挤造成长时间的通勤和用地布局不合理造成长距离的通勤，不仅挤占了生活工作的时间，增加了通勤成本，而且消耗体力，影响情绪。

通勤时间和通勤方式是刻画通勤出行行为的重要指标。研究表明，通勤时间在影响居民幸福感方面具有重要作用。通勤时间与城市居民的个人效用之间呈明显负相关关系，即随着通勤时间的不断增加，居民的幸福感逐渐降低。

8.4.2.1　通勤出行网络的统计特性

在交通复杂系统中，人们在可接受的成本下都倾向于选择更加便捷的出行方式。将北京市通勤数据按照经纬度进行分类，将出行流量数据以及 POI 数据中的金融商务叠合 E1 按经纬度进行分类，使用的地理坐标均为 GCS_WGS_1984。

在进行北京市出行数据的获取时采用的是源自手机使用记录的出行数据，是基于北京市手机基站的电话拨打及上网数据记录的出行量数据，来自参考文献（李睿琪，2018）中的研究数据。北京市全天内从家到工作地之间的日均流量数据见表 8.6，其中，Tract 表示地点位置，lon 和 lat 表示经纬度信息，vol 表示通勤流量信息。手机信令数据可以记录人口活动轨迹和反映城市的空间结构。

表 8.6 北京市通勤数据示例

Tract1	Tract2	lon1	lat1	lon2	lat2	Vol
285	132	116.257 7	39.912 24	116.121 0	40.142 38	8.266 667
43	201	116.750 9	40.433 32	116.377 1	39.909 1	115.600 000
289	22	116.321 0	39.869 37	116.912 9	40.082 59	54.133 330
312	241	116.403 0	39.880 43	116.559 2	39.861 1	68.533 330
261	146	116.390 4	39.966 67	116.411 0	39.554 62	18.000 000

其中，共含 68 125 条北京市的全天内家与工作地通勤出行移动数据，与金融商务 POI 数据重合效果很好。这表明了北京市主要通勤交通需求点位置的稳定性，同时也验证了所选研究区域为交通热点区域。

把北京市通勤数据进行处理，得到了通勤日均出行流量（见图 8.16）。不同的街道中发生的日均出行量差距很大，最高的达到了日均 30 万人次，最少的出行量只有个位数。日均出行量为 5 万人次以下的街道占据了大多数，高出行人次的街道是交通优化需要关注的地方。

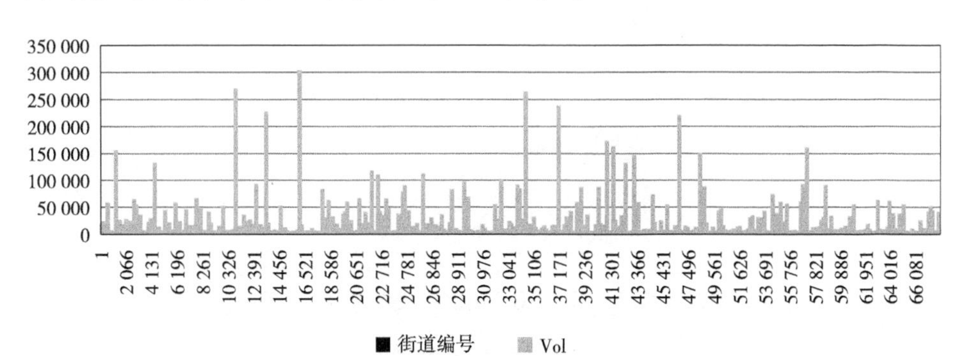

图 8.16 北京市通勤日均出行流量

Python 的 NetworkX 库常用于创建、操作和研究复杂网络的结构、动态和功能。图 8. 17 和图 8. 18 是对 68 125 条北京市的全天内家与工作地通勤出行移动数据使用 NetworkX 绘制出的复杂网络统计指标中度分布的情况。

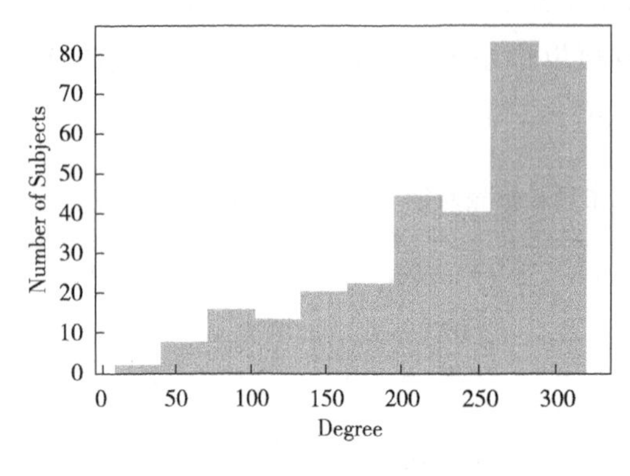

图 8. 17　度分布直方图

图 8. 18　双对数坐标下的度分布情况

从图 8. 17 和图 8. 18 可以看出，与外界联系多的街道，人们的出行频率也高。

对于网络中的两个节点 A 和 B，它们之间的最短路径可能有很多条。计算网络中任意两个节点的所有最短路径，如果这些最短路径中有很多条都经过了某个节点，那么就认为这个节点的介数中心性高。网络介数中心性的分布如图 8. 19 所示。

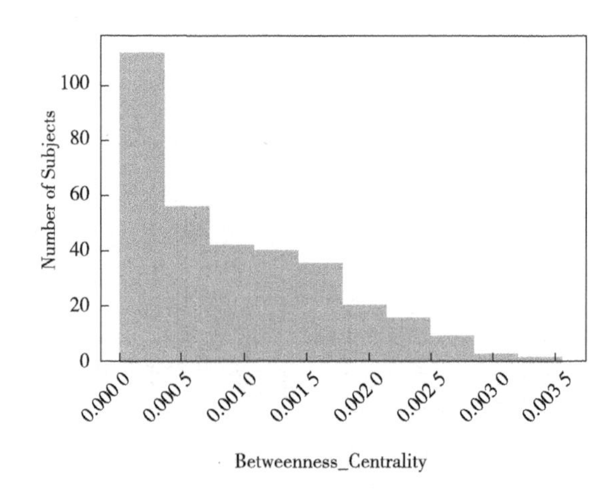

图 8. 19　介数中心性分布

使用 Gephi 软件对整个出行网络进行统计，结果见表 8.7。从表 8.7 中可以看出，整个网络包含 326 个节点，代表各个街道编号；含有 38 035 条连边，代表通勤出行的路径数。由于通勤路径总条数为 68 125 条，是包含所有起始地到目的地的路径数，这里将同一位置的出入量进行了合并；同时，由于构造图为无向图，使得起始地与目的地互为始终的路径条数进行了合并。

表 8.7 通勤出行网络的统计特性（无向图）

项目名称	数量
节点	326
边	38 035
平均节点度	233.344
平均聚类系数	0.856
平均路径长度	1.288

对人口出行与所对应街道关系的研究发现，中心城区的街道与外界联系多，人们的出行频率也高。由于整个网络的介数中心性、平均聚类系数、平均路径长度不是很高，说明整个网络中各个街道之间出行量比较分散，存在的最短路径条数少。

8.4.2.2 通勤网络的距离特点

（1）北京市通勤圈范围的确定。通勤圈是基于中心城、通勤率（前往中心城区通勤的人口占本地常住就业人口的比例）来判定的。参考了世界其他国家的通勤圈确定的标准，如日本执行的标准是：常住地区 15 岁以上的就业人口和通学人口去往 23 区通勤率在 10%以上的地区构成通勤圈；美国的标准为：将外围周边郡县至中心城区（至少包含一个 5 万人以上的城镇化地区）通勤率单向 15%或双向 20%的地域划定为通勤圈范围；英国的标准：将就业密度超过 700 人/千米^2 以上区域界定为中心城区，通勤率在 10%~15%；而北京的标准是就业人口去往城六区通勤率在 10%以上的区域。

由此确定北京通勤圈范围为：北京 30%通勤率的通勤圈在 15 千米以内，10%通勤率的通勤圈在 30 千米以内，为六环以内，东部延伸到燕郊区域；东京 30%通勤率的通勤圈为 30 千米，10%通勤率的通勤圈在 50 千米左右。通勤圈内平均通勤时间北京为 51 分钟，东京是 45 分钟，交通效率决定通勤圈大小。

北京的职住分布：2020 年常住人口为 2 189 万人，从业人数为 1 259.4 万人，其中五环内居住人口占全市人口的 42%，五环内就业岗位数量占全市岗位数量的 52%，具有强中心性、组团式、沿轨道线分布的特点。六环内每天的通勤出行量约占全部出行量的一半。北京通勤圈特征：工作日平均每天 763 万人进入中心城区工作，其中居住在外围的来中心城区工作的人员占 24%（近郊区占比为 90%，主要集中在昌平、通州、大兴；远郊区占比为 2%；市域行政边界以外占比为 8%）。

纽约、东京、伦敦及巴黎的通勤圈在 50 千米及以上，依据全球中心城市的发展规律，北京的通勤圈范围还将进一步扩大到 50 千米。

（2）北京市通勤距离规律分析。在对通勤距离进行测算时，需要将已知起始地和目的地的经纬度坐标进行变换：地球上两点的经度、纬度为（$X1$，$Y1$），（$X2$，$Y2$），其中 $X1$，$X2$ 为经度，$Y1$，$Y2$ 为纬度，需要转化为弧度（×3.141 592 6/180），地球半径为 R＝6 371.0 千米，则两点之间的距离 $d=R\times\arccos[\cos(Y1)\times\cos(Y2)\times\cos(X1-X2)+\sin(Y1)\times\sin(Y2)]$。

通过对所有通勤起始点和目的地计算地球上经纬度之间的距离，计算通勤距离在各区间下的数量及比例，如表 8.8 所示。

表 8.8　不同通勤距离的路径数量及比例

通勤距离（米）	数量	比例（%）	累计比例（%）
≤2 000	557	0.82	0.82
（2 000，4 000］	849	1.25	2.06
（4 000，6 000］	1 451	2.13	4.19
（6 000，12 000］	6 071	8.91	13.11
（12 000，15 000］	3 308	4.86	17.96
（15 000，18 000］	3 544	5.20	23.16
（18 000，25 000］	7 950	11.67	34.83
（25 000，50 000］	23 879	35.05	69.88
（50 000，150 000］	20 490	30.08	99.96
>150 000	23	0.03	100.00

由表 8. 8 中各数据可以发现，在所有通勤路径中仅 34. 83%的通勤距离在 25 千米之内，即北京的远距离通勤是人们的主要选择。

《2020 年度全国主要城市通勤监测报告》中借助百度地图位置服务和移动通信运营商数据，从通勤范围、空间匹配、通勤距离、幸福通勤、公交服务、轨道覆盖 6 个方面，描绘出城市通勤画像，得出的极限半径是 40 千米。此报告显示，36 个城市的平均通勤距离均超过 6 千米，且城市规模越大，平均通勤距离越长。而平均通勤距离越大，意味着居民的通勤成本越高，城市就更需要高效的交通系统来支撑。其中北京以 11. 1 千米的平均通勤距离位居榜首，上海、重庆、成都和西宁紧随其后，平均通勤距离也都超过 9 千米。报告中以距离小于 5 千米作为幸福通勤的指标，因此通勤距离小于 5 千米的通勤人口占比也成为衡量整个城市职住平衡和通勤幸福的指标。

以城市中心为圆心画间隔为 500 米的同心圆，统计所划分的各圆环中的通勤流量数据，探究通勤流量与城市中心距离之间的关系。

首先，计算各个圆环的通勤流量密度 ρ 与城市中心的距离 d 的关系。定义通勤流量密度 ρ 为各圆环上的通勤流量与所在圆环面积的比值。

图 8. 20 显示通勤活动密度 ρ 与距城市中心距离 d 之间为指数关系。其关系式为：

$$\rho = 4\mathrm{E}+06 d^{-2.201},\ R^2 = 0.7404$$

距离城市中心距离越近，通勤活动的密度越大。

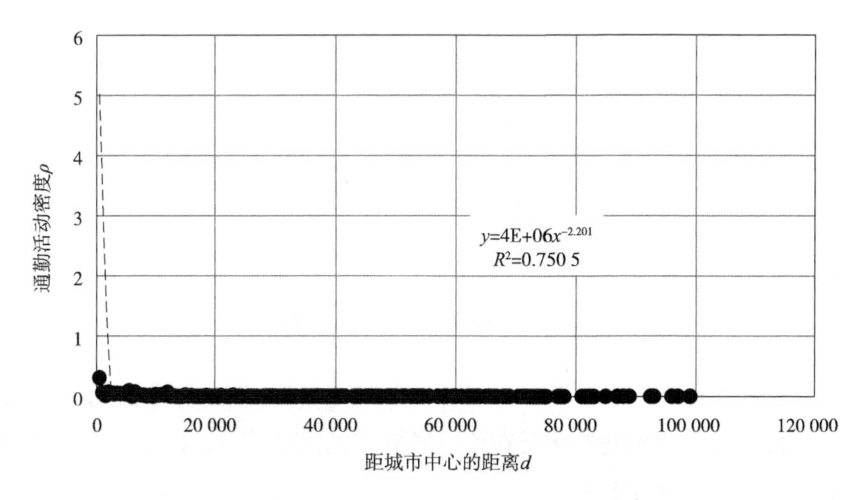

图 8. 20　通勤活动密度 ρ 与距城市中心距离 d 的关系

然后，将各个圆环上的通勤活动量累加，探究累加量与城市中心之间的距离 d 的关系，如图 8.21 所示。距离城市中心 20 千米内的通勤累加量快速上升；在 20~40 千米时，上升速度较缓；大于 40 千米时，变化很小。

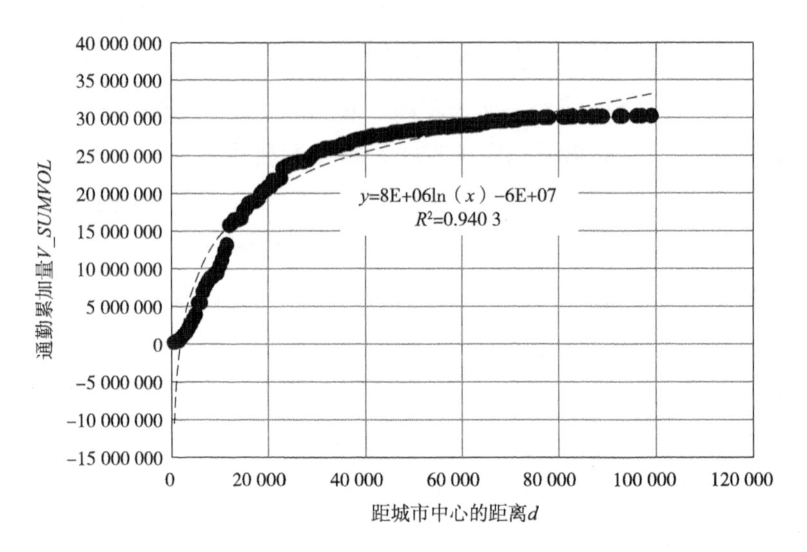

图 8.21　通勤累加量 V_SUMVOL 与城市中心距离 d 的关系

接着，分析街道级别的通勤方式。在街道级别上，通勤流量主要有两种出行方式（见图 8.22）：只在街道内部进行的通勤活动；不同街道间的通勤活动。

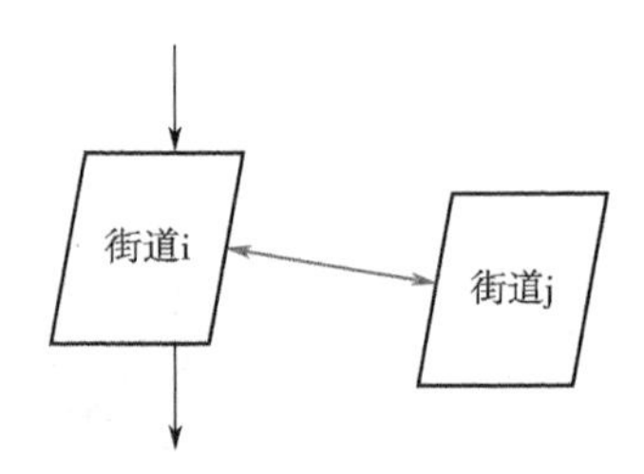

图 8.22　街道级别的通勤方式

计算通勤起点和终点之间的直线距离，显然直线距离为零的是同一街道的通勤出行活动，此类通勤活动在所有通勤中的占比为 34.10%，其余均为街道间的通勤活动，见表 8.9。

表 8.9 同一街道的通勤出行活动比例

vol_0	TOL_vol	比例
10 332 335	30 302 775	34. 10%

距离小于 5 千米的通勤出行活动比例为 45. 84%，见表 8. 10。距离小于 5 千米的通勤量占比是衡量整个城市职住平衡和通勤幸福的指标，而这个数值较低，表明北京市居民的通勤出行幸福感较低。

表 8.10 距离小于 5 千米的通勤出行活动比例

vol≤5 000	TOL_vol	比例
13 889 595	30 302 775	45. 84%

造成北京居民通勤幸福感较低的原因有多方面，主要是早晚高峰期间、城市轨道交通拥挤、道路交通拥堵、通勤时间和通勤距离长、耗费体力大；城市交通基础设施与主体功能区的土地融合匹配程度不足，交通基础设施布局不够合理；城市轨道交通线网规模不够、站点覆盖率低；地面公交的速度慢、服务水平低；非机动车道连通性差，没有构成完整体系，管理不到位，沿路环境差，造成行人和非机动车不方便、不安全。此外，绿色出行的鼓励政策不到位也是原因之一。

对于通勤方式来说，通勤者幸福感最高的是使用非机动化出行，主要是步行和自行车出行。而使用公共交通出行方式的幸福感最低，低于使用非机动化出行方式和小汽车出行的方式。因此，让居民感到幸福的通勤应该是：降低通勤时间，提高通勤效率；尽量采用非机动化通勤，整治非机动化出行环境和用地布局；实施公交优先和提高公交可达性及服务水平。

8. 4. 3 新冠疫情影响下的通勤出行分析

2020 年因受新冠疫情的影响，居民的出行量大幅度减少，因此道路整体运行情况好于上年。据北京交通发展研究院发布的《2021 北京市交通发展年度报告》，2020 年北京市中心城区高峰时段的道路交通指数为 5. 07，同比下降 7. 48%，为“轻度拥堵”状态；高峰时段地面公交运行的平均速度为 18. 09 千米/时，同比上升了 6. 29%，交通运行状况整体好于往年。公交、地铁、出租客运量的降幅都超过了四成，步行、骑行占比合计为46.7%，达到了近五年的最高点，单车骑行量达7.3亿人次、同比上涨了35.2%。中心城区的慢行比例达到了近五年最高。报告显示，2020年末北京市常住人口为2 189.0万人，较上年末减少了1.1万人，连续四年呈现出下降趋势。

受疫情影响，2020年北京交通的出行强度明显降低，交通拥堵得到了显著缓解。中心城区工作日出行总量同比减少了8.5%；绿色出行占比达到73.1%，同比下降了1%。其中，轨道交通出行占比为14.7%，同比下降了1.8%；公共汽（电）车出行占比为11.7%，同比下降3.6%。

在疫情防控期间，北京市开展地铁预约进站试点，降低了地铁客流密度，减少了车站外限流排队。预约乘客与常态时相比，每人可节省10~20分钟的站外排队时间，地铁预约出行是交通出行的一种全新尝试。

疫情防控的特殊情形，影响了城市居民的出行意愿和出行方式，交通系统需要设置良好的应急预案，采取相应措施，增强交通系统的弹性以满足不同时期的交通需求。

8.4.4 通勤网络优化研究

常态下的北京通勤时段道路交通情况不容乐观，部分地区出现全天拥堵的情况，在采用公共交通出行方式下，高峰期地铁上出现了致人伤亡的情况。虽然截至北京地铁现已开通24条，运营里程达727千米，但仍然满足不了居民日常通勤的需求。基于此，对已有的通勤网络进行优化研究，从城市整体出发选取重要路径进行分析是非常必要的，对于城市内出行具有重要意义。

8.4.4.1 基于聚类算法的通勤网络特征

为识别出通勤网络中具有相似特征的各种数据，采用聚类算法进行识别。聚类算法是一种无监督学习的方法，常用来将具有相似的属性的数据点聚成同一簇，而不同簇中的数据点会具有高度不同的属性。

通过对列维飞行模型的研究发现，影响人类流动方式的主要因素在于街道网络的结构，因此在保证街道网络结构特点的前提下分析通勤数据是很有必要的。通过K-means聚类，将通勤出行数据中的各个街道位置按经纬度坐标进行聚类，可以直观地发现北京市各街道的分布特点，通过多次对K值的选取进行调试后，发现当$K=7$时，可以很好地保留住北京市街道和城市的结

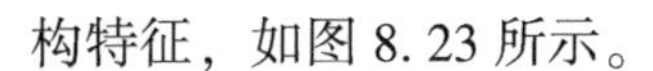
构特征，如图 8.23 所示。

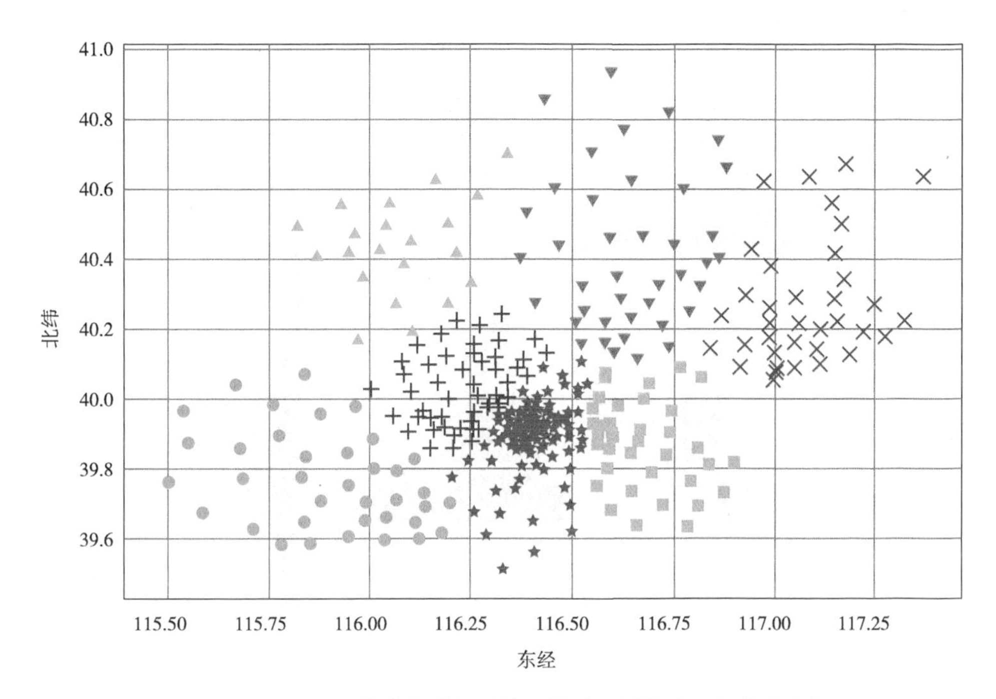

图 8.23 K-means 聚类街道级别的通勤地位置聚类（经纬度坐标）

从图 8.23 可以看出，红色部分代表中心城区的街道，其街道密度远远高于周边地区，这种街道结构特点切实影响着人员流动方式，流量密集地也正是街道密集分布的地方。

DBSCAN 算法是一种基于密度的空间聚类算法，可以计算两个向量之间的欧式距离。但是随着数据维度的增加，欧式距离的测度效果将会变差，因此常用于低维向量的聚类。为了更好地反映地理位置特性，在使用 DBSCAN 算法时，首先将各街道的经纬度坐标数据进行了平面投影，采用的是 UTM 投影，之后将带有位置属性和流量特征的数据进行了聚类，聚类结果如图 8.24 所示。

图 8.24 中的 x 和 y 均为投影后的坐标，V 代表的是各街道的通勤流量数据。由于数据量较大，聚类效果可由轮廓系数来测定。在图 8.24 这种聚类结果下的轮廓系数约为 0.2，这一数值在经纬度聚类时经常出现，可以认为这种聚类结果是比较理想的状况。非常明显地可以看出距离城市中心越近，通勤流量的聚类状况越明显。

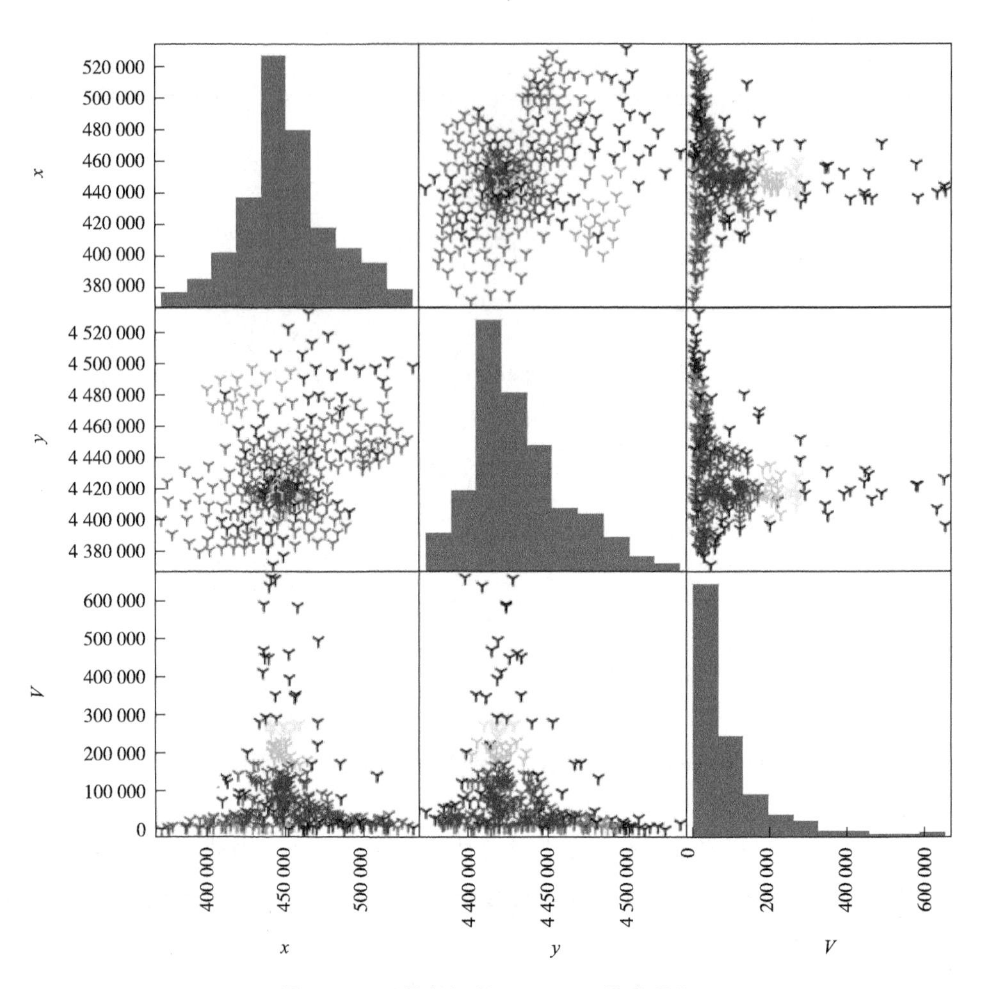

图 8.24　通勤数据的 DBSCAN 聚类结果

8.4.4.2　人口加权路径效率及低效路段识别

在分析客流密集的路径中，各路径的构成和效率反映着路径出行的便利程度。路径结构效率是指两地理坐标的欧式距离与实际路径距离的比值，反映绕行程度，比值低意味着路径有待优化。

选取通勤路径中流量在前 5 000 的路径，统计直线距离与实际路径距离，结果如图 8.25 所示。

从图 8.25 可以看出，通勤强度最高的前五千条路径的道路结构是很不错的，发生绕行的路段极少。考虑到人口在通勤出行中的重要作用，计算人口加权路径效率。

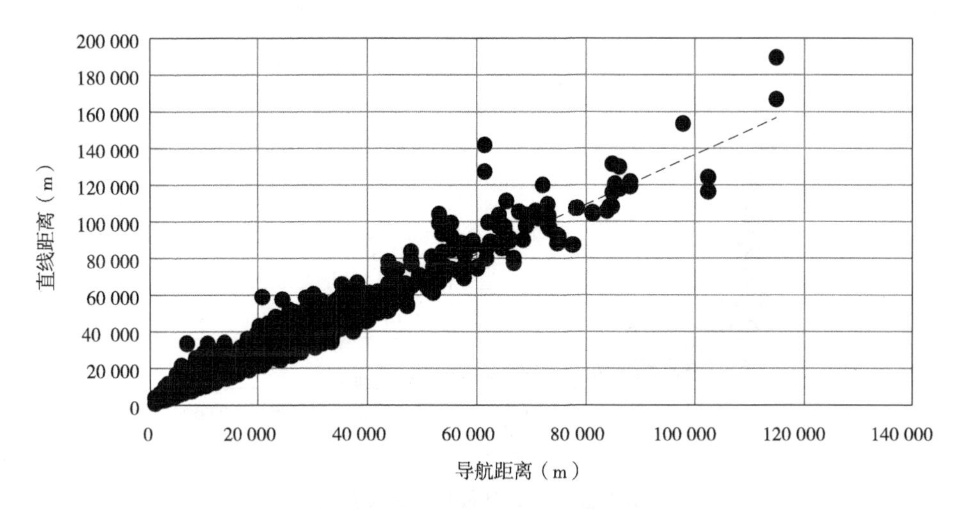

图 8.25　通勤路径的直线距离与实际路径距离分布

（1）计算地球上两点经纬度之间的距离。先确定所需研究通勤路径起始点的经纬度，计算两点之间的欧式距离，计算过程为：已知地球上两点的经度、纬度：（$X1$，$Y1$），（$X2$，$Y2$），其中 $X1$，$X2$ 为经度，$Y1$，$Y2$ 为纬度，需要转化为弧度（×3.141 592 6/180）；地球半径为 R=6 371.0 千米，则两点距离 $d = R \times \arccos[\cos(Y1) \times \cos(Y2) \times \cos(X1 - X2) + \sin(Y1) \times \sin(Y2)]$。经计算，所选路径中最远直线距离约为 115 千米。

（2）Python 调用高德 API 获取实际路径长度。实际路径的获取是通过用 Python 编写代码调取高德地图基于 WEB 服务的 API，将保留六位小数的经纬度数据转换成实际长度，具体代码见附录。经计算，所选路径中最远实际路径长度在 200 千米之内。

（3）计算人口加权路径效率。考虑到实际人口通勤流量与总通勤流量的关系，将人口加权路径效率依据人口权重效率指标定义如下：

人口加权路径效率 = C ×（直线距离 / 实际路径距离）×（实际人口通勤流量 / 总流量）

其中 C 为系数，是一个常数。

由于上述通勤出行网络具有长距离通勤的特征，故在调用高德 API 时设定了汽车出行的方式，返回值为实际的驾驶距离。在剔除同区域出行数值后，得到图 8.26，可以看出，最高的人口加权路径效率占比极少，大多数路径的出行效率处在低值部分。因此，这种出行方式效率并不高，对于中远距离通勤来说，仍需加强对公共交通运输的投入和提升公共交通的便捷性。

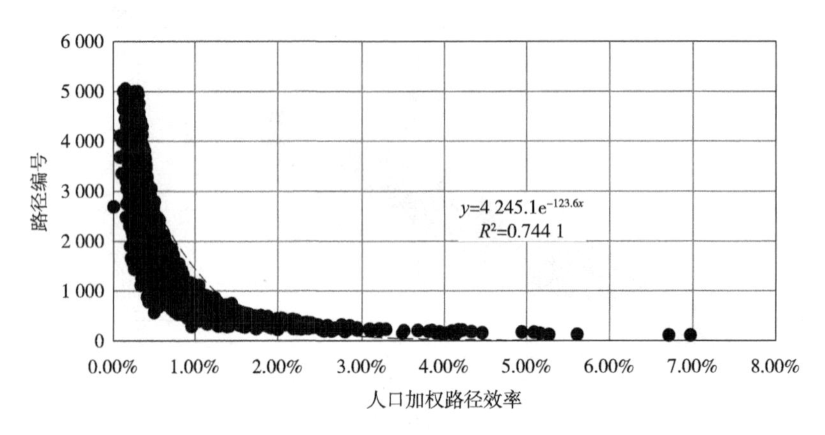

图 8.26　人口加权路径效率拟合

8.4.4.3　基于活跃人口的最优路网规模仿真

(1) 灰色预测模型—GM (1, 1) 模型人口预测。人口预测是交通需求预测的基础，本章使用 GM (1, 1) 模型进行人口预测。灰色预测模型可针对数量非常少的数据、数据完整性和可靠性较低的数据序列进行有效预测，利用微分方程来充分挖掘数据的本质特征。灰色预测建模所需的信息少，也不用考虑分布规律或变化趋势，一般适用于人口数量、航班数量等的预测，其中 GM (1, 1) 模型使用最为广泛。

以 2010—2020 年北京市人口数据为例进行 GM (1, 1) 模型人口预测，分别以 2010—2014 年以及 2017 年常住人口数据为基年数据，使用 EXCLE2019 进行了 6 次拟合。

拟合结果如下：

2010—2020 年人口数据满足：

$$y_{pop} = 308\,810.003\,7e^{0.006\,689\,814(k-2010)} - 306\,848.003\,7$$

2011—2020 年人口数据满足：

$$y_{pop} = 454\,205.863\,5e^{0.004\,634\,752(k-2011)} - 452\,187.263\,5$$

2012—2020 年人口数据满足：

$$y_{pop} = 809\,291.034\,7e^{0.002\,640\,543(k-2012)} - 807\,221.734\,7$$

2013—2020 年人口数据满足：

$$y_{pop} = 2\,158\,930.381e^{0.000\,999\,821(k-2013)} - 2\,156\,815.581$$

2014 年及之后人口数据满足：

$$y_{pop} = 8\,365\,412.194e^{0.000\,259\,025(k-2014)} - 8\,363\,260.594$$

2017 年及以后人口数据满足：

$$y_{pop} = 263\,269.635\,6e^{0.008\,126\,256(k-2017)} - 261\,098.935\,6$$

采用 2017 年及以后年份的数据拟合结果见表 8.11。

表 8.11　人口数据拟合与预测（2017—2029 年）　　单位：万人

年份	预测值	真实值
2017	2 170.700	2 170.7
2018	2 148.113	2 154.2
2019	2 165.640	2 153.6
2020	2 183.310	2 189.3
2021	2 201.125	2 188.6
2022	2 219.084	2 184.3
2023	2 237.191	
2024	2 255.445	
2025	2 273.848	
2026	2 292.401	
2027	2 311.105	
2028	2 329.963	
2029	2 348.974	

通过对各年度的实际值与预测值之间的误差进行统计，得到图 8.27。图中的 e10 代表采用 2010 年至 2020 年人口数据所得到的预测值与真实值之间的误差；e11 代表 2011 年至 2020 年预测的误差值；e12 为 2012 年至 2020 年预测的误差值；e17 为 2017 年至 2020 年预测的误差值。

整体来看，人口呈增长趋势。具体各年的拟合状况如下：2010 年灰色方程模型结果显示人口增长速度过快；2011 年保守增长估计值比较准确，2012 年的模型，预测五年后数据误差较小，效果可以，2013 年、2014 年拟合结果显示人口增长过慢，从图 8.27 可以看出，2017 年及之后人口数据误差最小。

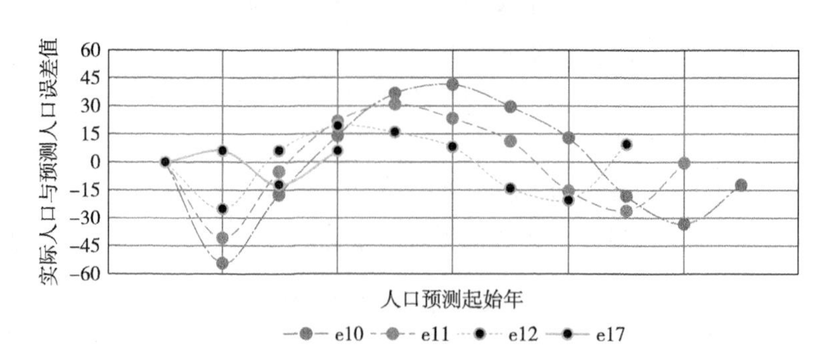

图 8.27　人口预测误差值变化

由于 2017 年预测结果较好，将 2026 年末的人口数值取为 2017 年模型中的人数，即 2 292.4 万人。

（2）基于活跃人口的城市道路最优规模仿真。活跃人口界定，由于人们每天工作时间为 8 小时左右，那么因工作而活跃的人口占据一天内总人口的三分之一；通过人口预测值，在相应的街道结构中生成随机的活跃社区（见图 8.28），每个社区为一万人。

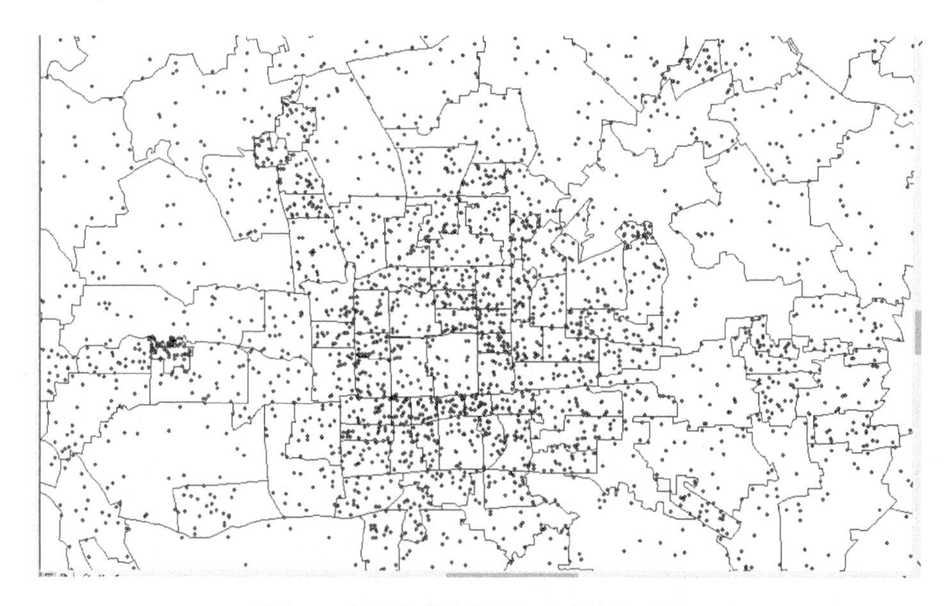

图 8.28　根据街道结构随机生成的活跃社区

以活跃社区为节点，通过 voronoi 多边形划分生成基于活跃社区的路网

(见图 8.29)。通过 voronoi 多边形划分可以保证生成的道路具有公平的活跃社区接入率。

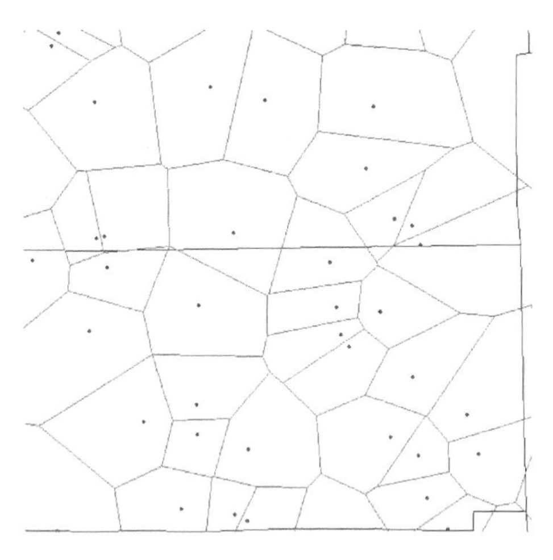

图 8.29 基于活跃社区 voronoi 划分的路网

以城市中心为圆心绘制圆环，以 500 米为圆环的间距，统计 200 个圆环内的人口和路网数据。

从图 8.30 和图 8.31 的仿真结果中得到了与实际的人口、路网呈现一致的规律性：人口累计量与城市中心的距离服从指数分布；路段长度累计量与城市中心的距离服从对数分布，且拟合优度均在 0.9 以上。因此，可以通过优化路网布局来对城市的出行流量进行均衡。

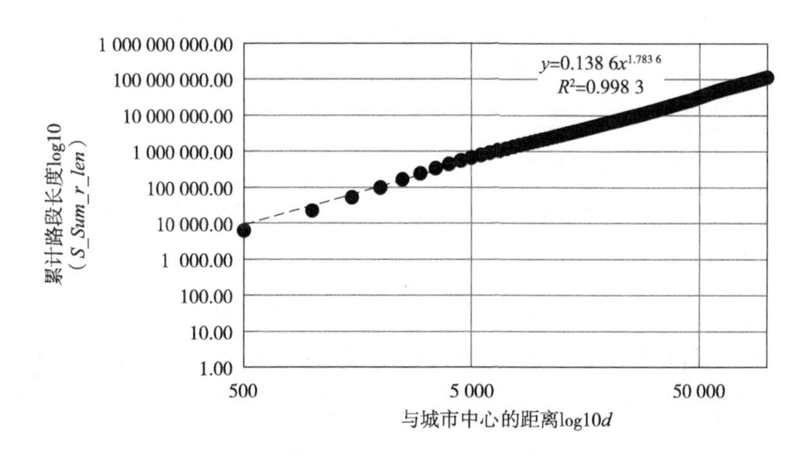

图 8.30 累计路长与城市中心 d 的关系预测（2026 年）

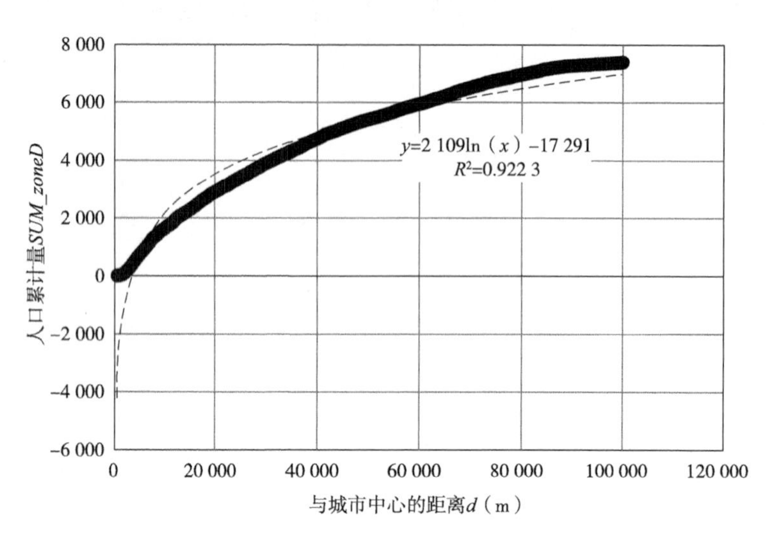

图 8.31　人口累计量与城市中心 *d* 的关系预测（2026 年）

8.4.4.4　北京市通勤优化建议

（1）通勤网络的总体特征。整体来看，与北京城市中心的距离越近，人口密度越高；与城市中心的距离越远，人口密度越小。在离城市中心距离为 20 千米范围内人口密度比较高，超过此距离后人口密度较低。在与城市中心相同距离的范围内，随着累计人口数的增加，道路累计长度也在增加，说明道路长度与人口数量以及城市半径等因素密切相关。

通过对常态下通勤出行网的分析，发现所有通勤路径中仅 34.83%的通勤距离在 25 千米之内，即北京的远距离通勤是人们的主要选择。距离小于 5 千米的通勤出行活动占比为 45.84%，并且距离城市中心越近，通勤活动的密度越大。出行流量最高的前五千条路径的道路结构是很不错的，发生绕行的路段极少；而考虑到人口在通勤出行中的重要作用，并计算人口加权路径效率后，发现最高的人口加权路径效率占比极少，大多数路径的出行效率处在低值部分。因此，采用驾车的出行方式的效率并不高，对于中远距离通勤的情况，仍需加强对公共交通运输的投入和提升公共交通的便捷性。

对人口出行与所对应街道关系的研究发现，中心城区的街道与外界联系多，人们的出行频率也高。由于整个网络的介数中心性、平均聚类系数、平均路径长度不是很高，说明整个网络中各个街道之间出行量比较分散，存在的最短路径条数少。

在保留街道结构的状态下，通过 K-means 算法进行聚类后，发现中心城区的街道密度远远高于周边地区，这种街道结构特点切实影响着人员流动方式，通勤流量密集的地方正是街道密集分布的地方。将带有位置属性和流量特征的数据进行 DBSCAN 聚类后发现，距离城市中心越近，通勤流量的聚类状况越明显。

对基于活跃人口的最优路网规模的仿真发现，在活跃人口给定的状态下，通过 voronoi 划分得出的路网与实际的人口、路网呈现一致的规律性，因此可以通过优化路网布局来对城市的出行流量进行均衡。

（2）通勤网络的优化建议。由于纽约、东京、伦敦及巴黎的通勤圈在 50 千米及以上，其中东京 30%通勤率的通勤圈为 30 千米，10%通勤率的通勤圈在 50 千米左右。通勤圈内平均通勤时间东京是 45 分钟。依据城市的发展规律，北京的通勤圈范围会进一步扩大到 50 千米，同时，交通效率决定着通勤圈的大小，应着重从提高交通效率方面对北京市的通勤出行进行优化。

在城市结构上，考虑道路长度与人口数量以及城市半径等因素，整合通勤网络中各个街道之间分散的出行量，调控出行需求，使路网布局结构依据活跃人口进行规划，并提高通勤流量大的路段的通行能力；促进通勤区域快线、区域专线以及大运量公共交通设施的建设和发展；将城市轨道交通与其他交通方式更便捷地进行组合；对于中远距离通勤，引导出行需求，降低人们对汽车出行方式的过度依赖，加强对公共交通运输的投入和提升公共交通的便捷性。中心城区加密建设城市轨道交通，提高站点的覆盖率和服务水平，实施公交优先和提高公交可达性及服务水平。

疫情防控的特殊情况，影响着城市居民的出行意愿和出行方式，交通系统需要设置良好的应急预案，实行地铁乘客预约进站等措施，增强交通系统的弹性以满足不同时期的交通需求。

8.5 基于群体移动的节假日交通网络研究

交通拥堵是世界上各大城市普遍会遇到的问题，我国大约有 2/3 的城市有不同程度的交通拥堵，北京市交通拥堵问题日趋严峻且久未解决。本节以 2021 年春节期间泛 CBD 地区，即以国贸为中心进行交通拥堵的实证研究。

8.5.1 北京节假日交通数据获取及处理

在如今的大数据时代，交通信息采集是交通疏堵的基础。传统的调查问卷获取交通信息的方式需要耗费巨大的人力物力，但也只能获得一些抽样数据，调查分析的精度难以满足交通需求急速增长及出行多样化的要求。如今的交通信息采集方式已经从单一静态的人工采集向动态化、自动化采集进行了转变，可以采集更加实时和精准的交通数据。

8.5.1.1 实时路况数据源

百度地图、高德地图、谷歌地图里面的路况都是采用浮动车数据来做计算得到的，其中国内研究者常常采用高德地图和百度地图获取实时路况信息。通过对比高德地图和百度地图 API 的日调用情况和数据发布特征，本节中选择以高德地图实时路况图层作为数据的获取源。

高德地图自 2002 年开始自主采集地图数据，自 2007 年开始进行了利用实时交通大数据提供实时路况的服务，在高德地图数据中心大屏幕上实时能够获取 GPS 回传的定位信息。这些大数据能够使高德地图实时捕捉交通动态，实时获知各条道路的畅通情况、行驶车速、拥堵原因及事故、管制、施工等交通事件，并根据通行情况对用户的导航路线进行调整或提醒。其中，高德地图精准的实时交通大数据中有 78%来自 UGC 众包数据，22%来自出租车、物流车等行业浮动车辆。高德地图的实时交通事故数据中，有 85%来自用户上报，其余来自交管和政府。此外，高德地图还受益于阿里巴巴大数据，比如菜鸟的运单数据、物流车数据和口碑的外卖订单数据。通过数据融合，高德方面表示可以发掘 POI 的新增与变化，强化地图基础数据。

高德地图的合作机构包括国家信息中心大数据发展部、清华大学-戴姆勒可持续交通联合研究中心、同济大学智能交通运输系统（ITS）研究中心、未来交通与城市计算联合实验室、高德未来交通研究中心等，使得其数据准确性得到保障。

8.5.1.2 实时路况数据抓取

（1）数据获取环境配置。首先在高德地图开发平台申请基于 WEB 端的 Key，然后通过 API 获取实时交通状态信息，本研究中设置了每十分钟抓取一次。高德地图支持的地图缩放级别默认范围为［2-30］，本节中采集的数据为 16 级，可以较清晰地从中获取街道级别的路网实时路况数据。

在数据抓取之前需要首先对抓取环境进行配置，本次研究中使用了Selenium 工具配合火狐浏览器以及 Python 进行数据的抓取，详细代码见图 8.32。

```
#Selenium工具+火狐浏览器
from selenium import webdriver
import time

opt=webdriver.FirefoxOptions()
opt.add_argument('-headless')

ff=webdriver.Firefox(options=opt)
ff.set_window_size(3000,3000)
c=0

while True:
    ff.get('file:///D:/Pic_T/AT2.html')
    time.sleep(10)
    timemark=time.strftime('%Y_%m_%d_%H_%M_%S')
    ff.save_screenshot('D:/Pic_T/PNG/{0}.png'.format(timemark))
    c+=1
    time.sleep(580)
```

图 8.32 Python 调用高德地图 WEB 端 API 获取实时交通状态

Selenium 是一个用于 Web 应用程序测试的工具，Selenium 测试直接在浏览器中运行并模仿真正的用户进行相关操作。

（2）数据抓取及处理。高德开放平台中，通过修改基于 web 端的实时路况图层右侧的源代码，可以控制研究范围并获取到只含有实时路况的干净栅格瓦片图。

从高德地图实时图层的官方说明文档中可以看到，实时交通图层用于展示当前时刻的道路交通状况，不同的颜色代表不同的拥堵程度，暗红色代表极度拥堵，绿色代表通畅，灰色代表路况不明。

本节的研究对象为春节期间泛 CBD 地区，即以国贸为中心，设置 3 000×3 000 像素，通过 Python 编辑脚本，每十分钟截取一次实时路况栅格图片，对所获得的栅格图片提取拥堵信息。

通过 Python 编辑代码，对整个栅格图片中的颜色进行提取 RGB 通道，RGB 通道如表 8.12 所示。在对路况状态的属性上，对畅通至严重拥堵赋值为 1~4，将无数据和栅格图片背景色均设置为 0。

对表 8.12 中的三个通道进行选择时发现：红色（R）通道中的颜色数值橙色为 255，灰白背景为 252，数值差距过小容易造成颜色误判；同样地，蓝色通道（B）表征畅通、缓行和拥堵的三个状态数值均为 0，无法区分，故使用 Python 对实时数据图片批量拆分颜色通道，并只获取绿色（G）通道。

表 8.12　栅格图片中的 RGB 通道

状态	颜色	R	G	B	拥堵指数
畅通	绿	51	177	0	1
缓行	橙	255	204	0	2
拥堵	红	222	0	0	3
严重拥堵	暗红	140	14	14	4
无数据	灰	173	173	173	0
背景	灰白	252	249	242	0

矢量化的相关操作均在 ArcGIS 中进行：将栅格瓦片图提取绿色 G 通道之后对道路数据中心线增密，拆分短段，然后提取各个短路段的中点值。

为了获取更多有效数据，使用 ArcGIS 进行扩张和重分类运算：对 2021 年 2 月 6 日 18：30 分的数据测试后，发现有效数据从 89. 05%提升到了 99. 69%。经过此次对单个栅格图片的测试之后，使用模型构建器对采集到的所有有效数据进行批量处理，见图 8. 33 所示。

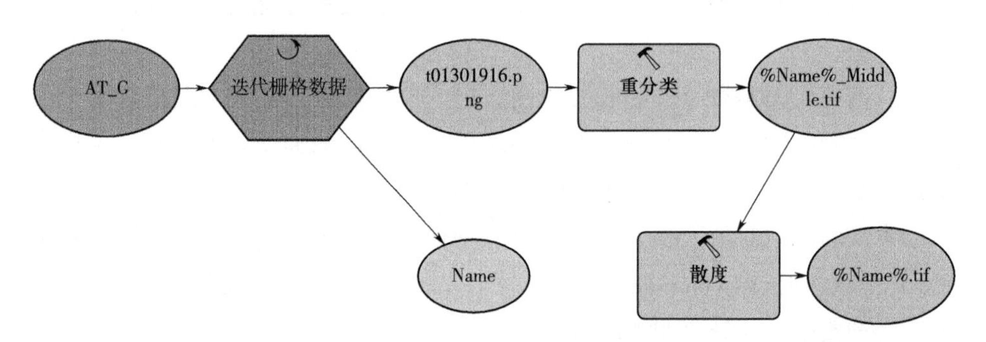

图 8. 33　模型构建器批量处理过程

使用 ArcGIS 的“多值提取至点”功能，将栅格数据批量汇总到中点上进行数据计算及制图，并把分割好的路段栅格长度统计后与中点相连接，路段切分局部示意图如图 8. 34 所示。最后即可获得所有观测时间内的道路拥堵状况。

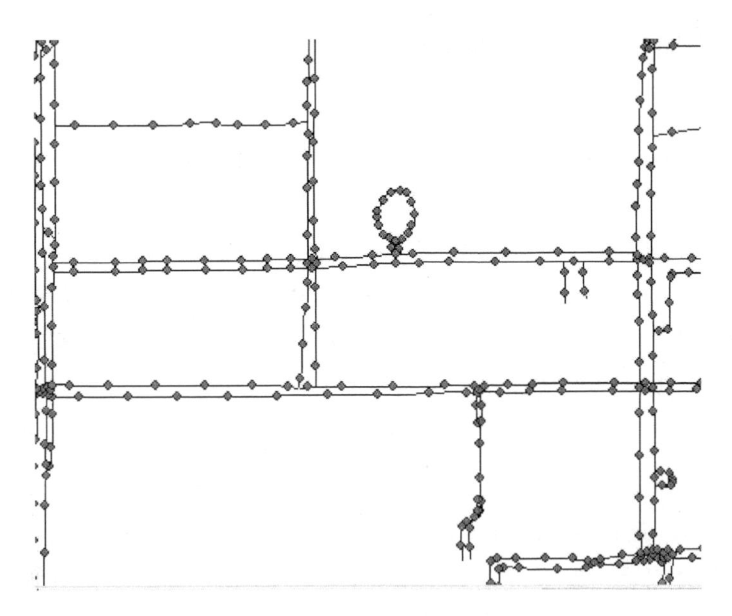

图 8.34　路段切分局部示意图

图 8.35 中的“ORIG-FID”代表路段数，总的路段数是 15 628 条，其中每一段路段在图像中代表 30 个像素；“t01301916-”代表实时路况的采集时间是 1 月 30 日 19：16，每个时期下的道路拥堵状况用数字 1~4 表示，分别代表畅通、缓行、拥堵和非常拥堵。

ORIG_FID	t01301926_	t01301926_	t01301936_	t01301946_
0	1	1	1	1
1	1	1	1	1
2	1	1	1	1
3	1	1	1	1
4	1	1	1	1
5	1	1	1	1
6	1	1	1	1
7	1	1	1	1
8	1	1	1	1
9	1	1	1	1
10	1	1	1	1
11	1	1	1	1
12	1	1	1	1
13	1	1	1	1
14	1	1	1	1
15	1	1	1	1
16	1	1	1	1

图 8.35　实时路况数据示例（部分）

8.5.2 节假日交通网络拥堵特性分析

8.5.2.1 泛 CBD 地区交通拥堵时间分布态势

通过 Python 调取 1 月 30 日至 2 月 6 日高德地图 API，每十分钟捕获一个间隔的栅格图片，获取国贸附近 8 日内的交通拥堵状态。

使用 Python 对获得的原始栅格图片数据批量提取绿色颜色通道数据，将得到的新图片导入 ArcGIS 进行矢量化操作，即可把交通拥堵指数提取至各条路段中，本节中定义的道路拥堵占比是指采集区缓行、拥堵、严重拥堵这三个等级的路段数与全区域总路段数的比值。

处理过程中将各条路段每隔 30 像素的距离均匀分割，以便将表征路段拥堵状态的数字均匀地赋值到各条路段中。之后将提取的各路段的路况拥堵指数，使用 Excel 进行数据统计分析。将每个时刻所获得的路况拥堵指数进行汇总，从中统计出所有拥堵指数大于 2 的路段，计算这些路段在所研究时刻中在所有路段中所占的比值，结果如图 8.36 所示。

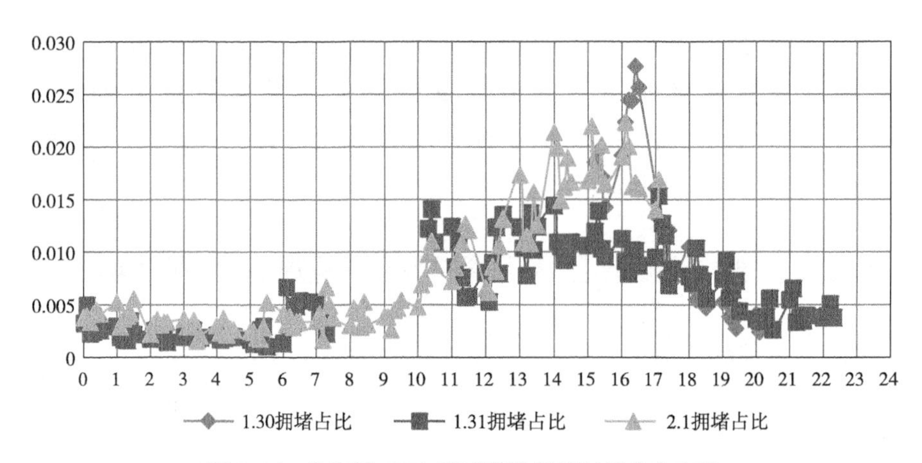

图 8.36 北京泛 CBD 区域道路拥堵时间分布态势

在 1 月 30 日至 2 月 1 日收集数据结果中发现，0：00—6：00 这一时间段内道路拥堵状况较轻，拥堵占比最高值在 0.005 左右；6：00—10：00，道路拥堵状况较前一时段稍高，拥堵占比值在 0.01 以下；10：00—18：00 这一时期出现道路拥堵最高峰，其中有两日拥堵最高峰在 16：00—17：00；自 18：00 起，道路拥堵状况呈下降趋势。

通过对 1 月 30 日至 2 月 1 日不间断的测试、调试发现，假日拥堵时段集中在 10：00 左右和 16：00—18：00。在所研究的区域中，可以发现，真正发生交通拥堵的路段所占比例并不高。

根据图 8.36，结合北京市现行《城市道路交通运行评价指标体系》（DB11/T 785—2011），在早晚高峰时段进行道路拥堵数据的采集。采集时段为 9：00—20：00。

2 月 2 日至 6 日的春节期间的道路拥堵在时间上的分布态势如图 8.37 所示。

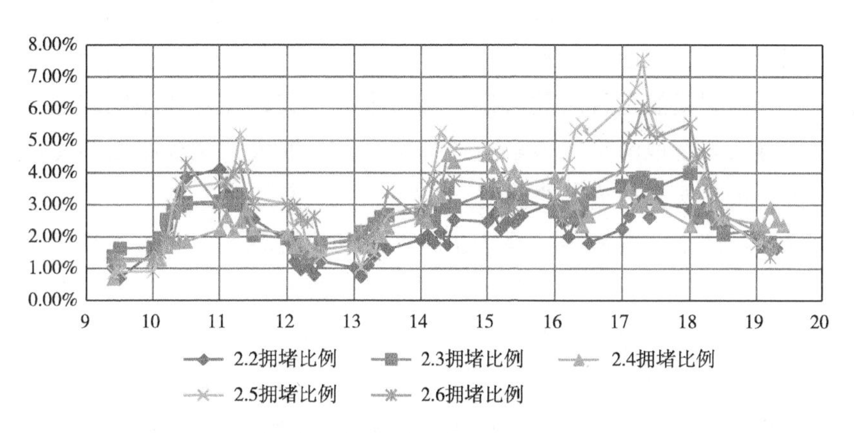

图 8.37　节假日泛 CBD 区域道路拥堵时间分布态势

由图 8.37 的时间变化可知，2 月 2 日至 4 日整体拥堵段落占比比较平缓，2 月 5 日和 6 日最高峰值显著，整体上泛 CBD 区域出现了三个峰值时段，分别为 10：00—12：00、14：00—15：00，以及 16：00—18：00。

8.5.2.2　泛 CBD 地区交通拥堵空间分布态势

在所采集的 562 个有效时刻中，计算拥堵路段数，将处于缓行、拥堵、严重拥堵三个等级的路段数量统计出来。然后计算各个等级的路段在全部 562 个时刻中发生拥堵的比例，并可视化出来。设定在超过 20%时间内均发生拥堵的路径，记为需要优化的关键路段。

常发拥堵路段数量在研究区域路段中所占的比例不高，大多数路段均为畅通状态。但常发拥堵路段具有一定的规律性，总是在这些路段上产生交通拥堵现象。因此，这些路段即为需要重点关注的待优化路段。

8.5.3 节假日交通网络优化建议

基于前面对研究区域时间和空间特征的分析发现，春节期间国贸地区的拥堵峰值集中在 10：00—12：00、14：00—15：00，以及 16：00—18：00，为了更好地安排出行活动，可以进行错峰出行，避开高峰时段。待优化路段主要集中在部分交叉口处，合理分流及进行交通诱导将有助于减少拥堵发生。

在待优化路段可通过采取有效的交通组织优化措施使其拥堵状况得到缓解，在空间上挖密补稀，时间上则要削峰填谷，提高路网的有效利用率。通过建立完善的城区交通诱导系统，可以为机动车驾驶人提供及时准确的路况信息，能够起到提前预告驾驶人避开交通事故、交通拥堵的路段或地点的目的，从而最大限度地消除或缓解交通拥堵，还能够大大减少路面的无效交通流，起到均衡路网交通流量的作用。

交通拥堵产生的根源主要在于出行信息的不对称，而交通工具实时回传的数据、人们的移动数据信息都为城市交通信息的挖掘提供了数据基础。通过分析来自不同信号源的数据对人们出行行为和交通系统进行评估，基于历史和实时数据能够对人们的出行行为做出预测和研判，基于交通数据进行交通诱导，这样可以合理地对人们的交通出行进行次序安排。

合理调控交通指挥信号系统，也可以满足交通流量变化的需要。对于国道与城区道路的交叉路口，城区道路的绿灯信号控制在高峰期比平时长一些，高峰期几个绿灯周期不能满足车辆通行的可以适当延长绿灯时间。通过合理调控交通指挥信号系统，充分发挥交通指挥信号系统的作用，能够满足交通流量变化的需要。

8.6 小结

本章首先对北京现有的交通设施分布状况进行了评估。对 POI 交通设施数据和商务住宅数据依据人们的步行距离衰减规律进行分析，发现地铁设施布局与居民区之间的交通便利性存在着分布不均衡的现象，主要表现为北京南部地区的步行指数远小于北京北部地区。

然后，通过手机信令数据，依据人口加权效率指标对北京市日常通勤网络进行出行网络分析。在以城市中心为圆心，以 500 米为半径统计划分圆形区域，通过分析各个圆环之内的人口数、道路长度等信息时，发现在城市级别上北京市的人口累积量和路段长度具有一定的规律性。对 2020 年度的北京人口数据的探究发现，累加的人口量与城市中心的距离服从对数分布，拟合优度为 0.94；并且在与城市中心的距离小于 9 000 米时，北京市的人口累积量与城市中心的距离服从指数分布，拟合优度为 0.97；通过对 2020 年的 OpenStreetMap 路网分析，发现北京道路长度的累积量与城市中心距离之间服从指数分布，拟合优度在 0.9。通过使用聚类算法，在保留城市结构特征的基础上，对通勤数据进行分析，发现距离城市中心越近，通勤流量的聚类状况越明显。然后选取了通勤路径中流量在前 5 000 的路径，发现这些路径的绕行比例很小，但是将通勤流量分配到路段时，发现通勤路径的人口加权路径效率并不高，需要提高路段的容量。基于活跃人口进行最优路网规模的仿真结果表明，可以通过优化路网布局来对城市的出行流量进行均衡。

最后，利用高德地图进行实时的交通拥堵状态数据采集。在通过高德地图 API 获取实时数据并进行相应的批量数据处理之后发现，作为通勤热点地区的国贸，在春节期间路网拥堵的特征具有一定的时空规律性。

本章中基于通勤流量数据、交通实施拥堵状态数据和 POI 数据，结合 ArcGIS 仿真平台，从社区到地铁的便利度、通勤出行活动及假日道路拥堵状况三个层面，基于地理位置信息的交通数据对北京市的交通状况进行了研究。

在进行最优路网规模仿真时依据北京市的街道结构和未来的人口数量进行了活动社区的生成，仿真数据与真实数据都在人口和路段长度上表现出了一致的规律性，累积人口数与城市中心的距离表现出了对数分布的特征，而累积路段长度表现出了指数分布的特点。但是，这种仿真形式里活跃社区的数量是由街道的形态结构确定的，在表征土地利用和人口聚集状态方面，未能很好地体现出城市不同区域的功能特点。基于活跃社区进行 voronoi 划分而产生的道路规模是理论上的最优规模，各条路段具有平等的接入和使用特点。由于能力和时间的限制，未能将城市渗流模型、引力模型、机会介入类模型等引入此次研究，以后还可对这一方面进行深入研究。

对于假日拥堵状况和社区进行交通设施的步行指数测度研究时，由于设备的计算力达不到对全北京市的交通状况进行采集和处理，只是对一个区域在特定时段进行了数据分析和处理。

目前基于多源数据越来越容易获取反映人的移动状况的数据，相信随着技术的进步，未来交通大数据的研究成果将会更好地服务于人们的日常出行活动。

9

基于复杂网络的国际贸易网络研究

21世纪以来，伴随着经济全球化和区域经济一体化的快速发展，世界各国在经济上相互联系与依赖、相互竞争与制约、相互渗透与扩张。而进出口贸易作为全球化过程中不可或缺的环节，自然是各国政府重点关注的对象，同时也是衡量一个国家经济发展水平和国际地位的重要指标。随着全球贸易规模和范围的日益增大，在空间上逐渐形成一个相互影响、相互作用的复杂的网络结构。而这种复杂结构的影响力不仅仅是局限于两个国家之间的贸易联系和发展，而是能够沿着网络进行传播，从而对网络中的其他国家产生直接或间接的影响。

一国的贸易总量只能用来衡量一个国家的对外开放水平，并不能用来描述该国在世界贸易网络中的地位。在研究贸易地位时，必须考虑该国与其所有贸易伙伴的关系，甚至是与该国间接相关的贸易伙伴的关系，这样才能对一国的贸易地位进行较为客观的评价和分析，而国际贸易网络模型便是研究区域贸易的有效工具之一。它以节点、边线和权重分别代表国家、贸易联系和贸易强度，三个要素所组成的网络拓扑结构不仅能描述各国在网络中的地位与作用，还能挖掘国家之间的贸易联系和空间格局的整体以及局部特征。

贸易全球化虽然对中国提升产业结构、深入参与国际分工、发挥本国的制造优势和扩大海外市场有着重要的促进作用，但是随着近年来中国的崛起，中国企业不断遭到西方国家的打压，像华为、字节跳动等科技公司也受到了美国的制裁，企图通过技术层面“卡脖子”和设置贸易壁垒给予中国沉重打击。因此本章将研究1975—2014年国际贸易总额数据，通过建立国际贸易网络模型来探究国际贸易格局的演变，以及从全局的角度出发，确定中国在全球贸易网络中的影响力以及所处地位，进而为政府提供寻找新的贸易伙伴的方向，稳固中国的世界贸易大国地位。

9.1 国际贸易网络研究概述

社会网络分析法的发展在西方已经有数十年的历史，最初主要应用于心理学和人类学的研究。但近十几年来，这一方法得到了广泛的应用。而国际贸易参与的国家众多，关系错综复杂，国与国之间的贸易额大小不一，一直以来都难以进行客观的宏观层面的分析。因此，社会网络分析法的出现，给国际贸易分析带来了新的机遇，以国家为节点、以贸易往来为边线构建的全球贸易网络越来越成为各国学者重点关注的贸易研究方向。

国外对于国际贸易网络的研究起步较早，基于不同的产品，Nemeth 和 Smith（1985）研究了国际贸易网络，分析了世界结构和动态。Garlaschelli 和 Loffredo（2005）进行了国际贸易网络结构演变的研究，到如今已经从宏观层面的国际贸易网络分析逐渐转向细分到产业或产品内贸易网络研究，例如对由 GDP 驱动的国际贸易网络演变的研究（Almog et al.，2014）、对国际原油贸易的研究（An，2014）以及对国际咖啡贸易网络的分析（Ookrit et al.，2021）。

有观点认为国际贸易的社会网络可以大大降低国际贸易的信息成本。例如，Rauch（1999）提出国际贸易的社会网络可以大大降低国际贸易的信息成本，从而影响贸易流。通过建立“道德群体”来建立信任，建立代理人的合作惩罚机制，利用产品相似性和网络中的共同语言、群体关系提供产品信息，匹配买卖双方的信息，国际贸易网络能够有效克服非正规贸易壁垒，产生净贸易创造效应。Greaney（2003）基于社会网络的视角，研究了国际贸易和 FDI 的流动。他认为，各国在国际贸易网络中地位的差异会导致贸易和外国直接投资的流动，因此产生贸易摩擦的国家在国际交换网络中占据核心地位，具有成本优势。Zuckerman（2003）建立的模型指出，社会网络之外的企业可能会因为无法访问网络而降低其总利润。此外，在他们建立的两国贸易模型中，由于社交网络的存在，世界总产出的价值可能会提高（至少不会降低）。

复杂网络方法主要用于分析国际贸易网络的拓扑结构、演化规律和驱动因素。Serrano 和 Boguna（2003）首次将复杂网络分析方法应用于国际贸易网络的研究，发现国际贸易网络是一个负匹配网络，即高程度的国家往往与低程度的国家有贸易关系，并指出聚集系数与程度之间也存在负相关关系。李翔等人（2003）通过邻接矩阵构造了国际贸易网络，得出了与 Serrano、Boguna 相同的研究结论，即无标度特征。因此，基于无标度属性，他进一步研究了国际贸易网络的发展与经济周期的关系。Garlaschelli 和 Loffredo（2004）基于加权的国际贸易网络开始分析网络互惠性和其他拓扑随时间的演化。Fagiolo 等（2008）还研究了基于加权网络的国际贸易网络的拓扑性质和演化，研究发现加权国际贸易网络的统计特性与传统的双边二元网络有很大的不同，国际贸易网络中现有的联系大多是弱贸易关系，贸易关系较强的国家更具有集群性。Fagiolo 等（2009）通过加权国际贸易连通性、层次性、集聚性和中心网络统计，进一步分析了加权国家贸易网络的特征，结果表明，节点的结构特性是稳定的，节点的连接强度呈幂律分布。Clark 和 Beckfield（2009）通过国际贸易网络的数据构建了国际贸易网络，发现世界体系中处于同一地位的国家的经济在各个方面都有一定的相似性，而处于不同地位的国家之间的经济差距正在拉大。

在核心-边缘结构方面，Snyder 和 Kick（1979）在国外最早将社会网络分析方法应用于国际贸易网络。他们利用 1965 年的国家间贸易数据形成邻接矩阵，构建了无权网络，分析了 118 个样本国家的核心-边缘结构，并将这些国家分为核心国家、半边缘国家和边缘国家，在网络分析的基础上，首次探讨了国际贸易网络结构的特征。Smith 和 White（1992）进一步比较了 1965 年、1970 年和 1980 年国际贸易网络核心-边缘结构的演变，指出核心国家的数量随着时间的推移而增加。Mahutga（2006）基于 1965—2000 年的进出口贸易数据，分析了国际贸易网络核心-边缘的动态演化，发现在国际分工和经济全球化的过程中，网络结构失衡加剧。Reyes 等（2008）基于加权网络分析方法，利用中介中心性测度了 1980—2005 年世界贸易网络核心-边缘结构的演变，发现亚洲经济体接近国际贸易网络的核心地位，而拉美国家在国际贸易网络中的地位没有改变。

国内对于国际贸易网络方面的研究相对较为落后，但也在近十年内涌现了许多好的研究，主要以研究国际贸易网络的演变及影响因素、全球贸易网络对中国的启示、利用复杂网络方法对国际贸易网络进行分析这三大版块为主。

段文奇等（2008）分析了加权国际贸易网络的度分布、聚类、相关性和互易性的演化，在对国际贸易网络拓扑结构演变的研究中发现，全球贸易网络的“多极化”并未从根本上改变原有的核心-边缘结构，但贸易重心与覆盖范围发生了较大的调整与扩大，新兴的发展中国家开始逐步“抱团”，根据地缘建立贸易集团，更好地发挥地域优势，加强国家合作。孙晓蕾等（2012）分析了全球原油贸易网络和铁矿石贸易复杂网络的拓扑结构和演化规律。任素婷（2013，2014）运用复杂网络的方法探究了中国在国际贸易网络中的地位。樊瑛、任素婷（2015）从更为宏观和客观的角度分析了全球贸易网络的社团结构及演变，将世界贸易网分为若干贸易社团，通过引入社团结构节点的重要性指标，对重要国家予以加权，进而建立国际贸易复杂网络模型，为能够更加客观、全面地分析全球贸易格局提供了一种探测贸易情报的新思路。李伟平（2017）对国际贸易网络的定义如下：国际贸易网络是经济学中最具代表性的社会网络组成部分之一，它充分反映了国家或地区之间相互联系、相互依存的经济系统，因此，对国际贸易网络的研究成为社会网络分析前沿。研究总结分析了国际贸易网络结构的演变特征及其原因，研究结论如下：第一，国际贸易网络是一个负匹配网络，存在所谓的“富人俱乐部”。大多数国家有更多的贸易伙伴，但很少有国家有强大的贸易强度。第二，美国的核心度在下降，如日、德、英、法、金砖四国的核心度在上升，处于核心地位的国家数量在增加；第三，国际贸易网络的演变与人均 GDP、FDI、高新技术产品出口比重、出口总额正相关，铁路长度、共同语言、周边国家数量、WTO和贸易协定与金融危机和失业率呈负相关关系，并通过了一定的显著性水平检验。蒋小荣（2018a，2018b）指出，自 20 世纪 80 年代以来，世界经济正从旧的两极体系逐渐向多极化格局演变。中国作为新兴的贸易大国，分析国际间的贸易网络，并研究自身所处的环境是不可或缺的。而白美琪（2019）通过对二十国集团还有“一带一路”倡议的研究发现，国际贸易都与地缘因素息息相关，而地缘经济的竞争与合作也成为当今国际贸易网络联系的主流形式，以地理空间为主的地缘因素对于国际贸易的影响是不可忽略的。

虽然国内外学者在国际贸易网络方面的研究逐步增多，尤其是国外已经有许多的学者通过建立各种各样的复杂网络模型来对贸易网进行分析，但大多是从观察者的视角，而客观地去分析世界贸易格局，从中国的视角去分析国际贸易网络的相对较少。因此本书以近十几年来国际贸易数据为基础，建立基于中国视角的复杂网络模型，并进行社团结构的划分，从宏观角度分析中国在贸易网络中所处地位并给出建议。

在研究国际贸易网络时要面临的第一个问题便是网络模型的选择。近年来研究国际贸易网络的学者们主要从以下六个模型中进行选择分析，分别是国际贸易经典网络模型、国际贸易适应度模型、国际贸易双曲线模型、国际贸易流网络模型、多层贸易耦合网络模型，还有国际贸易二分网络模型。

本章将采用其中的国际贸易网络经典模型，将世界各国作为节点，国与国之间的贸易联系作为连接节点的边，即当国家（地区）i，j之间有连边，则表示国家（地区）i，j间存在贸易关系，即国际贸易网络邻接矩阵 $\boldsymbol{A}_{ij}=\boldsymbol{A}_{ji}=1$，否则 $\boldsymbol{A}_{ij}=\boldsymbol{A}_{ji}=0$。接着再运用两国之间的贸易总额数据对两国贸易连边进行加权化处理，来体现国家间不同的贸易强度，即把国际贸易网络边权定义为 w_{ij}，$w_{ji} = value_{ij}$。其中 $value_{ij}$ 表示的是国家 i 到 j 的贸易总额，进而得到无向加权网络的权重：

$$\widetilde{w}_{ij} = \frac{1}{2}(w_{ij} + w_{ji})$$

由此建立一个关于国际贸易的加权无向经典网络模型，此模型能够解释贸易系统的特征和规律，方便进行社团划分，同时在将网络结构可视化后得到的图片更为简洁。因此建立此模型符合研究国际贸易网络格局演变的目的。

9.2 国际贸易网络格局及其演化分析

9.2.1 国际贸易网络建模与指标

9.2.1.1 国际贸易网络数据来源与建模

数据主要来源于世界银行的贸易数据库的数据，选取了 1975 年、1985 年、1995 年、2005 年和 2014 年共 5 个年份的数据。首先，对于数据中极少量的缺失值进行删除处理，因为这类国家主要是贸易额较小且影响力较低的国家，也不是重点分析的节点对象，因此对结果不会造成较大影响。然后，将国与国之间的贸易数据转换为 $N \times N$ 的邻接矩阵，保留双边贸易国家的名字以及贸易总额，并把贸易总额设置为权重，从而建立节点间的邻接矩阵。在研究数据时，发现国与国之间有时会出现对外贸易体量相差极为悬殊的情况，例如美国的贸易总额通常超过千亿美元，但部分非洲的小国家和一些小的岛国的贸易额甚至不到一百美元。不过考虑到有些国家虽然贸易体量较小，在贸易网络中的影响力也比较低，但是它们所处的地理位置具有特殊的战略意义，或者对于中国的全球贸易战略非常重要，因此将不对贸易规模设置限制，保留所有国家的贸易数据，这样更能体现所建立的国际贸易网络的完整性和准确性。所使用的建模软件为 Gephi 0.9.2，对数据进行处理之后，以国家为节点，国与国之间的贸易联系作为边，国家的贸易总额为权重，用边表格的方式建立一个加权无向的国际贸易复杂网络模型，通过分析此模型来研究国际贸易网络的演变情况。

9.2.1.2 国际贸易网络统计指标分析

将上述处理过的数据进行建模，建立 1975 年、1985 年、1995 年、2005

年和 2014 年 5 个加权无向的国际贸易经典网络模型。然后分别计算 5 个模型的集聚系数、节点数、平均步长等指标，以此对国际贸易网络模型进行简单的评价。计算结果如表 9.1 所示（计算结果统一保留 3 位小数）。

表 9.1 国际贸易网络指标分析

指标	1975 年	1985 年	1995 年	2005 年	2014 年
平均聚集系数	0.842	0.834	0.881	0.893	0.911
节点数	150	161	187	192	195
边数	9 039	10 426	14 963	16 039	16 905
平均密度	0.809	0.809	0.86	0.875	0.894
平均路径长度	1.191	1.191	1.14	1.125	1.106

由表 9.1 及图 9.1 可见，1975 年至 2014 年国际贸易网络的节点数和边数都在迅速增加，至 2014 年达到峰值，有 195 个节点和 16 905 条边。这意味着参与国际贸易的国家，还有网络中国与国之间的贸易联系越来越多，直到 2014 年世界绝大多数国家都加入了国际贸易网络。

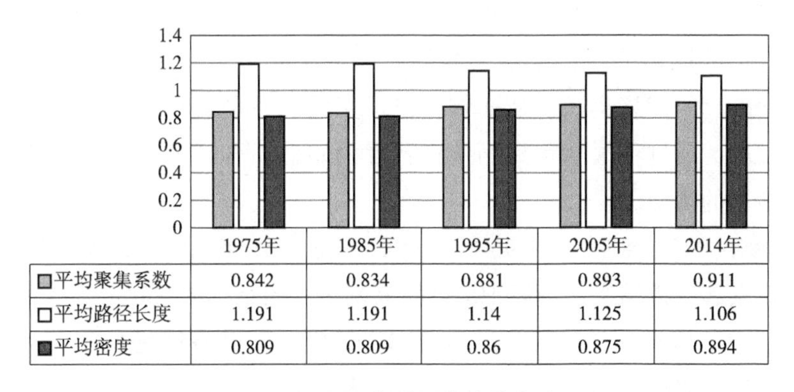

图 9.1 国际贸易网络密集程度

关于聚集系数、图密度和平均路径长度，这三个指标通常是用来描述一个复杂网络的稠密程度还有各节点之间连接紧密程度的。从表 9.1 及图 9.1 可以看到，除了 1975 年到 1985 年期间可能因为世界贸易组织尚未成立，全球化的概念尚未被广泛认可，各国对于对外贸易的重视程度也还不够高，所以平均密度和平均路径长度没有发生显著变化，且聚集系数甚至出现了负增长，其他年份都实现了较大的提升，集聚系数和平均密度都介于0.8~0.9之间，属于较高的水平，同时也说明了国际贸易网络具有小世界性质；而平均路径长度越来越低意味着国与国之间的贸易联系更加紧密，各国之间的贸易效率更高，最短距离正在缩短。因此1985年之后，随着世界贸易组织的成立和全球化概念的提出，各国之间的贸易紧密程度快速提升，国际贸易产业链迅速发展，全球贸易逐渐连成一个整体。

9.2.2 国际贸易网络体系的社团划分

9.2.2.1 国际贸易社团划分情况

国际局势自20世纪70年代至今，发生了翻天覆地的变化，从最初苏联与美国形成的“两极格局”，到苏联解体后变成了“一超多强”的格局，再到如今世界格局正朝着多极化发展。而国际贸易作为世界经济不可或缺的重要组成部分自然也会随着时间演变。这几十年来，各种形式的自由贸易协定还有各种经济合作组织的成立，极大地推进了区域经济一体化的进程，也随之出现了一些贸易联系紧密的集团，如“一带一路”、东盟和欧盟等。这一类贸易集团内部的国家之间的贸易联系相对于集团外的国家要更加紧密。这是由于在不同的时期，随着国际局势的变化，世界各国政府也会对自身的需求和国际地位进行评估，制定不一样的对外贸易策略，选择不同的贸易伙伴，加入不同阵营的贸易集团，从而将自己国家的利益最大化。将这些贸易集团统称为社团，通过将国际贸易网络进行社团划分，可以更为直观地了解全球贸易的格局的演变。

对1975年、1985年、1995年、2005年和2014年国际贸易网络进行社团划分，观察和分析结果，可以把国际贸易网络社团结构的演化分为3个阶段。

（1）发达国家主导阶段。20世纪70年代，世界格局仍处于“两极化”阶段，美苏冷战还未结束。此时的国际贸易网络被划分为三大社团：以英国和法国等欧洲发达国家为首的“欧非社团”；以美国为首的“亚太社团”以及以苏联为首的“东欧社团”（见图9.2）。因为美苏冷战的关系，以美国为首的西方资本主义国家对苏联进行了贸易封锁，使得苏联成员国和东欧支持苏联的国家只能在一起“抱团取暖”，对外贸易十分有限。欧洲国家因为历史上曾对非洲国家进行殖民统治，在70年代仍与非洲一些国家有着较为紧密的贸易联系，但贸易额都非常小，“欧非社团”超过60%的贸易总额都集中在以英法为首的欧洲发达国家。而以美国为首的“亚太社团”呈现出了明显的“核心-边缘”网络结构。美国是“亚太社团”的绝对核心，而日本作为美国在二战后主要扶持的亚洲国家，成为美国掌控亚太贸易的重要节点，同时也是社团的次核心，其他国家则处于社团的外围。总的来说，这一阶段世界贸易格局完全由发达国家主导，西方发达国家在全球贸易体系中有着压倒性的优势。

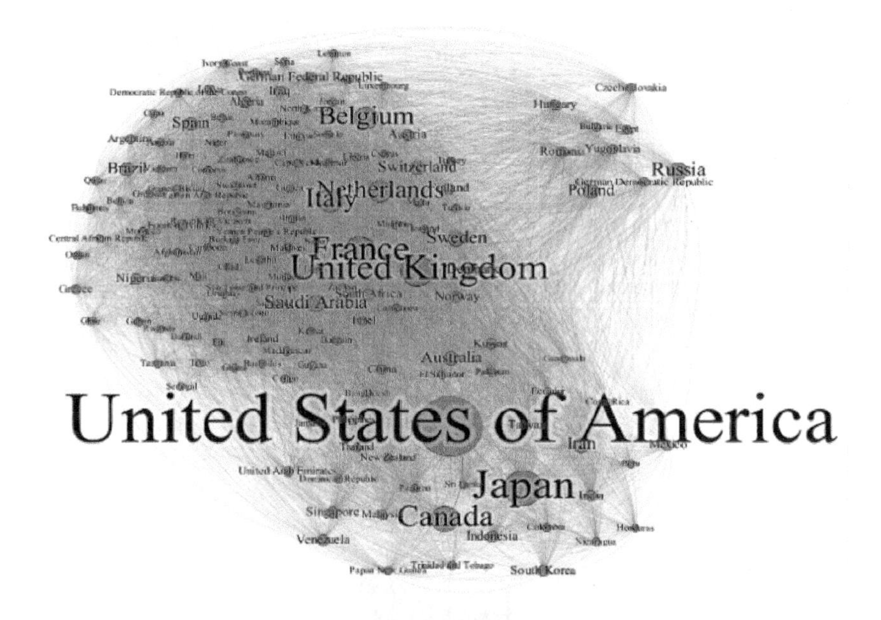

图 9.2　1975 年国际贸易网络社团划分

（2）发展中国家崛起阶段。20 世纪 80 年代，随着非洲越来越多的国家宣布独立，欧洲区域经济一体化的趋势越来越强，70 年代形成的“欧非社团”逐渐瓦解，非洲的发展中国家从“欧非社团”中脱离出来，与美洲的发展中国家还有一些小岛国自成一派，因此国际贸易网络格局被分成了四大社团。到了 20 世纪 90 年代，苏联解体，美苏冷战结束，“两极化”格局开始向“一超多强”格局演变，“东欧社团”也随之瓦解，其社团成员国加入了“欧洲社团”之中，而随着 1990 年东德和西德的合并，德国统一，德国凭借着强大而完备的工业体系迅速崛起，一举超越英法等老牌资本主义强国，成为“欧洲社团”的领导者（见图 9.3、图 9.4）。与此同时，东西方关系缓和、经济全球化概念提出，1995 年世界贸易组织成立，世界贸易迅速发展，朝着多极化方向前进。伴随着欧美发达国家人口老龄化问题的加深，劳动力成本迅速上升，因此一些制造业尤其是劳动密集型产业，开始由发达国家向非洲、亚洲和南美洲的发展中国家转移，给发展中国家的崛起创造了机会，并逐渐在区域范围内形成技术—资本—劳动密集型产业的阶梯式分工体系。

图 9.3　1985 年国际贸易网络社团划分

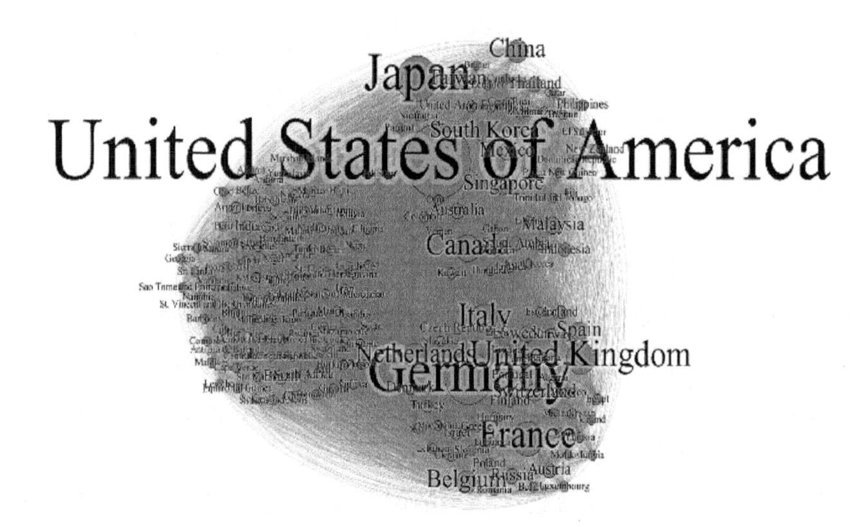

图 9.4　1995 年国际贸易网络社团划分

（3）“三足鼎立”阶段。进入 21 世纪后，随着以计算机和电信网络为基础的信息化时代的到来，世界各国之间的联系也变得越来越紧密，亚洲各国抓住机会纷纷放宽贸易与投资政策，积极吸引外资和产业转移，经济迎来迅猛发展，先是“亚洲四小龙”迈入高收入经济体行列，成为国际贸易的重要节点，紧接着中国加入世界贸易组织，逐渐成为“世界工厂”，再到印度、马来西亚、泰国等亚洲新兴经济体实现群体性崛起，无一不带动着亚洲国家经贸、文化、旅游和基础设施的高速发展，此时亚洲国家之间的贸易额也超过了亚洲国家和其他国家之间的贸易额。尽管包括中国和日本在内的贸易大国在 21 世纪初期还归属于以美国为首的“亚太社团”，但亚洲国家的快速崛起极大冲击着原先欧美发达国家的经济主导地位，同时“亚太社团”也有着崩离之势。到了 2014 年，以中国为首的“亚洲社团”正式从原先以美国为首的“亚太社团”分离出来，并且中国的对外贸易总额也超过美国，成为世界第一大贸易国。2008 年，美国金融危机席卷全球，欧美市场需求出现了大幅收缩，加之劳动力价格的继续上升，促使更多的国家加入了以中国为主导的“亚洲社团”。再加上“一带一路”倡议的提出，许多原属于“欧洲社团”的中东石油国家以及非洲国家也加入了“亚洲社团”，过去的以欧美为核心的全球贸易结构正式瓦解。至此以德国、美国、中国为核心的欧洲、亚洲、美洲社团“三足鼎立”的格局形成（见图 9.5、图 9.6）。

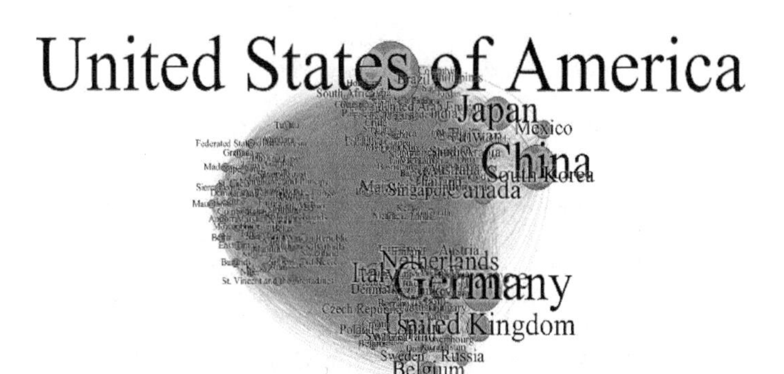

图 9.5　2005 年国际贸易网络社团划分

为了能更准确地分析最新的国际贸易网络社团结构的特征，选取 2014 年各社团结构中重要核心国家的指标，来对社团特征进行更详细的分析，结果如表 9.2 所示。

图 9.6　2014 年国际贸易网络社团划分

表 9.2　2014 年社团结构重要节点指标均值

社团	亚洲社团	欧洲社团	美洲社团
重要国家	中国、日本、韩国	德国、英国、法国	美国、加拿大、墨西哥
度	193	194	171
接近中心	0.995	0.998	0.911
特征向量中心	0.995	0.998	0.888
介数值	15.069 994	15.125	10.765
集聚系数	0.892 739 667	0.893	0.917
贸易额（百万美元）	2 646 097.366	1 656 545.259	1 929 256.422

由表 9.2 及图 9.2 至图 9.6 可以看出，在最新的贸易网络社团结构中，以德国、英国和法国为核心的“欧洲社团”是平均度值、介数值、接近中心值最高的社团，说明“欧洲社团”在国际贸易网络中具有较强的影响力和中间作用，许多国家的贸易都要经过欧洲社团的国家，并且“欧洲社团”的集聚系数也较高，这也符合当今欧洲是世界上区域经济一体化程度最高的地区的事实；而“美洲社团”因为地缘关系的缘故，主要以北美自由贸易区和南美洲地区贸易为主，有很强的“核心-边缘”社团结构特征，因此美洲社团内部的国家发生的大多数贸易都与美洲社团的核心美国有关，从集聚系数也可以看出，社团内部的联系最为紧密，但对于全球贸易网络的参与度相对较低；

而由众多新兴经济体组成的“亚洲社团”的整体贸易额已经超越了另外两大社团，成为后金融危机时代国际贸易发展的中坚力量，成为成员数量最多、贸易总额最大的社团。

9.2.2.2 中国在国际贸易网络中的社团归属

根据图9.2至图9.6的国际贸易网络社团划分，可以将中国的社团归属分为以下两个阶段：

1975年至2005年为第一阶段。在第一阶段，中国由于与苏联的诸多矛盾，两国关系越来越差，此时中国与美国和日本的关系逐渐缓和，开始开展贸易往来，因此归属于以美国为首的“亚太社团”。而之后因为改革开放的实施，加入世界贸易组织，积极发展制造业等因素，中国的对外贸易迅猛发展，在“亚太社团”中的影响力快速提升，甚至有超越美国的势头。

2005年之后为第二阶段。在第二阶段，中国归属于“亚洲社团”，受益于经济全球化和信息化成为社团的绝对核心，2012年对外贸易总额首次超越美国，成为世界第一大贸易国。此时中国成为全球贸易增长的决定性力量，不仅在亚洲社团处于领导地位，对中东、非洲以及拉美地区的影响力也非常大，几乎涵盖了所有的新兴经济体，成为全球贸易网络的核心之一。

9.2.3 中国在国际贸易网络中的地位分析

表9.3是由Gephi0.9.2计算出来的中国1975年、1985年、1995年、2005年及2014年的各项中心性指标数值，下面将对这些数据进行可视化处理和分析。

表9.3 中国各中心性指标数据

指标	1975年	1985年	1995年	2005年	2014年
度	141	152	186	191	194
度中心	0.94	0.95	1	1	1
接近中心	0.949	0.952	1	1	1
特征向量中心	0.953	0.953	1	1	1
介数值	22.28	23.314	20.255	18.178	15.233
集聚系数	0.819	0.811	0.859	0.873	0.893

度及度中心性指标可以体现一个国家开展贸易的广泛程度，由图 9.7 及图 9.8 可以看到，中国的度值由 1975 年的 141 提升至 2014 年的 194；度中心值也是逐年升高，并且在 1995 年之后都保持在 1，即与网络中所有可能建立贸易联系的国家都建立了联系。这说明中国自 1975 年之后对外贸易的广泛性不断增加，积极与世界各国建立贸易联系，在国际贸易网络中的活跃程度非常高。

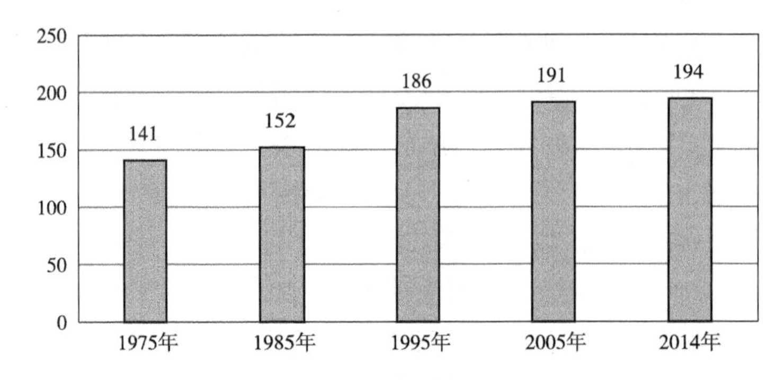

图 9.7　中国度值变化

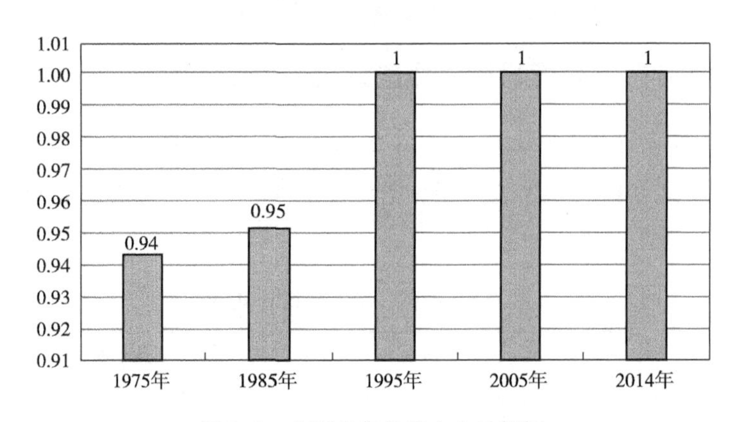

图 9.8　中国各年份度中心性指标

接近中心性指标描述了国家在整个国际贸易网络中所处的位置相对于中心位置的接近程度，即一个国家的接近中心性指标值越高，意味着该国在贸易过程中处于网络较为中心的位置，有许多国家与之有直接贸易联系。从图 9.9 可以看出，中国的接近中心性指标自 1975 年起就高于 0.9，处于较为接近中心的位置，并且在 1995 年之后都维持在 1，因此可以认为现在的中国处于贸易网络的中心位置，贸易地位很高。

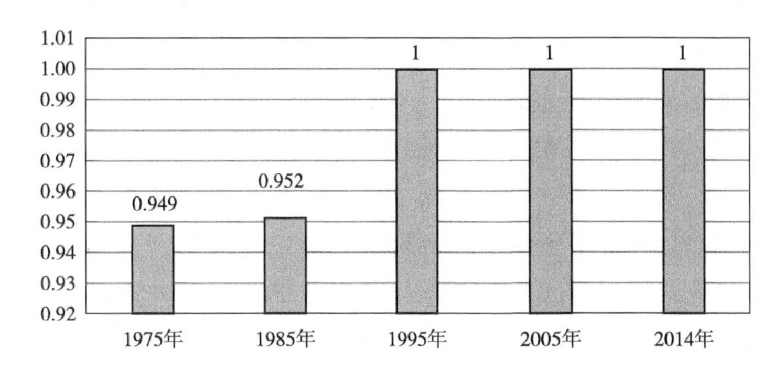

图 9.9　中国各年份接近中心性指标

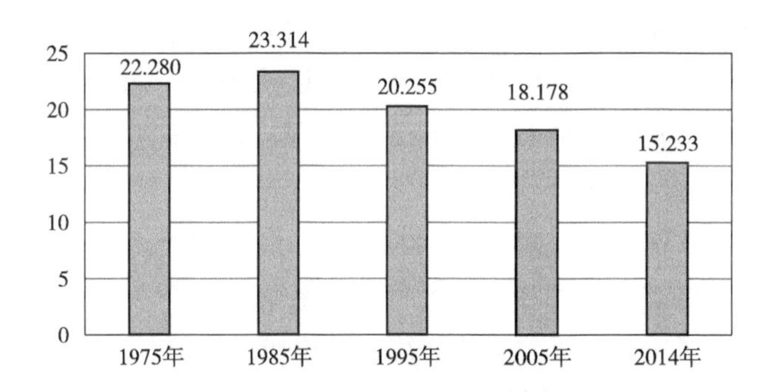

图 9.10　中国各年份介数值

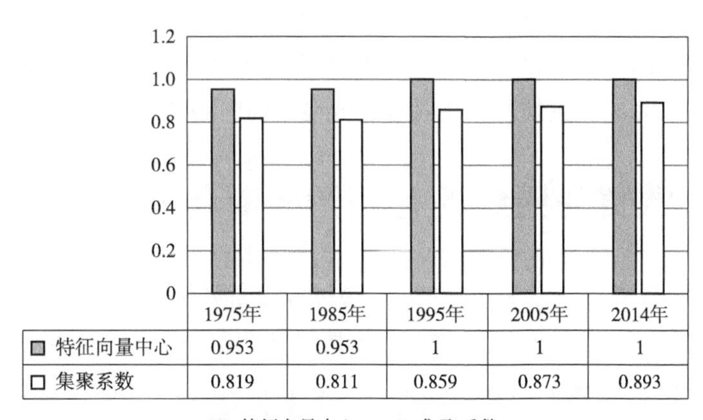

	1975年	1985年	1995年	2005年	2014年
特征向量中心	0.953	0.953	1	1	1
集聚系数	0.819	0.811	0.859	0.873	0.893

图 9.11　中国各年份特征向量中心性指标及集聚系数

之前所述的两个指标主要反映的是国家对于整个贸易网络的直接影响力，而网络中还存在一些国家，这些国家直接影响力可能不高，但是有较强的间接影响力，在国际贸易网络中有着战略意义。特征向量中心、介数值和集聚系数就是描述这类国家的重要指标。中国的特征向量中心指标与接近中心指标的变化相似，1985 年后都到达了最高值 1，这意味着有许多贸易强国都与中国建立了贸易联系，与中国相连的“邻居国家”的贸易实力都不弱。因此可以认为中国充分利用了贸易伙伴的资源和地位，已经成为世界上最重要的几大贸易国之一；但同时因为贸易伙伴的实力都在不断增强，中国的贸易资源也同样被利用，甚至会和中国进行贸易竞争，对中国的贸易地位产生负面影响。

集聚系数也同样是描述国家间接影响力的指标之一，国家集聚系数越高，说明与该国开展贸易的国家之间建立的贸易关系越多。中国的集聚系数一直在 0.8~0.9，但呈逐年升高的趋势，所以可以认为与中国开展贸易的国家之间的联系也非常紧密，可能具有小世界的特征，这也符合之前所描述的中国社团结构归属变化的特点。

介数值表明在国际贸易网络的运输中，一个国家是否处于运输过程中的重要位置，介数值越高，意味着贸易网络中各国开展贸易时经过该国的次数越多，在贸易网络中起到了桥梁的作用。而中国的介数值除了 1975—1985 年缓慢增加外，之后都快速下降。这可能是因为早期我国工业体系不够完备，经济实力还不够强大以及国际地位不高，所以在国际贸易中主要扮演桥梁的角色，是贸易大国之间进行贸易的重要纽带之一。但后来随着中国制造业的快速发展，中国成为“世界工厂”，因此中国不再处于贸易运输过程中的重要位置，而是成为国际贸易网络中具有主导地位的中心之一。

9.3 中欧贸易网络的社团结构演化分析

利用 Gephi 软件，基于 1970 年至 2014 年全部欧洲国家的经济贸易进出口额数据和与中国的贸易进出口数据，构建欧洲国家与中国贸易的有向的网络模型（见表 9.4）。选取 1970 年、1980 年、1990 年、2000 年、2010 年和 2014 年这 6 年作为模型的数据年份。

表 9.4 1970—2014 年中欧贸易网络模块化代表国家

年份	集团 1	集团 2	集团 3
1970 年	英国、瑞典	苏联、波兰	法国、巴拉圭
1980 年	英国、瑞典	苏联、波兰	法国、巴拉圭
1990 年	德国、英国、法国	俄罗斯、捷克	荷兰、巴拉圭
2000 年	德国、英国、法国	俄罗斯、捷克	荷兰、巴拉圭
2010 年	德国、意大利、捷克	荷兰、英国、法国	中国、俄罗斯
2014 年	中国、俄罗斯	德国、荷兰、法国、英国、巴拉圭	

9.3.1 中欧贸易网络演化

9.3.1.1 1970 年中欧贸易网分析

1970 年，苏联、波兰、法国、英国、瑞典、比利时等这些国家间的贸易交流频繁。1968 年苏联出兵占领捷克斯洛伐克，取消了相互之间的关税。欧洲六大强国用曾经关税的平均值作为欧洲经济体的共同关税值，这样大大增加了欧洲各个国家间的经济贸易往来。根据《欧洲经济共同体条约》的规定，各国在关税同盟的实现过程中付出了巨大努力，终于使欧洲经济共同体在 1968 年 7 月 1 日提前一年半实现了关税同盟。欧共体实现关税同盟是欧洲统一进程中的一个重要里程碑。当时的欧洲贸易网络分出了三大阵营，如图 9.12，一方是法国、巴拉圭（绿色）、一方是苏联、波兰（橙色），还有一方是英国、瑞典（紫色），此时中国处于英国阵营中（紫色），且中国与欧洲国家的贸易较少。此时期人民币成为中国与英法贸易的结算货币。虽然中欧国家贸易量较少，但是因为英国、法国是当时世界上除美国、苏联之外最大的经济体，因此贸易量在世界上具有举足轻重的地位。人民币成为中国与英法贸易的结算货币意味着中国的外贸即将迎来迅猛发展，也意味着人民币、英镑、法郎三大货币实现了战略结盟，这意味着世界货币结构的质变也是政治性转变。美元的优势降低了，中国与英法贸易用人民币结算，打破了美元作为国际贸易结算货币的霸权，利于中国的贸易交流。

9.3.1.2 1980 年中欧贸易网分析

1980 年主要还是英国、法国、苏联这三大强国间贸易交流密集。但是新

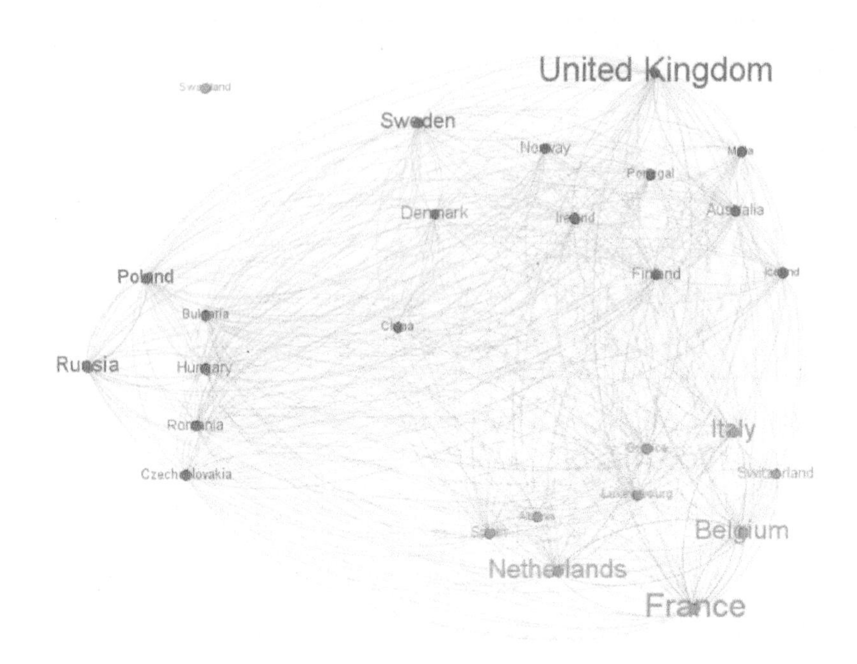

图 9.12 1970 年中欧贸易网

西兰、巴拉圭和意大利这三个新兴国家也在慢慢崛起，这几个国家的贸易交流与 1970 年相比有很大增加。而中国也从英国的阵营慢慢转变到了苏联的阵营中。

1971 年中国在联合国的合法地位得到了恢复，尽管这样，欧洲各国还是没有认同中国在国际贸易上的地位。1972 年美国总统尼克松访华，这不仅打开了中美贸易的大门，更是将中国的贸易从谷底慢慢拽了出来。欧洲各国也开始慢慢地接触中国，和中国进行贸易上的往来。从图 9.13 不难看出，20 世纪 80 年代的中欧国际贸易网络已经有了雏形。中欧建交后，特别是 1978 年中国做出改革开放的历史性决策后，中欧关系发展比较平稳、顺利。当时双方在战略上有联手应对苏联扩张威胁的共同考量，在经济上也有互通有无的共同需要。欧方当时把中国看作一个未开垦的“处女地”，纷纷进军中国开展合作、占领市场，当然中国也需要引进欧洲的工业产品、先进技术、资金以及管理经验。经双方共同努力，中欧关系有了长足的发展，欧盟逐渐发展成为中国引进资金和技术的重要对象。

图 9.13　1980 年中欧贸易网

9.3.1.3　1990 年中欧贸易网分析

1980—1990 年中国进行改革开放，从总量上看，各国与中国的贸易交流数量进一步增加。德国的崛起，直接撼动了英国的霸主地位。从中欧贸易图中可以看出（见图 9.14），以德国、法国、意大利、英国这四个贸易大国为引领的网络占欧洲经济的主体（紫色）。而俄罗斯（绿色）国家间的贸易值逐渐变得微小起来。虽然贸易网络更加庞大，但是 1991 年苏联的解体改变了欧洲的政治结构。如果说苏联解体前，欧洲处于两极对抗状态，欧洲面临着苏联的强大压力；那么苏联解体后，局势逆转，俄罗斯处于防御状态，北约东扩使俄罗斯面临巨大压力。苏联的解体也加速了欧洲民族特色联邦国家解体的进程，如南斯拉夫解体。苏联的解体也加速了欧洲一体化进程，为欧盟和北约的扩张创造了条件，也为欧洲成为没有美国的独立力量提供了条件。国际经济一体化真正出现了高潮，欧洲经济和美国经济带动了全球的经济风车。在全球有 109 个区域经济合作组织成立，北美自由贸易区、欧洲统一市场，在 20 世纪 80 年代末走向鼎盛。但是 20 世纪 80 年代末中欧关系发生波动，欧盟及其成员国对中国实行高压政策，中止中欧高层互访，停止向中国提供新的发展援助和贷款担保，不再开发新的大型合作项目，中欧关系骤然降至低点。从根本上讲，这是因为苏联、东欧地区发生剧变，不再对西欧安全构成直接威胁，中国在西方战略中的借重价值相对下降，但这也为俄罗斯和中国之后的贸易往来打下了坚实的基础。

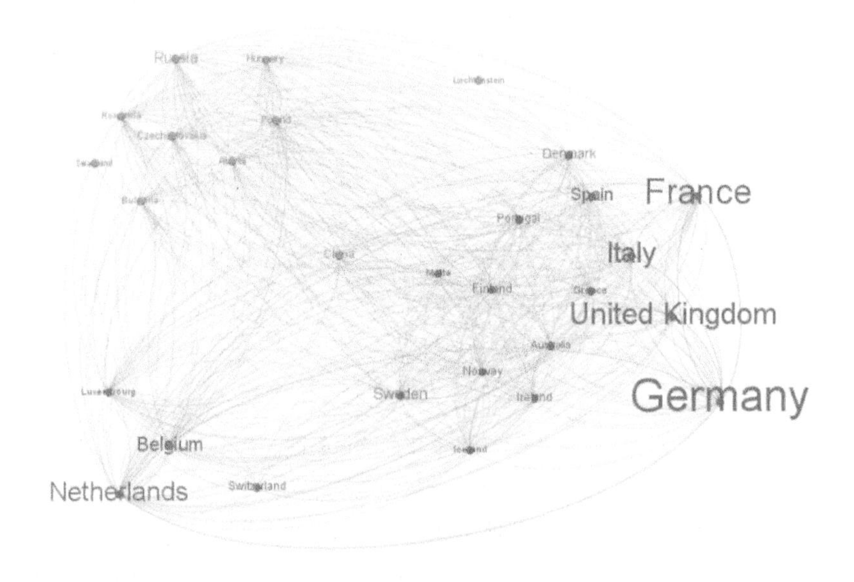

图 9.14　1990 年中欧贸易网

9.3.1.4　2000 年中欧贸易网分析

2000 年，中欧贸易交流展现出全新的面貌。从图 9.15 中可以看出，中国的贸易交流量相比于之前逐渐变大，而且中国又重新加入了英国、法国和德国三大欧洲强国的阵营。此时中欧贸易网络中由德国、法国、英国带领各国进行贸易交流。图 9.15 中，不论是巴拉圭和新西兰的蓝色模块，还是俄罗斯和捷克的绿色模块，与德英法的粉色模块相比都显得微不足道。这主要是因为欧洲国家间经济发展不均衡、有差异，与中国的贸易交流上也有一定的区别。我国主要是与德国、英国、法国、西班牙等国家进行贸易交流。中国经过改革开放，从封闭转向了开放，对外贸易开始逐渐形成，对外投资和外来投资慢慢步入国内的经济市场。中国于 2001 年加入世界贸易组织。从那时起，中国成为国际体系中的一员，开启了一扇发生重大变化的大门。政策调整促进了城市化发展。以往的城镇化政策强调“积极发展小城镇，严格限制大城市规模”，2000 年左右进行政策调整，变成“大中小城市和小城镇协调发展”。越来越多的欧洲企业进入中国，不仅在北京、上海、广州、深圳等发达城市，在一些沿海城市甚至内陆城市也有企业进入。

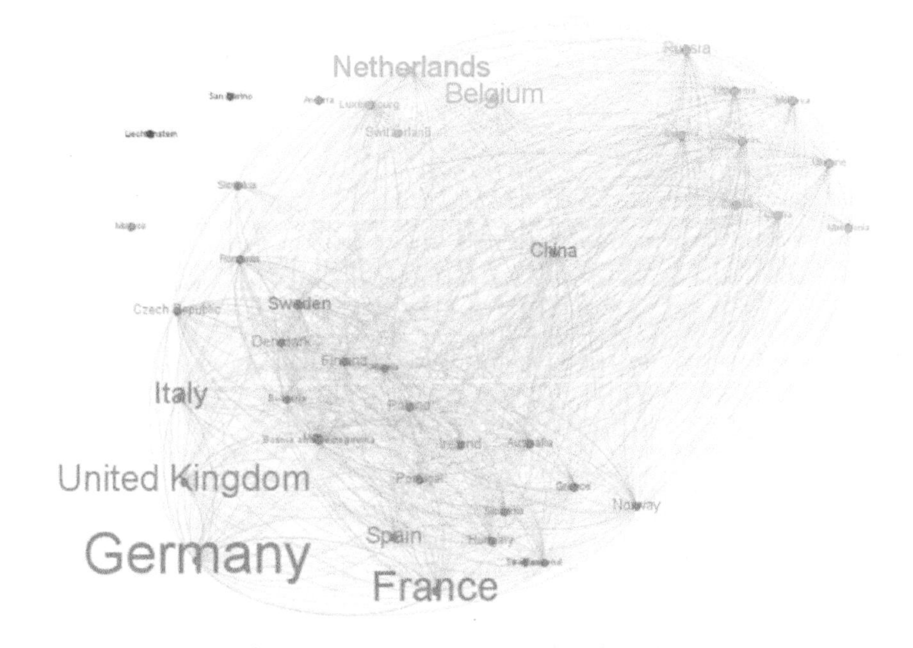

图 9.15　2000 年中欧贸易网

21 世纪欧洲的经济发展也尤为迅速。国际贸易网络全球化趋势越发地初见雏形：国际分工不断深化；国际贸易快速增长；随着世界劳动力、货币、金融、技术和信息市场的快速发展，一个完整的世界市场体系正在逐步构建；随着产业资本国际化的快速发展，外商直接投资大幅增加；发展中国家也积极参与国际经济活动；在国际分工的基础上，各国对外经济关系趋于全球化。

9.3.1.5　2010 年中欧贸易网分析

2010 年各国贸易交流与之前相比呈现出更密集、更平均的情况。中国超越了俄罗斯，已经成为紫色模块的领头羊。英国、法国、巴拉圭和新西兰重新组成了蓝色模块，而德国、意大利成为绿色模块的领军人。从图 9.16 中可以得知，此时中欧贸易以德国、意大利、荷兰、英国、法国、西班牙、比利时、俄罗斯这八个国家为首。各国与其他国家之间的联系也同样越来越多样化。受2008—2009年金融危机的影响，中国与欧洲国家的贸易量减少，但在2010年经济与贸易回缓，同2000年比较，总体贸易量也有一定的增加。

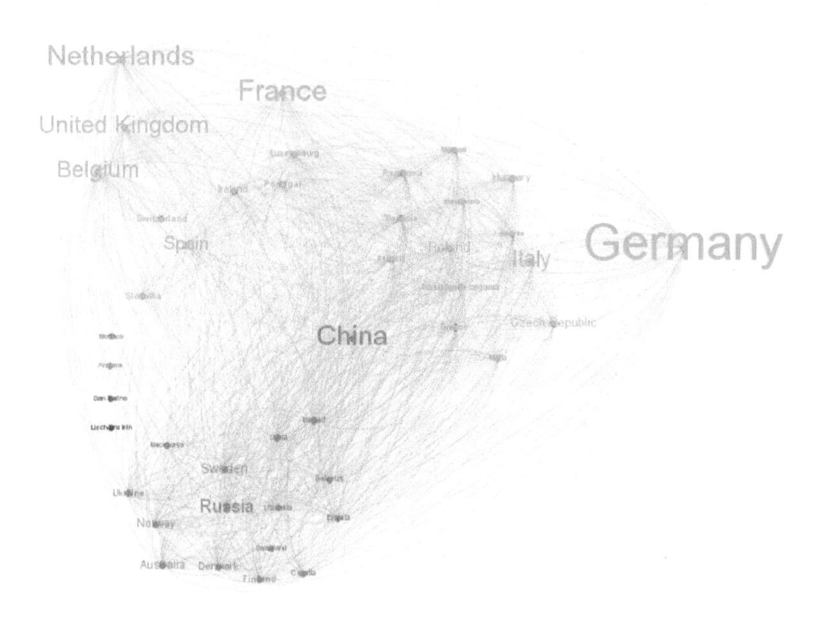

图9.16　2010年中欧贸易网

9.3.1.6　2014年中欧贸易网分析

在2010年的基础上，2014年贸易交流数量又有了进一步增加。此时整个欧洲经济贸易网络只分成两大类。一类由中国、俄罗斯、瑞典作为标志，一类由德国、英国、法国、巴拉圭、新西兰和意大利等国家领导。整个中欧贸易网呈现出如蜘蛛网般密集且相互联系的网络。中欧贸易网以更加强韧、更加有秩序的方式成长着（见图9.17）。

9.3.2　中欧贸易网络拓扑结构分析

在2014年欧洲与中国的贸易网络的有向网络中，每个顶点有两个度数，即出度（箭头出去）和入度（箭头指向）。节点 i 的出度 k_i^{out} 是指从节点 i 指向其他节点的边的数目，节点 i 的入度 k_i^{in} 是指从其他节点指向节点 i 的边的数目。

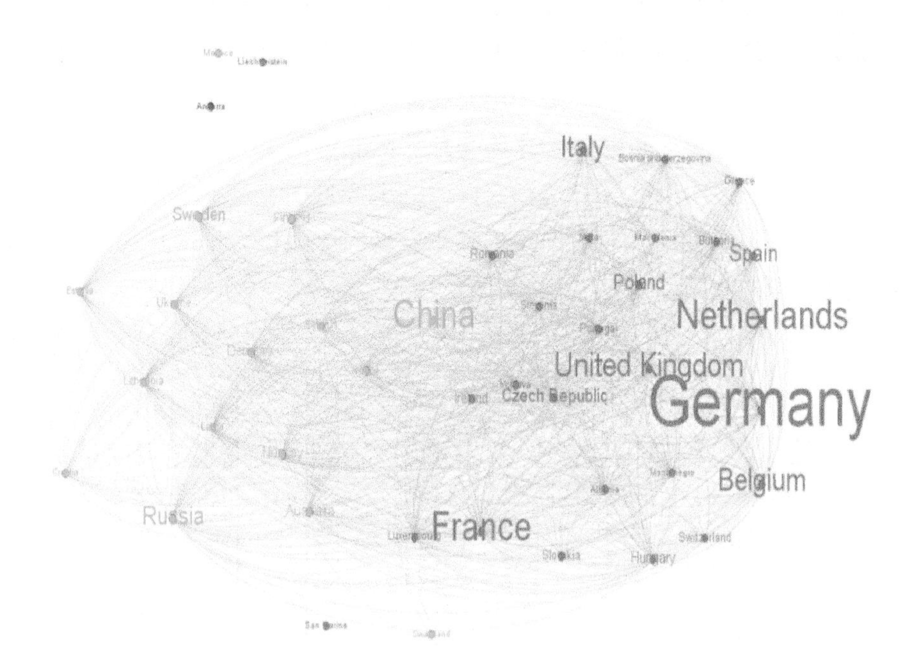

图 9.17　2014 年中欧贸易网

邻接矩阵的元素可表示为：

$$k_i^{out} = \sum_{j=1}^{n} a_{ij} = k_i^{in}$$

网络的平均出度和平均入度相等：

$$< k^{out} > = < k^{in} > = \frac{1}{n} \sum_{i,j=1} a_{ij} = \frac{m}{n}$$

有向网络中的边 m 的数量等于所有顶点处的边的进入端的总数，或者等于边的出端的总数：

$$\frac{1}{2} n < k > = \frac{1}{2} \sum_{i=1}^{n} k_i = \frac{1}{2} \sum_{i,j=1}^{n} a_{ij}$$

关于复杂网络的节点与边，由图 9.18 可知，1990 年至 2000 年中欧贸易的节点与边的数量突飞猛进。中国的改革开放、苏联的解体和东欧剧变，使整个欧洲的经济贸易往来变得十分密切，可以说是量变产生了质变，整个贸易网络变得丰富起来。

如图 9.19 所示，已经将出度及入度小于 10 000 的国家剔除。2014 年大部分欧洲国家已经基本有出度及入度，说明了这些国家间互相都基本有着贸易往来，整个欧洲的经济网络已经成形。德国在众多国家里独占鳌头，无论出度还是入度都高居第一，说明德国无论是进口还是出口都是欧洲众多国家之最。英国、荷兰、法国、俄罗斯、意大利等国家在第二梯队。纵观欧洲众多发达国家，除了像荷兰和爱尔兰这些受地域限制的国家，大部分发达国家的出度高于入度，说明大部分发达国家国内的生产量已经足够本国生存，并且还能出口获利。像俄罗斯、中国这样处于发展中的人口大国，往往需要进口这些发达国家的商品。

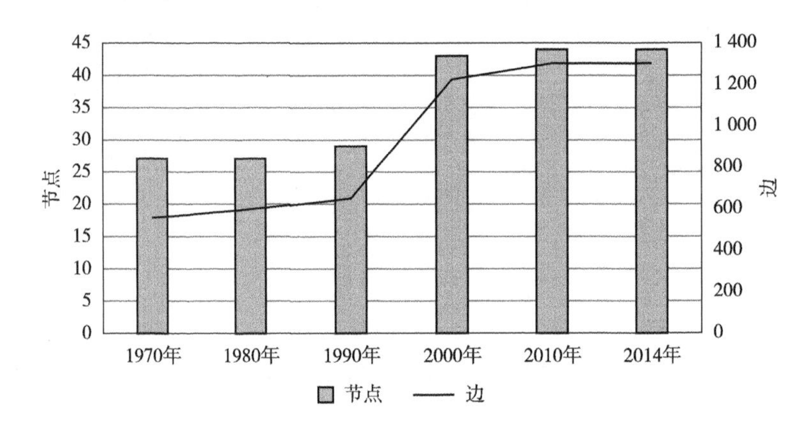

图 9.18　2014 年中欧贸易节点与边

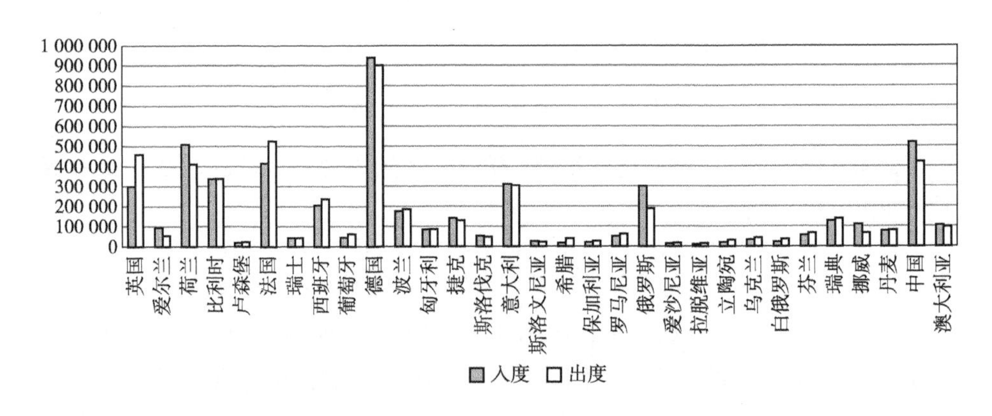

图 9.19　2014 年各国出入度

根据图 9.20，不难看出 2014 年中欧各国除了零星一些小国的出入度在 20 以下，其他国家出入度都在 35 附近。此现象说明了此时的中欧贸易已经达到了一个顶值，几乎所有的国家互相都已经建立了贸易关系，中欧贸易网基本达到了饱和状态。

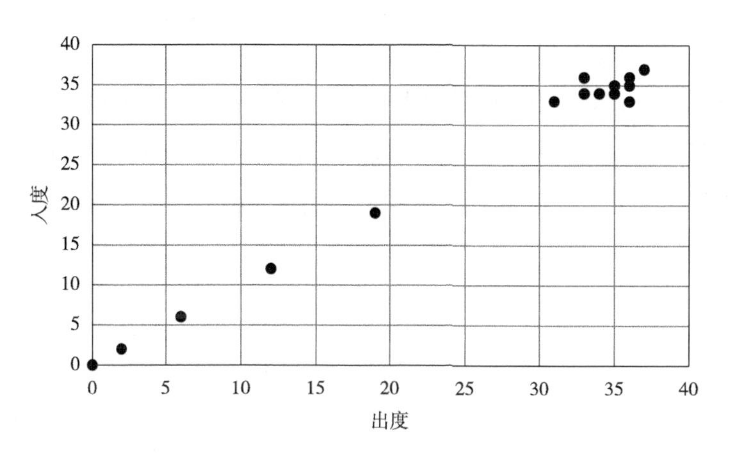

图 9.20　2014 年中欧各国出入度散点图

根据加权后的中欧贸易大国的度和权重可以看出（见图 9.21），德国在整个中欧贸易网里占据着不可撼动的地位，其次是法国、荷兰和中国，这三国也在整个贸易网络里名列前茅。

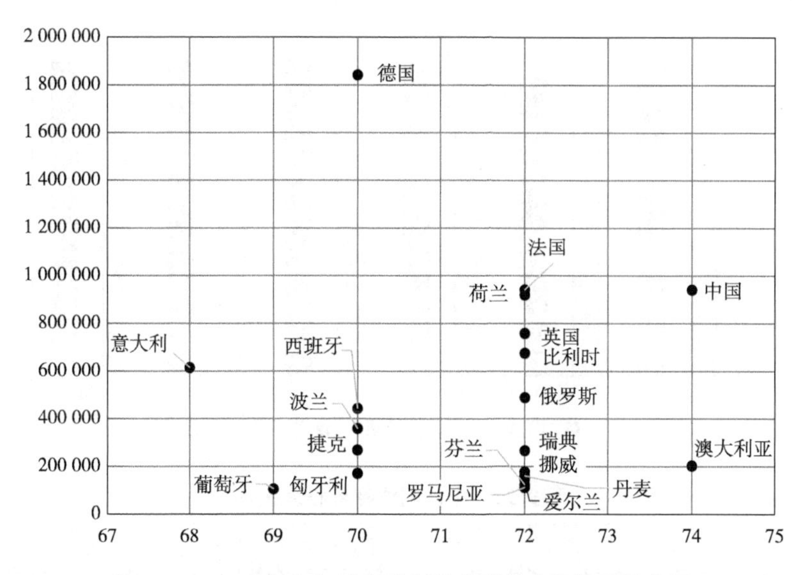

图 9.21　2014 年加权后中欧贸易大国的度和权重散点图

关于平均聚类系数、图密度和平均路径长度，这三个指标通常是用来描述一个复杂网络的稠密程度还有各节点之间连接紧密程度的。从表 9.5 与图 9.22 可以看到，1970—2014 年平均聚类系数和图密度都介于 0.8~1 之间，说明欧洲经济在这期间一直处于较高的水平。各国的贸易关系比较密切，而平均路径长度一直在 1 附近，说明国与国之间的贸易联系也是比较紧密的，各国之间的贸易效率也较高，慢慢地已经形成了一个庞大的贸易网络。

表 9.5　中欧网络密集程度指标

年份	图密度	平均聚类系数	平均路径长度
1970	0.792	0.883	1.145
1980	0.850	0.921	1.118
1990	0.799	0.924	1.144
2000	0.678	0.855	1.182
2010	0.688	0.865	1.173
2014	0.687	0.863	1.175

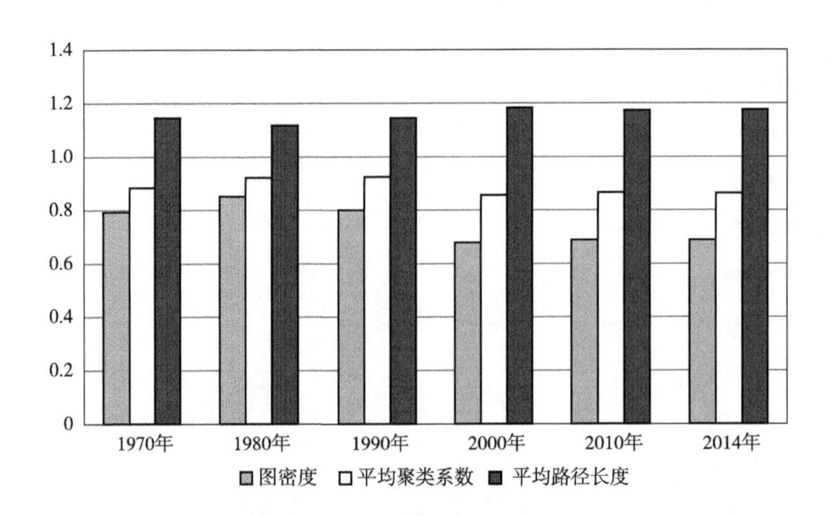

图 9.22　中欧网络密集程度指标

表 9.6 与图 9.23 显示了中国在中欧贸易网络中的地位，度中心性指标可以体现一个国家开展贸易的广泛程度，由表 9.6 和图 9.23 所示，中国的度中

心值在整个欧洲经济网络里是逐年升高的，并且在1990年之后都保持在0.9以上，即与网络中90%以上的国家都建立了联系。这说明中国自1990年之后对外贸易的广泛性不断增加，积极与世界各国建立贸易联系，在国际贸易网络中的活跃程度非常高。

表9.6 中国各年份中心性指标

年份	度中心	接近中心	特征向量中心
1970	0.860	0.861	0.877
1980	0.871	0.873	0.877
1990	0.906	0.922	0.928
2000	0.949	1	1
2010	0.953	1	1
2014	0.998	1	1

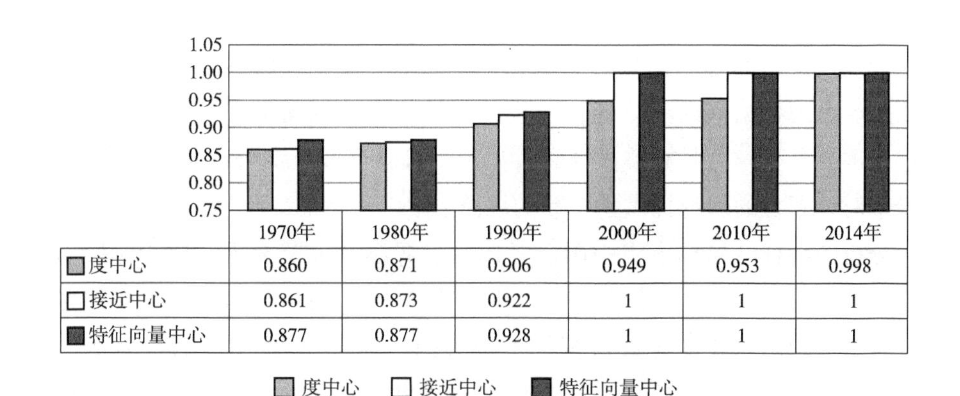

图9.23 中国各年份中心性指标

接近中心性指标描述了国家在整个国际贸易网络中所处的位置，相对于中心位置的接近程度，即一个国家的接近中心性指标值越高，意味着该国在贸易过程中处于网络较为中心的位置，有许多国家与之有直接贸易联系。从表9.6和图9.23中可知，中国的接近中心性指标自2000年起变为1，说明中国处于较为接近中心的位置，并且在今后的14年里都维持在1，因此可以认为现在的中国处于贸易网络的中心位置，贸易地位很高。

9.4 小结

通过构建国际贸易网络复杂模型，分析国际贸易网络社团结构的演变以及中国各项中心性指标，得出以下几点结论：

（1）通过构建国际贸易的复杂网络模型来研究国际贸易的演变，这种方法相较于传统的经济贸易分析法会更为通俗易懂和准确，因为这是有数据基础支撑的，并且能将结果可视化。而且此方法的研究顺序是从整体到个体，复杂网络分析法更注重大局观和个体对于整体的影响，这将是未来研究国际贸易的重要思路之一。

（2）通过对国际贸易网络社团结构的分析，得到了三个阶段的社团结构特征，但是因为能力有限，选取的年份还是相对较少，“发展中国家崛起”阶段的社团划分图结果不够明显，因此以后应当选取更多年份和更大跨度的贸易数据，才能更为直观地看出社团结构的演变。

（3）虽然只构建了一种复杂网络模型进行分析和研究，但得出的结果相较于传统经济学的理论模型分析，也更为客观、准确，因为复杂网络的研究方法是有客观数据基础支撑的，并且此方法的研究方向是先研究整体再对个体进行逐一分析，更具有整体性和大局观，符合当今经济全球化的研究趋势，为未来对外贸易的研究提供了全新的思路。

分析的种种结果都表明中国已经成为世界第一大贸易国，成为国际贸易网络中的主导力量之一，但是在当今地方保护主义兴起和国际关系日趋紧张的背景下，中国想要继续维持国际贸易大国的地位还需要做出许多的努力。为了应对后疫情时代竞争更为激烈的格局、更为复杂的国际贸易局势，应当根据我国的要素优势、产业基础以及贸易伙伴的需求来调整并制定相关的对外贸易政策和措施。

（1）继续大力发展区域经济合作组织是维持我国对外贸易地位的关键。在当前紧张的国际局势下，中国的贸易受到以美国为首的西方国家打压，美国撺掇澳大利亚、日本等国与我国敌对。在这样的背景下，中国应当寻找坚定的盟友，继续大力发展“一带一路”以及“上海经济合作组织”等区域经济合作组织，争取与中国友好的或是利益一致的国家加入其中，从而进一步扩大中国所属贸易社团的规模，巩固中国在该社团中的领导地位，来应对欧美国家的制裁行为。

（2）继续坚持以实体经济为主的经济模式，严格监控房市和股市的加杠杆行为，防止虚拟经济的泡沫过大导致落入“中等收入陷阱”。同时大力推进“工业 4.0”，进一步加强我国的制造水平，由中低端制造逐步向高端制造转变，从而使得中国制造更加难以被其他国家代替，摆脱人口红利的约束，巩固“世界工厂”的地位。

（3）大力发展芯片制造、生物制药以及超高精度机床等核心技术，逐步摆脱在核心技术方面对国外的依赖，以削弱欧美国家对我国科技方面的制裁所导致的经济和外贸方面的影响。同时大力发展核心科技也有利于中国产业的转型升级，从全球供应链中利润较小的制造环节转向利润更高的生产环节，朝着中国生产、东南亚国家制造的方向发展，进一步提升中国在全球供应链中的地位，在对外贸易中能拥有更多的话语权。

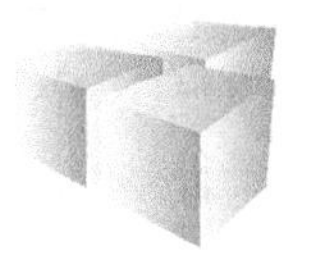

10

总结与展望

系统科学中包括对复杂系统性质及其演化规律的研究，这是当代科学发展的前沿之一。在一些传统学科，诸如物理、化学等，复杂性的研究中均涉及其前沿问题；同时在生物、经济、社会等领域，复杂性的研究提供了新的思路。

现实世界中存在的复杂系统具有如下特征：系统由大量相互作用的个体组成，个体在变化的环境中利用不完全信息寻求对有限资源的充分利用，并形成了系统整体的种种复杂演化行为。复杂性理论涉及面很多，包括如耗散结构论、协同学等非平衡自组织理论、非线性动力学、突变论、混沌动力学、分形理论等经典内容；也包含近二三十年发展起来的自适应系统和复杂网络等，这些为系统分析开辟了新的思路和技术途径。其中复杂网络领域关注系统中的相互作用，用来探讨相互作用结构对于系统功能的影响。

对系统的理解可以从不同的角度进行，一般认为系统是由相互联系、相互制约的若干组成部分有机结合在一起并且具有特定功能的整体，这些组成部分被称为子系统，而系统本身又是它们从属的更大系统的组成部分。根据系统的不同性质和特点可将系统加以分类，由于角度不同，分类也是多种多样的。如钱学森按照系统复杂性的特点，将系统划分为简单系统、简单巨系统、复杂巨系统。

有关系统的研究是从简单到复杂。复杂性可体现在以下几个方面。第一是系统是由许多同类或不同类的部分组成，每个部分都不同程度地影响系统的发展变化。第二是系统的层次众多，每个层次的演化过程不同，发展规律也可能存在着差异。第三是耦合关系强。不同部分、不同层次甚至同部分同层次之间相互关联、相互作用。第四是非线性。组成部分或层次之间的相互作用是非线性的，这也是复杂性和多样性产生的原因之一。第五是动态性。复杂系统是时变系统，其结构、功能及关系都是动态的，研究复杂系统的核心问题是它随时间的演化行为。第六是开放性。这是一个必要条件，复杂系统是开放的系统，它和环境进行物质、能量及信息的交流，从而增加系统的适应能力。从以上意义来说，许多自然科学乃至社会科学的众多领域都属于复杂系统的范畴，如生物生态系统、社会经济系统等。

10.1 总结

复杂网络的研究起源于图论，而众所周知，图论起源于一个非常经典的问题——哥尼斯堡（Konigsberg）七桥问题。该问题描述的是德国城镇哥尼斯堡由四块陆地组成，并由七座桥连接，问题是：是否存在一条路线使得人们从四块陆地中的任一块出发，每座桥经过一次且仅一次，最终返回到出发点。在 1736 年，欧拉将七桥问题抽象成一笔画问题，即将四块陆地看作四个节点，把桥看作连边，研究从四个节点中的任一点出发，通过每条连边一次且仅一次返回到原出发点的路径是否存在，而且他还证明出这样的路径并不存在。欧拉成功解决了哥尼斯堡七桥问题，开启了数学图论。图论是网络研究的基础，任意复杂网络都可以通过图来描述。当用图来描述复杂网络时，图中的节点可以用来表示网络中的节点，而图中的连边可以用来表征网络中节点之间的某种关系，比如合作关系、朋友关系等。进入 21 世纪，随着计算机技术的快速发展以及大数据时代的到来，使得能够搜集并处理不同网络类型的数据，例如，社会网络、生物网络、信息网络、技术网络等。复杂网络的研究涉及多个学科领域，并且各学科领域交叉融合，由此形成了一个全新的学科——网络科学。

复杂网络是研究复杂系统的一种视角和方法，它关注系统中个体相互关联作用的结构，是理解复杂系统性质和功能的一种途径。那当面临一个实际系统时，究竟该如何进行复杂网络分析呢？

（1）构建复杂网络模型。进行网络分析的基础是首先要建立一个复杂网络，而数据是建立网络的基础和前提。因此，在构建网络之前，需要收集到关于网络结构（节点、连边）的一些数据信息。然后基于收集的数据，建立节点之间的联系，从而建立研究中所需要的复杂网络。

（2）研究网络的基本统计性质。当建立好网络结构后，需要定量刻画或描述网络结构，即揭示网络的拓扑结构性质，例如，网络的各种静态统计特征、度量网络节点中心性、网络的社团结构等。

（3）关注网络的演化及机制。网络中的节点和连边会随时间发生变化，在网络的演化过程中，有些老节点或连边可能会消失，同时一些新节点和连边会产生，这样导致网络的拓扑结构性质也会相应地发生某些规律性变化。

基于观察到的某些网络统计特性规律，建立相应的演化机制模型。通过这些机制模型，就可以来预测未来网络的发展变化，以期达到对复杂网络的优化控制。

（4）研究网络功能。网络结构是研究网络动力学的基础，而网络动力学是研究系统功能的重要手段，目的是在变化的条件下（稳态时和网络演化时）理解网络的行为。因此，探究网络上的动力学过程并以此来研究网络结构与功能之间的联系是十分必要的。

10.2 展望

人们一直对众多实际存在的网络缺乏真正的了解，一直试图回答的问题是，究竟系统构件以什么方式构成了具有一定功能的整体。人们相信，系统的结构总是影响功能。于是对未知世界的追究早使人们开始关注这些随处可遇的网络，针对网络的结构与特性提出了很多问题，例如，如何理解复杂的基因网络中一些失效节点之间的作用而导致癌症？为什么病毒或者疾病在一些社会或通信系统中传输如此之快？一些网络如电力网络，在许多甚至多数节点失效的情况下为什么仍然能够保持正常功能？网络的拓扑特性和其动态特性之间的关系是什么？网络的特别拓扑结构的构成根源是什么？……

直到当今，数据获取的计算机化产生了多领域大型数据库，这些数据库提供了各种实际网络的拓扑信息，而且访问不同数据库的规则正发生变化以至访问更方便；计算机计算能力的增强使得探究含有巨量节点的网络成为可能；更重要的是，人们试图超越简化论的框架去从整体上解释和理解系统的行为。这些都是造成人们热切关注复杂网络研究的原因。

进一步来说，既然复杂网络存在于如此多的人工和自然系统之中，可以比较自然系统和人工系统，探询它们的共性和差别形成的原因。同时借鉴自然系统的构造去改良人工系统，以及利用逆工程的方式去构造合乎需要的人工系统。这些都是十分有趣的研究方向。

目前，人们对复杂网络的研究可以划分为几个大的方面：

（1）根据真实数据研究实际网络的特性和行为（基本驱动力）；

（2）探讨和模拟实际网络的结构形成与演化机制；

（3）用数学模型描述（实际）网络特性和预测网络动态行为；

（4）研究人工网络和自然网络的比较，借鉴自然网络的结构特点，用复杂网络的研究结果改造或建造有特殊特性的网络（逆工程）；

（5）复杂网络的应用。

复杂网络是一个非常好的用于研究复杂系统的工具，一方面，它模型简单、普适性强，几乎任意一个真实的复杂系统都可以通过适当的方式抽象成复杂网络；另一方面，它所能展示出来的关于其背后的复杂系统的特性非常丰富，包括各种静态统计量、集团结构以及模体，几乎囊括了从微观到宏观的所有研究层次。

复杂网络涉及领域宽阔。复杂网络并不是什么纯粹的深奥理论，而是和周围实际的世界非常接近。复杂网络研究的各个方面正处于蓬勃发展的阶段，需要更多的实际观察和积累，包括任何领域、任何理论模型、任何应用的尝试和探索。

参考文献

［1］柴跃廷，刘义．敏捷供需链管理［M］．北京：清华大学出版社，2000.

［2］常绍舜．系统科学方法概论［M］．北京：中国政法大学出版社，2004.

［3］程苏琦，沈华伟，张国清，等．符号网络研究综述［J］．软件学报，2014（1）：1-15.

［4］崔洁．基于 GIS 的公交站点空间可达性研究［J］．中外建筑，2019（10）：86-88.

［5］刁力，刘西林．基于蚁群算法的供应链系统脆性研究［J］．华东交通大学学报，2007，24（1）：82-84.

［6］段文奇，刘宝全，季建华．国际贸易网络拓扑结构的演变［J］．系统工程理论与实践，2008，28（10）：71-75.

［7］樊瑛，任素婷．基于复杂网络的世界贸易格局探测［J］．北京师范大学学报（自然科学版），2015，51（2）：140-143，221.

［8］范旭．复杂供应链网络中的不确定性分析［J］．复杂系统与复杂性科学，2006，3（3）：20-25.

［9］付跃龙．基于级联失效的道路网络脆弱性研究［D］．武汉：华中科技大学，2015.

［10］甘佐贤．建成环境对城市轨道交通客流及出行特征的影响机理研究［D］．南京：东南大学，2019.

［11］高帅．基于共享单车的人类与单车移动规律分析［D］．北京：北京化工大学，2021.

［12］龚健雅，许刚，焦利民，等．城市标度律及应用［J］．地理学报，2021，76（2）：251-260.

［13］郭进利．供应链型网络中双幂律分布模型［J］．物理学报，2006，55（8）：3916-3921.

[14] 胡一竑，朱冰心．复杂网络理论在供应链管理中的应用［J］．物流科技，2007（9）：100-103.

[15] 黄小原，晏妮娜．供应链鲁棒性问题的研究进展［J］．管理学报，2007，4（4）：521-528.

[16] 蒋小荣，杨永春，汪胜兰．1985—2015 年全球贸易网络格局的时空演化及对中国地缘战略的启示［J］．地理研究，2018，37（3）：495-511.

[17] 蒋小荣．全球贸易网络研究及对中国地缘战略的启示［D］．兰州：兰州大学，2018.

[18] 孔繁钰，周愉峰，李献忠．基于 Space-P 复杂网络模型的城市公交网络特性分析［J］．计算机科学，2018，45（8）：125-130.

[19] 孔令铮，郑猛．国土空间规划背景下的北京城市交通体检评估［J］．城市交通，2021，19（1）：39-45.

[20] 雷程程．基于大数据的城市人群活动的时空动态分析［D］．西安：陕西师范大学，2016.

[21] 雷延军，李向阳．军事供应链"超网络"结构模型研究［J］．物流科技，2006，29（12）：60-62.

[22] 李睿琪．城市结构与功能的实证分析与演化机制研究［D］．北京：北京师范大学，2018.

[23] 李守伟，钱省三．产业网络的复杂性研究与实证［J］．科学学研究，2006，24（4）：529-533.

[24] 李树彬，吴建军，高自友，等．基于复杂网络的交通拥堵与传播动力学分析［J］．物理学报，2011，60（5）：146-154.

[25] 李伟平．国际贸易网络的演变及其影响因素研究［D］．长沙：湖南大学，2017.

[26] 李周平，韩景倜，肖宇．基于复杂分层网络的城际路网级联失效可靠性仿真［J］．计算机应用研究，2015，32（8）：2265-2267.

[27] 廖大彬，马万经．网络交通流宏观基本图研究综述［C］//第七届中国智能交通年会学术委员会．第七届中国智能交通年会优秀论文集．北京：电子工业出版社，2012.

[28] 刘波，孙林岩．从供应链到需求流动网［J］．工业工程，2007，10（2）：1-7.

［29］芦效峰，刘建峰，邓小勇，等．复杂网络理论在城市交通系统中的应用研究综述［C］//中国智能交通年会学术委员会．第七届中国智能交通年会论文集．北京：电子工业出版社，2012：8.

［30］陆锋，刘康，陈洁．大数据时代的人类移动性研究［J］．地球信息科学学报，2014，16（5）：665-672.

［31］罗艺，钱大琳．公交—地铁复合网络构建及网络特性分析［J］．交通运输系统工程与信息，2015，15（5）：39-44.

［32］罗艺．公交专用道设置对城市交通网络的不利影响及应对策略研究［D］．北京：北京交通大学，2020.

［33］马金龙，王伟恒，王天宇．基于复杂网络的石家庄公共交通系统分析［J］．河北农机，2019（11）：1-2.

［34］马万经，廖大彬．网络交通流宏观基本图：回顾与前瞻［J］．武汉理工大学学报（交通科学与工程版），2014（6）：1226-1233.

［35］聂琦．城市间人群移动行为特征分析与建模［D］．北京：北京交通大学，2018.

［36］庞磊，运迎霞，任利剑．基于复杂网络的北京都市圈轨道交通网络特征演变研究［C］//中国城市规划学会．活力城乡美好人居：2019中国城市规划年会论文集．北京：中国建筑工业出版社，2019：11.

［37］钱任飞，卢应东．网络分析技术在交通影响评价环节中的应用：以温州市滨江商务中心单元为例［C］//中国城市规划学会城市交通规划学术委员会．交通治理与空间重塑：2020年中国城市交通规划年会论文集．北京：中国城市规划设计研究院城市交通专业研究院，2020：7.

［38］邱若臻，黄小原．闭环供应链结构问题研究进展［J］．管理评论，2007，19（1）：49-55.

［39］瞿何舟．城市公交线路组合服务模式优化研究［D］．成都：西南交通大学，2017.

［40］任立英．基于时间距离的山东省城市经济区组织研究［D］．济南：山东大学，2018.

［41］任素婷，崔雪峰，樊瑛．复杂网络视角下中国国际贸易地位的探究［J］．北京师范大学学报（自然科学版），2013，49（1）：90-94.

［42］任素婷，梁栋，樊瑛．国际贸易网络中国家地位演化的聚类分析

[J]. 北京师范大学学报（自然科学版），2014，50（3）：323-325.

[43] 沈帝文. 公交线网革命的国外经验实践 [C] //中国科学技术协会. 2018 世界交通运输大会论文集. 北京：中国科学技术协会，2018：12.

[44] 沈犁，向阳，王周全，等. 城市公共交通复合系统抗毁性仿真研究 [J]. 运筹与管理，2017，26（9）：105-112.

[45] 苏飞. 城市道路交通运行状态分析方法及应用研究 [D]. 北京：北京交通大学，2017.

[46] 粟柱. 交通流与网络输运动力学研究 [D]. 武汉：华中师范大学，2017.

[47] 孙宏阳. 单车骑行量较上年猛涨 35.2% [N]. 北京城市副中心报，2021-09-13（002）.

[48] 孙晓蕾，杨玉英，吴登生. 全球原油贸易网络拓扑结构与演变特征识别 [J]. 世界经济研究，2012（9）：11-17.

[49] 孙晓燕，韩晓，闫小勇，等. 交通出行选择行为实验研究进展 [J]. 复杂系统与复杂性科学，2017，14（3）：1-7.

[50] 谭晓伟. 基于智能卡数据的地铁乘客出行时间特征分析 [J]. 综合运输，2020，42（3）：16-21.

[51] 汤文蕴. 基于 GPS 数据的通勤出行路径选择行为研究 [D]. 南京：东南大学，2017.

[52] 田晟，许凯，马美娜. 考虑出行行为的地铁公交网络优化 [J]. 华南理工大学学报（自然科学版），2017，45（6）：31-36.

[53] 万晓静. 复杂网络理论在城市公交网络中的应用研究 [J]. 民营科技，2014（7）：23-24.

[54] 王贝贝. 基于北京市载客热点区的出租车出行需求研究 [D]. 北京：北京交通大学，2018.

[55] 王成新，梅青，姚士谋，等. 交通模式对城市空间形态影响的实证分析：以南京都市圈城市为例 [J]. 地理与地理信息科学，2004（3）：74-77.

[56] 王晟由. 北京都市圈居民出行特征分析及交通资源配置优化设计 [D]. 北京：北京交通大学，2018.

[57] 王进忠. 基于轨迹数据的城市居民出行模式分析与挖掘 [D]. 大连：大连理工大学，2019.

［58］王明生，黄琳，闫小勇．探索城市公交客流移动模式［J］．电子科技大学学报，2012，41（1）：2-7.

［59］王鹏宇．基于 GIS 的公交大数据可视化分析应用［D］．北京：北京建筑大学，2017.

［60］王世锦，林荆荆，韩昀轩．基于交通分配的航路网络生成［J］．南京航空航天大学学报（英文版），2020，37（2）：223-231.

［61］王握，李林，罗云辉，等．城市复合交通网络脆弱性研究［C］//中国城市规划学会城市交通规划学术委员会．创新驱动与智慧发展：2018 年中国城市交通规划年会论文集．北京：中国建筑工业出版社，2018：9.

［62］韦胜，袁锦富，邬弋军．复杂网络理论下交通网络拓扑结构对比分析［C］//中国城市规划学会．2017 中国城市交通规划年会论文集．北京：中国城市规划学会，2017：1-8.

［63］乌杰．乌杰系统科学文集：第四卷［D］．北京：人民出版社，2021.

［64］吴凡，石飞，肖沛余，等．城市路网布局结构对公共交通出行的影响［J］．南京工业大学学报（自然科学版），2019，41（4）：520-528.

［65］吴海涛．城市道路网络分析及路线优化问题研究［D］．杭州：浙江工业大学，2011.

［66］吴宗柠，樊瑛．复杂网络视角下国际贸易研究综述［J］．电子科技大学学报，2018，47（3）：469-480.

［67］徐家旺，黄小原．市场供求不确定供应链的多目标鲁棒运作模型［J］．工业工程与管理，2007，12（2）：7-11.

［68］徐若然．基于出行者行为的信息发布策略对城市拥堵治理的影响机制探究［D］．武汉：华中科技大学，2018.

［69］闫小勇．空间交互网络研究进展［J］．科技导报，2017（14）：15-22.

［70］闫妍，刘晓，庄新田．基于复杂网络理论的供应链级联效应检测方法［J］．上海交通大学学报，2010，44（3）：322-325.

［71］姚树申．基于人类行为特征的城市公共交通出行模式研究［D］．广东：华南理工大学，2019.

［72］姚永玲，李恬．二十国集团贸易网络关系及其结构变化［J］．国际

经贸探索，2014，30（11）：42-50.

［73］尹月华，于晗正男，王金刚．基于GIS的北京市道路交通流特性研究［J］．公路工程，2020，45（4）：102-108.

［74］于晨光．基于人类移动性的集合种群传染病动力学模型研究［D］．南京：南京邮电大学，2020.

［75］詹璇．公共交通网络中心性与经济型酒店空间关联性研究［D］．武汉：武汉大学，2017.

［76］张帆．基于智能卡数据的城市轨道交通站点功能演化模式挖掘［D］．深圳：中国科学院大学（中国科学院深圳先进技术研究院），2020.

［77］张海林．开源数据视角下的广州市公共交通可达性研究［C］//中国城市规划学会城市交通规划学术委员会．品质交通与协同共治：2019年中国城市交通规划年会论文集．北京：中国建筑工业出版社，2019：7.

［78］赵杰．基于随机条件的复杂网络在城市公交网络中的应用研究［D］．兰州：兰州交通大学，2016.

［79］赵善男．城市公共交通复合系统级联失效及故障恢复策略研究［D］．北京：北京交通大学，2021.

［80］赵之枫，孙华清．基于村庄可达性分析的乡村旅游格局研究：以北京郊区村庄为例［C］//中国城市规划学会．活力城乡美好人居：2019中国城市规划年会论文集．北京：中国建筑工业出版社，2019：10.

［81］郑贵省，王元，王鹏，等．基于GIS的公路运输通道脆弱性辨识方法［J］．军事交通学院学报，2016，18（8）：80-84.

［82］郑晓琳，刘启亮，刘文凯，等．智能卡和出租车轨迹数据中蕴含城市人群活动模式的差异性分析［J］．地球信息科学学报，2020，22（6）：1268-1281.

［83］《中国公路学报》编辑部．中国交通工程学术研究综述·2016［J］．中国公路学报，2016，29（6）：1-161.

［84］周庆，陈剑．基于Swarm的供应链多主体聚集模型及其仿真［J］．系统仿真学报，2004，16（6）：1308-1313.

［85］ADAMIC L A，ADAR E. Friends and neighbors on the Web［J］. Social networks，2003，25（3）：211-230.

［86］ALBERT R，BARABASI A L. Statistical mechanics of complex networks

[J]. Reviews of modern physics, 2002 (74): 47-97.

[87] ALBERT R, BARABASI A L. Topology of evolving networks: local even and universality [J]. Physical review letters, 85 (2000): 5234-5237.

[88] ALMOG A, SQUARTINI T, GARLASCHELLI D. A GDP-driven model for the binary and weighted structure of the international Trade Network [J]. New journal of physics, 2014, 17 (13009): 169-174.

[89] AMARAL L, SCALA A, BARTHELEMY M, et al. Classes of small-world networks [J]. Proceedings of the National Academy of Sciences of the United States of America, 2000, 97 (21): 11149-11152.

[90] AMIRGHOLY M, SHAHBI M, GAO H O. Optimal design of sustainable transit systems in congested urban networks: a macroscopic approach [J]. Transportation research part E: logistics and transportation review, 2017, 103: 261-285.

[91] AN H, ZHONG W, CHEN Y, et al. Features and evolution of international crude oil trade relationship: a trading-based network analysis [J]. Energy, 2014, 75 (5): 254-259.

[92] AUSTION D D. How Google finds your needle in the web's haystack [EB/OL]. (2008-12-21) [2024-05-02]. http://www.ams.org/featurecolumn/archive/pagerank.html.

[93] BANSAL N, BLUM A, CHAWLA S. Correlation clustering [J]. Machine learning, 2002, 56 (1-3): 89-113.

[94] BARABASI A L, ALBERT R. Emergence of scaling in random network [J]. Science, 1999, 286: 509-512.

[95] BARABASI A L, JEONG H, RAVASZ E, et al. Evolution of the social network of scientific collaborations [J]. Physica A, 2002, 311: 590-614.

[96] BARTHÉLEMY M. Comment on "universal behavior of load distribution in scale-free networks" [J]. Physical review letters, 2003, 91 (18): 189803.

[97] BASTANI F, HUANG Y, XIE X, et al. A greener transportation mode: flexible routes discovery from GPS trajectory data [C] //Proceedings of the 19th ACM SIGSPATIAL International Conference on Advances in Geographic Information Systems. New York: Association for Computing Machinery, 2011: 405-408.

[98] BENNAIM E, FRAUENFELDER H, TOROCZKAI Z. Complex networks [M]. Berlin: Springer, 2004.

[99] BHATTACHARYA K, MUKHERJEE G, SARAMAKI. The Indernational Trade Network: weighted network analysis and modelling [J]. Journal of statistichal mechanics, 2008 (2): 1-10.

[100] BIANCONI G, BARABASI A. Competition and multiscaling in evolving networks [J]. Europhysics letters, 2001, 54 (4): 436-442.

[101] BLONDEL V D, GUILLAUME J L, LAMBIOTTE R, et al. Fast unfolding of communities in large networks [J]. Journal of statistical mechanics: theory and experiment, 2008, 30: 155-168.

[102] BONACICH P, LLOYD P. Calculating status with negative relations [J]. Social networks, 2004, 26 (4): 331-338.

[103] BONACICH P. Power and centrality: a family of measures [J]. American journal of sociology, 1987, 92 (5): 1170-1182.

[104] BONACICH P. Some unique properties of eigenvector centrality [J]. Social networks, 2007, 29 (4): 555-564.

[105] BORNHOLDT S, ROHLF T. Topological evolution of dynamical networks: global criticality from local dynamics [J]. Physical review letters, 2000, 84: 6114.

[106] BOZARTH C C, WARSING D P, FLYNN B B, et al. The impact of supply chain complexity on manufacturing plant performance [J]. Journal of operations management, 2009 (1): 78-93.

[107] BRODER A Z, KUMAR R, MAGHOUL F, et al. Graph structure in the web [J]. Computer networks, 2000, 33: 309-320.

[108] CARTWRIGHT D, HARARY F. Structural balance: a generalization of Heider's theory [J]. Psychological review, 1956, 63 (5): 277-293.

[109] CATS O, KOPPENOL G J, WARNIER M. Robustness assessment of link capacity reduction for complex networks: application for public transport systems [J]. Reliability engineering & system safety, 2017, 167: 544-553.

[110] CAUSEN J, HANSEN J, LARSEN J. Disruption management [J]. ORPMS today, 2001, 28 (5): 40-43.

[111] CHAOS G S. Catastrophe and human affairs [M]. Mahwah: Erlbaum, 1995.

[112] CHEN H H, GOU L, ZHANG X, et al. Discovering missing links in networks using vertex similarity measures [C] //Proceedings of the twenty seventh annual ACM Symposium on Applied Computing. New York: ACM, 2012: 138-143.

[113] CLARK R, BECKFIELD J. A new trichotomous measure of world-system position using the international trade network [J]. International journal of comparative sociology, 2009, 50 (1): 5-38.

[114] CLAUSET A. Finding local community structure in networks [J]. Physical review E, 2005, 72 (2): 026132.

[115] DANGALCHEV C. Residual closeness in networks [J]. Phisica A, 2006, 365: 556-564.

[116] DANON L, DIAZGUILERA A, DUCH J, et al. Comparing community structure identification [J]. Journal of statistical mechanics, 2005 (9): 09008.

[117] DAVIS J A. Clustering and structural balance in graphs [J]. Human relations, 1967, 20 (2): 181-187.

[118] DEMAINE E D, IMMORLICA N. Correlation clustering with partial information [C]//ARORA S, JANSEN K, ROLIM J. Approximation, randomization, and combinatorial optimization. Berlin: Springer-Verlag, 2003: 1-13.

[119] DERRIDA B J. Dynamical phase transition in non-symmetric spin glasses [J]. Physics A, 1987, 20: L721-L725.

[120] DODDS P S, MUHAMAD R, WATTS D J. An experimental study of search in global social networks [J]. Science, 2003, 301: 827.

[121] DONG J, ZHANG D, HONG Y, et al. Multitiered supply chain networks: multicriteria decision making under uncertainty [J]. Annals of operations research, 2005, 135 (1): 155.

[122] DOROGOVTSEV S N, MENDES J F F, SAMUKHIN A N. Size-dependent degree distribution of a scale-free network [J]. Physical review E, 2001, 63 (6): 062101.

[123] DOROGOVTSEV S N, MENDES J F F, SAMUKHIN A N. Structure of

growing networks with preferential linking [J]. Physical review letters, 2000, 85 (21): 4633-4636.

[124] DOROGOVTSEV S N, MENDES J F F. Evolution of networks with aging of sites [J]. Physcial review E, 2000, 62: 1842-1845.

[125] DOROGOVTSEV S N, MENDES J F F. Evolution of networks [J]. Advances in Physics, 2002, 51: 1079-1187.

[126] DOROGOVTSEV S N, MENDES J F F. Scaling behaviour of developing and decaying networks [J]. Europhysics letters, 2000, 52: 33-39.

[127] ERDOS P, RENYI A. On the evolution of random graphs [J]. Publication of the mathematical institute of hungarian academy of sciences, 1960, 5: 17-60.

[128] FAGIOLO G, REYES J A, SCHIAVO S. On the topological properties of the world trade web: a weighted network anałysis [J]. Physica A, 2008, 387 (15): 3868-3873.

[129] FAGIOLO G, REYES J A, SCHIAVO S. The evolution of the world trade web: a weighted-network analysis [J]. Journal of evolutionary economics, 2010, 20 (4): 479-514.

[130] FAGIOLO G, REYES J A, SCHIAVO S. World-trade web: topological properties, dynamics, and evolution [J]. Physical review, 2009, 79 (3): 036115.

[131] FALOUTSOS M, FALOUTSOS P, FALOUTSOS C. On power-law relationships of the internet topology [J]. Computer communications review, 1999, 29: 251-262.

[132] FOUSS F, PIROTTE A, RENDERS J M, et al. Random-walk computation of similarities between nodes of a graph with application to collaborative recommendation [J]. IEEE transactions on knowledge & data engineering, 2007, 19 (3): 355-369.

[133] FRANCOIS L, WHITE H C. Structural equivalence of individuals in social networks [J]. Social networks, 1977, 1 (1): 67-98.

[134] FREEMAN, LINTON C. Centrality in social networks conceptual clarification [J]. Social networks, 1979, 1 (3): 215-239.

[135] GARCÍA-PÉREZ G, BOGUÑÁ M, ALLARD A, et al. The hidden hyperbolic geometry of international trade: World Trade Atlas 1870-2013 [J]. Scientific reports, 2016, 6: 33441.

[136] GARLASCHELLI D, LOFFREDO M I. Patterns of link reciprocity in directed networks [J]. Physical review letters, 2004, 93 (26): 268701.1-268701.4.

[137] GARLASCHELLI D, LOFFREDO M I. Structure and dynamics of the world trade network [J]. Physic A, 2005, 355 (1): 138-144.

[138] GERGELY P, IMRE D, ILLES F, et al. Uncovering the overlapping com-munity structure of complex networks in nature and society [J]. Nature, 2005, 435 (7043): 814-818.

[139] GIRVAN M, NEWMAN M E J. Community structure in social and biological networks [J]. Proceedings of the National Academy of Sciences of the United States of America, 2002, 99 (12): 7821-7826.

[140] GOMEZ S, JENSEN P, ARENAS A. Analysis of community structure in networks of correlated data [J]. Physical review E, 2009, 80 (1): 016114.

[141] GUARE J. Six degrees of separation [M]. London: Vintage, 1990.

[142] GUHA R, KUMAR R, RAGHAVAN P, et al. Propagation of trust and distrust [M]. New York: ACM Press, 2004: 403-412.

[143] GUO S, ZHOU D, FAN J, et al. Identifying the most influential roads based on traffic correlation networks [J]. EPJ data science, 2019, 8: 28.

[144] HAMERS L, HEMERYCK Y, HERWEYERS G, et al. Similarity measures in scientometric research: the Jaccard index versus Salton's cosine formula [J]. Information processing & management an international journal, 1989, 25 (3): 315-318.

[145] HARARY F. A matrix criterion for structural balance [J]. Naval research logistics quarterly, 1960, 7 (2): 195-199.

[146] HARARY F. On the measurement of structural balance [J]. Behavioral science, 1959, 4 (4): 316-323.

[147] HE H T, YANG K D, LIANG H, et al. Providing public transport priority in the perimeter of urban networks: a bimodal strategy [J]. Transportation

research part c：emerging technologies，2019，107：171–192.

［148］ HEIDER F. Attitudes and cognitive organization ［J］. Journal of Psychology，1946，21（1）：107–112.

［149］ HELBING D. Information and material flows in complex networks ［J］. Physica A，2006，363（1）：xi–xvi.

［150］ HIGA H A，LOUZADA H P，ANDRADE P，et al. Constraint–based analysis of gene interactions using restricted boolean networks and time–series data ［J/OL］. BMC proceedings，2011（S5）.［2024–01–23］. https：//bmcproc. biomedcentral. com/articles/10. 1186/1753–6561–5–S2–S5.

［151］ HIRSCH J E. An index to quantify an individual's scientific research output ［J］. Proceedings of the National Academy of Sciences of the United States of America，2005，102：16569–16572.

［152］ JACCARD P. E'tude comparative de la distribution florale dans une portion des Alpes et des Jura ［J］. Bulletin del la socie' te' vaudoise des sciences naturelles，1901，37：547–579.

［153］ JAIN S，KRISHNA S. Autocatalytic sets and the growth of complexity in an evolutionary model ［J］. Physical review letters，1998，81：5684.

［154］ JEH G，WIDOM J. Mining the space of graph properties ［EB/OL］.［2024–02–01］. https：//ai. stanford. edu/~loc/fminer. pdf.

［155］ JEONG H，TOMBER B，ALBERT R，et al. The large–scale organization of metabolic networks ［J］. Nature，2000，407：651–654.

［156］ JOMSRI P，SANGUANSINTUKUL S，CHOOCHAIWTTANA W. CiteRank：combination similarity and static ranking with research paper searching ［J］. International journal of internet technology & secured transactions，2011，3（2）：161–177.

［157］ KATZ L. A new status index derived from sociometric analysis ［J］. Psychometrika，1953，18（1）：39–43.

［158］ KERCHOVE C，DOOREN P. The PageTrust algorithm：how to rank web pages when negative links are allowed ［C］//Proceedings of the SIAM International Con–ference on Data Mining. Philadelphia：SIAM，2008：346–352.

［159］ KERNIGHAN B W，LIN S. An efficient heuristic procedure for partitioning graphs [J]. Bell system technical journal, 1970, 49 (2): 291-307.

[160] KITSAK M, GALLOS L K, HAVLIN S, et al. Identification of influential spreaders in complex networks [J]. Nature physics, 2010, 6: 888.

[161] KLEINBERG J M. Authoritative sources in a hyperlinked environment [J]. Journal of the ACM, 1999, 46 (5): 604-632.

[162] KOCHEN M. The small world [M]. Norwood, N J: Ablex, 1989.

[163] KONG L Q, YANG M L. Improvement of clustering algorithm FEC for signed networks [J]. Journal of computer applications, 2011, 31 (5): 1395-1399.

[164] KORN A, SCHUBERT A, TELCS A. Lobby index in networks [J]. Physica A, 2009, 388: 2221-2226.

[165] KRAPIVSKY P L, REDNER S, LEYVRAZ F. Connectivity of growing random networks [J]. Physical review letters, 2000, 85: 4629-4632.

[166] KUHNERT C, HELBING D. Scaling laws in urban supply networks [J]. Physica A, 2006, 363 (1): 89-95.

[167] KUNEGIS J, LOMMATZSCH A, BAUCKHAGE C. The slashdot zoo: mining a social network with negative edges [M]. New York: ACM Press, 2009: 741-750.

[168] LAGOFERNANDES L F, HUERTA L, CORBACHO F, et al. Fast response and temporal coherent oscillations in small-world networks [J]. Physical review letters, 2000, 84 (12): 2758-2761.

[169] LANCICHINETTI A, FORTUNATO S, KERTESZ, et al. Detecting the overlapping and hierarchical community structure in complex networks [J]. New journal of physics, 2009, 11 (3): 033015.

[170] LAUNMANNS M, LEFEBER E. Robust optimal control of material flows in demand-driven supply networks [J]. Physica A, 2006, 363 (1): 24-31.

[171] LEE H L, BILLING T C. Material management in decentralized supply chains [J]. Operations research, 1993, 41 (5): 835-847.

[172] LESKOVEC J, HUTTENLOCHER D, KLEINBERG J. Signed networks in social media [M]. New York: ACM Press, 2010: 1361-1370.

[173] LI X, CHEN H C, LI S. Exploiting emotions in social interactions to

detect online social communities [C] //Proceedings of the Pacific Asia Conference on Information Systems. Atlanta: AIS, 2010: 1426-1437.

[174] LI X, JIN Y Y, CHEN G R. Complexity and synchronization of the world trade web [J]. Physica A, 2003, 328: 287-296.

[175] LIBENNOVELL D, KLEINBERG J. The link-prediction problem for social networks [J]. Journal of the American society for information, 2007, 58 (7): 1019-1031.

[176] LIBENNOVELL D. An algorithmic approach to social networks [D]. Cambridge: Massachusetts Institute of Technology, 2005.

[177] LUO D, CATS O, LINT H V, et al. Integrating network science and public transport accessibility analysis for comparative assessment [J]. Journal of transport Geography, 2019 (80): 23-29.

[178] LV L Y, JIN C H, ZHOU T. Similarity index based on local paths for link prediction of complex networks [J]. Physical review e statistical nonlinear & soft matter physics, 2009, 80 (2): 046122.

[179] LV L Y, ZHOU T. Link prediction in complex networks: a survey [J]. Physica A, 2011, 390: 1150-1170.

[180] MA H, LYU M R, KING I. Learning to recommend with trust and distrust relationships [M]. New York: ACM Press, 2009: 189-196.

[181] MAHUTGA M C. The persistence of structural inequality? a network analysis of international trade, 1965-2000 [J]. Social forces, 2006, 84 (4): 1863-1889.

[182] MILGRAM S. The small world problem [J]. Psychology today, 1967, 1: 60.

[183] MISHRA A, BHATTACHARYA A. Finding the bias and prestige of nodes in networks based on trust scores [M]. New York: ACM Press, 2011. 567-576.

[184] NEGRE C F A, MORZAN U N, HENDRICKSON H P, et al. Eigenvector centrality for characterization of protein allosteric pathways [J]. Proceedings of the National Academy of Sciences of the United States of America, 2018, 115 (52): E12201-E12208.

[185] NEMETH R J, SMITH D A. International trade and world-system

structure: a multiple network analysis [J]. Review, 1985, 8 (4): 517-560.

[186] NEWMAN M E J. Assortative mixing in networkss [J]. Physical review letters, 2002, 89 (20): 208701.

[187] NEWMAN M E J. Clustering and preferential attachment in growing networks [J]. Physical review E, 2001, 64 (2): 025102.

[188] NEWMAN M E J. Fast algorithm for detecting community structure in networks [J]. Physical review E, 2004, 69 (6): 066133.

[189] NEWMAN M E J. Mixing patterns in networks [J]. Physical review E, 2003, 67: 026126.

[190] NEWMAN M E J. Modularity and community structure in networks [J]. Proceedings of the national academy of sciences, 2006, 103 (23): 8577-8582.

[191] NEWMAN M E J. Networks: an introduction [M]. Oxford, UK: Oxford University Press, 2010.

[192] NEWMAN M E J. The structure and function of complex networks [J]. SIAM review, 2003, 45: 167.

[193] OOKRIT S, SIKARIN Y K, PRADEEP B. Analysis and dynamics of the international coffee trade network [J]. Journal of physics: conference series, 2021 (1): 17-19.

[194] PACZUSKI M, BASSLER K E, CORRAL A. Self-organized networks of competing boolean agents [J]. Physical review letters, 2000, 84: 3185-3188.

[195] PALLA G, DERENYI I, FARKAS I, et al. Uncovering the overlapping community structure of complex networks in nature and society [J]. Nature, 2005, 435 (7043): 814-818.

[196] PAPADIMITRIOUS A, SYMEONIDIS P, MANOLOPOULOS Y. Fast and accurate link prediction in social networking systems [J]. Journal of systems & software, 2012, 85 (9): 2119-2132.

[197] PASTORSATORRAS P, VESPIGNANI A. Epidemic spreading in scale-free networks [J]. Physical review letters, 2001, 86 (14): 3200-3203.

[198] PERONA M, IRAGLIOTTA G. Complexity management and supply chain performance assessment: a field study and a conceptual framework [J].

Production economics, 2004 (7): 103-115.

[199] PONS P, LATAPY M. Computing communities in large networks using random walks [J]. Graph Algorithms Application, 2006, 10: 191-218.

[200] POTHEN A, SIMON H, LIOU K P. Partitioning sparse matrices with eigenvectors of graphs [J]. SIAM journal on Matrix analysis and applications, 1990, 11 (3): 430-452.

[201] POWEL W W, WHITE D R, KOPUT K W, et al. Network dynamics and field evolution: the growth of inter organizational collaboration in the life sciences [J]. American journal of sociology, 2005, 110 (4): 1132-1205.

[202] QI X T, BARD J, YU G. Supply chain coordination with demand disruptions [J]. Omega, 2004, 32 (4): 301-312.

[203] RAGHVAN N, ALBERT R, KUMARA S. Near linear time algorithm to detect community structures in large-scale networks [J]. Physical review E, 2007, 76 (3): 036106.

[204] RAUCH J E. Networks versus markets in international trade [J]. Journal of international economics, 1999, (48): 7-35.

[205] RAVASZ E, SOMERA A L, MONGRU D A, et al. Hierarchical organization of modularity in metabolic networks [J]. Science, 2002, 297: 1551-1555.

[206] REICHARDT J, BORNHOLDT S. Statistical mechanics of community detection [J]. Physical review E, 2006, 74 (1): 016110.

[207] REINHARDT G, CHOPRA S, MOHAN U. The importance of decoupling recurrent and disruption risks in a supply chain [J]. Naval research logistics, 2007, 54 (5): 203-212.

[208] REYES J A, SCHIAVO S, FAGIOLO G. Assessing the evolution of international economic integration using random walk betweenness centrality: the cases of East Asia and Latin America [J]. Advances in complex systems, 2008, 11 (5): 685-702.

[209] ROTH C, KANG S M, BATTY M, et al. Structure of urban movements: polycentric activity and entangled hierarchical flows [J]. PloS one, 2011, 6 (1): e15923.

[210] SABIDUSSI G. The centrality index of a graph [J]. Psychometrika, 1966, 31 (4): 581-603.

[211] SERRANO M A, BOGUNA M. Topology of the world trade web [J]. Physical review E, 2003, 68 (1 Pt 2): 015101.

[212] SHA D, CHE Z. Supply chain network design: partner selection and production/distribution planning using a systematic model [J]. Journal of the operational research society, 2006, 57 (1): 52-62.

[213] SHANMUKHAPPA T, HO I W H, TSE C K. Spatial analysis of bus transport networks using network theory [J]. Physica A, 2018, 502: 295-314.

[214] SHARMA T, CHARLS A, SINGH P K. Community mining in signed social networks: an automated approach [M]. Singapore: IACSIT Press, 2009: 152-157.

[215] SMITH D A, WHITE D R. Structure and dynamics of the global economy: network analysis of international trade 1965-1980 [J]. Social forces, 1992, 70 (4): 857-894.

[216] SNYDER D, KICK E L. Structural position in the world system and economic growth, 1955 - 1970: a multiple - network analysis of transnational interactions [J]. American journal of sociology, 1979, 84 (5): 1096-1126.

[217] SNYDER L V, DASKIN M S. Reliability models for facility location: the expected failure cost case [J]. Transportation science, 2005, 39 (3): 400-416.

[218] SORENSEN T. A method of establishing groups of equal amplitude in plant sociology based on similarity of species and its application to analyses of the vegetation on Danish commons [J]. Biologiske Skrifter, 1948, 5: 1-34.

[219] SZELL M, LAMBIOTTE R, THERNER S. Multirelational organization of large-scale social networks in an online world [J]. Proceedings of the National Academy of Sciences of the United States of America, 2010, 107 (3): 13636-13641.

[220] THANDAKAMALLA H P, RAGHAVAN U N, KUMARA S, et al. Survivability of multiagent - based supply networks: a topological perspective [J]. IEEE intelligent systems, 2004, 19 (5): 24-31.

[221] TOMLIN B T. On the value of mitigation and contingency strategies for managing supply chain disruption risks [J]. Management science, 2006, 52 (5): 639-657.

[222] TRAAG V A, BRUGGEMAN J. Community detection in networks with positive and negative links [J]. Physics review E, 2009, 80 (3): 036115.

[223] VERMA T, RUSSMANN F, ARAUIO N A, et al. Emergence of core-peripheries in networks [J]. Nature communications, 2016, 7 (1): 10441.

[224] WANG S, ZHANG C. Weighted competition scale-free network [J]. Physics review E, 2004, 70: 066127.

[225] WATTS D J, STROGATZ S H. Collective dynamics of "small-world" networks [J]. Nature, 1998, 393 (6684): 440-442.

[226] WATTS D J. Small worlds: the dynamics of networks between order and randomness [M]. Princeton, NJ: Princeton University Press, 1999.

[227] WENG J, LIM E P, JIANG J, et al. Twitterrank: finding topic-sensitive influential twitterers [M]. New York: ACM Press, 2010: 261-270.

[228] WILKINSON I F, MATTSSON L, EASTON G. International competitiveness and trade promotion policy from a network perspective [J]. Journal of world business, 2000, 35 (3): 275-299.

[229] XU M H, QI X T, YU G, et al. The demand disruption management problem for a supply chain system with nonlinear demand functions [J]. Journal of systems science and systems engineering, 2003, 12 (1): 82-97.

[230] YANG B, CHEUNG W K, LIU J M. Community mining from signed social networks [J]. IEEE transactions on knowledge & data engineering, 2007, 19 (10): 1333-1348.

[231] YIN J J, ZHAO S J. Characterizing the human mobility pattern in a large street network [J]. Physics review E, 2009, 80: 021136.

[232] YU H, CHEN J, YU G. Managing wholesaler price contract in the supply chain under disruptions [J]. Systems engineering-theory and practice, 2006, 12 (8): 33-41.

[233] YU H, CHEN J, YU G. Supply chain coordination under disruptions with buyback contract [J]. Systems engineering-theory and practice, 2005, 12

(8): 38-43.

[234] ZENG A. Inferring network topology via the propagation process [J]. Journal of statistichal mechanics, 2013 (11): 11010.

[235] ZHANG J, ZHANG Y, YANG H, et al. A link prediction algorithm based on socialized semi - local information [J]. Journal of computational information systems, 2014, 10: 4459-4466.

[236] ZHAO S, ROUSSEQU R, YE F. H-degree as a basic measure in weighted networks [J]. Journal of informetrics, 2011, 10 (5): 668-677.

[237] ZHENG Z, HUANG Z, ZHANG F, et al. Understanding coupling dynamics of public transportation networks [J]. Epj data science, 2018, 7 (23): 1-16.

[238] ZHOU T, LV L Y, ZHANG Y C. Predicting missing links via local information [J]. The European physical journal B, 2009, 71 (4): 623-630.

[239] ZIMMERMANN M G, EGUILUZ V M, MIGUEL M S. Co-evolution of dynamical states and interactions in dynamic networks [J]. Physics review E, 2004, 69 (6 Pt. 2): 065102.

[240] ZOLFAGHAR K, AGHAIE A. Mining trust and distrust relationships in social web applications [C] //Proceedings of the 2010 IEEE International Conference on Intelligent Computer Communication and Processing. Washington: IEEE Computer Society, 2010: 73-80.

[241] ZUCKERMAN E W. "Networks and Markets" by Rauch and Casella, eds [J]. Journal of economic literature, 2003, 41 (2): 545-565.